学术前沿研究

辽宁省教育厅高校科技专著出版基金资助

U0731531

玉米种子脱粒损伤机理与脱粒设备研究

高连兴　李心平◎著

北京师范大学出版集团

BEIJING NORMAL UNIVERSITY PUBLISHING GROUP

北京师范大学出版社

图书在版编目(CIP)数据

玉米种子脱粒损伤机理与脱粒设备研究／高连兴，李心平著．—北京：北京师范大学出版社，2012.3
（学术前沿研究）
ISBN 978-7-303-14119-7

Ⅰ．①玉…　Ⅱ．①高…②李…　Ⅲ．①玉米－脱粒机－研究　Ⅳ．① S513② S226.1

中国版本图书馆 CIP 数据核字（2012）第 018494 号

营 销 中 心 电 话	010-58802181 58805532
北师大出版社高等教育分社网	http://gaojiao.bnup.com.cn
电 子 信 箱	beishida168@126.com

出版发行：北京师范大学出版社 www.bnup.com.cn
　　　　　北京新街口外大街 19 号
　　　　　邮政编码：100875

印　　刷：北京京师印务有限公司
经　　销：全国新华书店
开　　本：155 mm × 235 mm
印　　张：15.5
字　　数：243 千字
版　　次：2012 年 3 月第 1 版
印　　次：2012 年 3 月第 1 次印刷
定　　价：31.00 元

策划编辑：姚斯研　　　责任编辑：姚斯研
美术编辑：毛　佳　　　装帧设计：天之赋设计室
责任校对：李　菡　　　责任印制：李　啸

内容提要

　　本书是关于玉米，特别是玉米种子脱粒原理、脱粒损伤机理与脱粒设备系统研究的专著，主要反映了作者近年来在玉米脱粒技术领域的一些研究成果。书中重点介绍了玉米种子脱粒造成的内部损伤及其危害、内部损伤特征及其识别；借助生物材料试验设备、高速摄影技术和体视显微技术等手段，从物料特性和机械设备等不同方面，通过大量的相关试验，探讨了玉米种子在脱粒过程中的损伤问题；进行了几种新型玉米种子脱粒机试验研究，取得了预期的成果。本书理论分析、试验研究紧密联系生产实际，坚持农机与农艺结合的原则，具有比较鲜明的特色。

　　本书可作为从事农机技术人员的参考书，也可作为农机专业本科生和研究生的课外资料与辅助教材。

前 言

玉米在我国乃至世界粮食生产中的重要地位,决定了玉米种子生产与加工备受关注。作为玉米生产不可替代的特殊生产资料,玉米种子不但价格昂贵,其加工质量对玉米种子发芽、出苗以及产量也具有重要影响,特别是机械化精量播种技术的普及推广对种子提出了更高的要求。除破碎、破损和种皮开裂等外部损伤外,玉米种子在脱粒过程中容易出现内部裂纹、龟裂和胚芽受损等内部损伤,严重影响玉米种子的发芽和出苗。由于玉米种子内部损伤本身不易被发觉,种子包衣后更难以发现,很容易将其作为优良种子播种到田间,不仅仅浪费宝贵的玉米种子资源、造成直接的经济损失,而且对玉米生产具有更大的潜在与间接危害。

在对国内外现有玉米及其种子脱粒技术深入分析的基础上,通过对玉米种子籽粒物理机械特性、内部损伤特征和玉米种子果穗的脱粒特性等展开系统研究,探索玉米种子籽粒损伤机理并研制新型玉米种子脱粒机,对解决玉米种子脱粒损伤问题和改进玉米种子脱粒技术具有重要的现实意义和理论价值。

本书共分 15 章:第 1 章~第 3 章主要系统介绍了玉米生产及脱粒、玉米种子生产与脱粒技术、脱粒损伤研究和脱粒设备概况,分析了目前玉米与玉米种子脱粒机原理、构造及存在的问题;第 4 章~第 5 章主要研究了玉米种子籽粒和果穗的生物物理特性与力学特性,通过玉米种子籽粒的准静态压缩、剪切和冲击等试验,以籽粒受力破裂时所受的极限力作为试验指标,选取种子玉米品种、受力位置、含水率三个因素,研究了种子玉米籽粒的力学性质,揭示了玉米种子脱粒过程的损伤强度和各种影响因素及其规律性;第 6 章~第 7 章主要研究了玉米种子内部机械裂纹特征与识别系统,揭示了玉米种子内部裂纹形成的机理,初步研究了裂纹识别方法等；第 8 章～第 9 章主要进行了玉米种子籽粒力学模型和有限元分析，建立了玉米种子籽粒几何模型并首次运用有限元分析方法确定了不同约束和载荷的 3 种静态有限元模型，建立了力学模型与实体模型；第 10 章～第 12 章主要研究了玉米种子脱粒特性、脱粒原理和含水率等因素对脱粒的影响，获得了玉米种子果穗最可行的脱粒方法，首次提出了定向喂入、差速脱粒原理；第 13 章～第 15 章主要介绍了两种玉米种子脱粒机即定向喂入式玉米种子脱粒机和复脱式双滚筒玉米种子脱粒机的设计与性能试验，以及运用高速摄影仪所进行的脱粒过程分析，进一步揭示了玉米种子脱粒过程中的基本规律；试验、研究了影响籽粒破损率与未脱净率的因素，获得了各因素对测试指标的影响趋势，建立了籽粒破损率、未脱净率与影响因素间关系的数学模型，并利用 MATLAB 软件进行了参数优化。

本书研究内容是在国家自然科学基金项目"玉米种子脱粒损伤机理及柔性脱粒技术研究（编号：E052604）"、教育部博士学科点专项基金项目"玉米种子内部机械损伤与危害机理及低损脱粒技术（编号：200801570007）"、辽宁省自然科学基金项目"玉米种子内部脱粒损伤机理与低损伤脱粒技术研究（编号：20082124）"和辽宁省教育厅科研基金项目"玉米种子隐性损伤机理及低损脱粒技术研究（编号：05L392）"等资助下完成的。

本书由我和我的博士研究生、河南科技大学李心平副教授合作完成。感谢我的博士研究生沈阳农业大学刘德军副教授、同济大学在读博士研究生陶学宗、沈阳农业大学在读博士研究生杨德旭、张新伟、张永丽、接鑫和孙亮等，已经毕业的硕士研究生周旭、刘红力、马方、李晓峰、那雪姣、李飞、杜鑫和张义等，他们在项目研究中做了大量工作、付出了辛勤的劳动。感谢沈阳农业大学科技管理处和工程学院的领导多年来对项目研究给予的大力支持。

特别感谢辽宁省教育厅对本书出版给予的基金资助，感谢北京师范大学出版社对本书出版给予的大力支持！

书中的研究内容从 2005 年开始直至今天，由于时空跨度较大、研究对象多变，先后的试验环境、材料、试验仪器和方法有所不同，导致书中的某些试验数据、结果前后存在某种程度的差异；同时，由于某些研究内容具有相对的独立性和时间、条件的限制，从全书通篇内容来看，部分内容之间难免存在某种程度的重复。而且，由于作者学术水平和研究条件的局限性，书中肯定存在着错误和不足之处，恳请各位专家、读者见谅并批评指正。

高连兴

2011 年 10 月于沈阳农业大学

目 录

第 1 章
玉米种子生产及其脱粒的重要性

1.1　玉米生产的重要性

研究玉米种子生产及其脱粒的重要性，首先需要了解玉米生产在世界和我国谷物生产与食品安全中的贡献。

1.1.1　玉米在世界粮食生产中的地位

玉米是世界三大粮食作物之一，种植面积仅次于水稻和小麦，位居第三。玉米既是粮食又是畜禽饲料中的主要成分，还是化工、医药、食品、能源等多种产品的重要原料，在各国的粮食安全和国民经济发展中占有重要地位。20 世纪 90 年代以来，世界各国对玉米的需求量和利用率均呈上升趋势。

据联合国粮食与农业组织（FAO）统计数据，2007 年玉米、水稻、小麦和大麦占世界谷物总产量的百分比分别是 33.5％、27.8％、25.9％和 5.8％。利用 DPS 软件对 1961～2007 年的数据进行分析，结果表明：谷物总产量的变化主要受四大作物的影响，决定系数高达 0.999 6。对谷物产量影响大小（用直接通径系数表示）的顺序为玉米（0.375 5）＞小麦（0.300 7）＞水稻（0.283 3）＞大麦（0.087 7）。在 2007 年前的 47 年中玉米的种植面积不断增加，玉米单产水平不断提高；进入 20 世纪 70 年代后，玉米单产稳列第 1 位；玉米总产量 1996 年首次超过水稻和小麦列第 1 位（图 1.1-1～图 1.1-3）。由此可见，玉米既是单产和总产最高的作物，也是影响最大的作物。

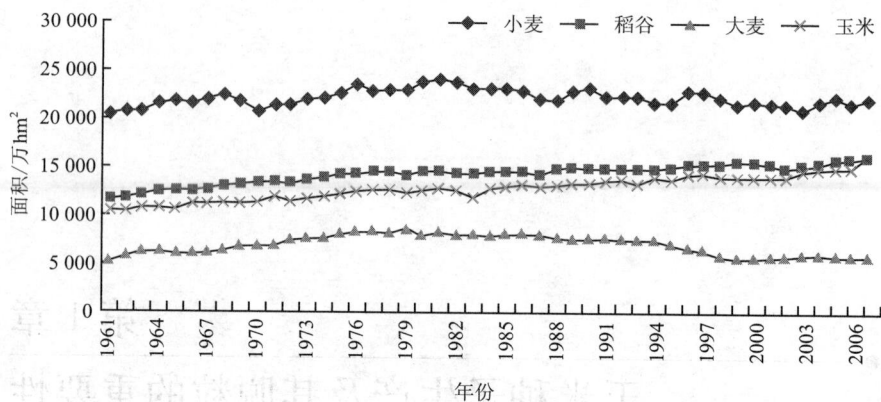

图 1.1-1　世界主要谷物种植面积(1961～2007 年)

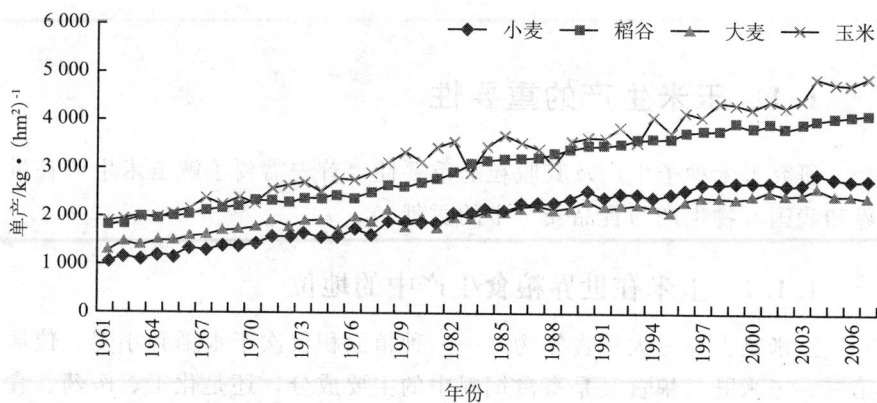

图 1.1-2　世界主要谷物单产(1961～2007 年)

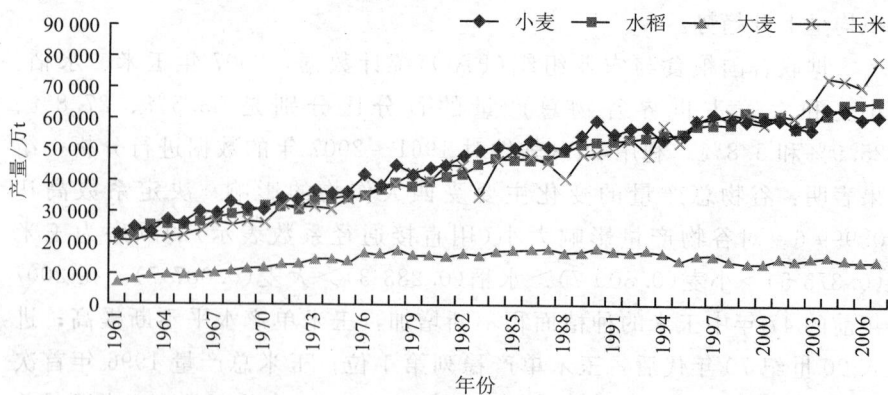

图 1.1-3　世界主要谷物产量(1961～2007 年)

利用直接通径系数的比例表示对总产量的贡献，从 1961 年到 2007 年的 47 年间，世界玉米产量增加的 73% 来自单产的提高，27% 得益于面积的增加。

1.1.2　玉米在我国粮食生产中的地位

我国是世界上主要玉米生产大国，玉米种植总面积和总产量仅次于美国，位居世界第二。2010 年全国玉米种植面积 3 140 万 hm^2，玉米产量 1.66 亿 t，2010 年国内玉米消费量 1.63 亿 t。玉米是我国重要粮食作物之一，占粮食作物播种面积的 25%，占农作物总播种面积的 17%，仅次于水稻，位居第二。玉米不仅是我国重要粮食作物，而且通过转化提供了肉、蛋、奶和水产品等动物性食物，同时玉米又是非常重要的工业加工原料。

玉米是我国北方的第二大粮食作物，在该区域种植面积约占全国玉米种植面积的 3/4。对于某些省和地区，如吉林、辽宁、黑龙江、北京和天津等东北、华北省市，玉米是第一大粮食作物，居各种农作物种植面积之首。在吉林省，玉米占农作物总种植面积的 60.34%；在辽宁省，玉米占农作物总种植面积的 43.38%；在北京市，玉米占农作物总播种面积的 38.5%。

玉米籽粒平均含淀粉 72%、蛋白质 9.6%、脂肪 4.9%、糖 1.58%，另外还含有 1.92% 的纤维素和 1.56% 的矿质元素，具有丰富的营养价值。玉米可加工成淀粉、变性淀粉、淀粉糖等产品，玉米胚芽加工的优质玉米油，是一种富含亚油酸的保健食用油。用玉米生产的酒精是一种优质的工业酒精，掺入汽油可作为新型汽车燃料，减少大气污染。玉米深加工后，可大大提高附加值。玉米也是当前世界上用于生产奶、蛋、肉等畜禽产品最重要的饲料来源，享有"饲料之王"的美誉。玉米在医药中也广泛应用，玉米籽粒可作为健胃剂，现代医药工业还以玉米淀粉作为培养青霉素、链霉素、金霉素等抗菌素的重要原料，也用其制造葡萄糖、降压剂、麻醉剂以及利尿剂等。玉米果穗轴能制造电木、漆布、黑色火药以及提取糖醛等，余下的渣子可制造酒精。玉米的茎秆在工业上可用来制造纤维素、人造丝、纸张和胶板等。由此可见，搞好玉米生产加工，对农业、农民、农村乃至整个国民经济具有十分重要的现实意义。

玉米对于稳定全国粮食总产量起着十分关键的作用。1950～2005 年期间粮食增产 35 189.9 万 t，其中玉米增产 12 547.1 万 t，增产贡献率达到 35.66％（表 1.1-1）。

表 1.1-1 玉米在我国粮食生产中的地位和增产贡献率 单位：万 t,％

	粮食产量	玉米产量	粮食增产量	玉米增产量	玉米增产贡献率
1950 年	13 212.5	1 389.4			
1960 年	14 384.5	1 603	1 172	213.6	18.23
1970 年	23 995.5	3 303	9 611	1 700	17.69
1980 年	32 055.5	6 260	8 060	2 957	36.69
1990 年	44 624.3	9 681.9	12 568.8	3 421.9	27.23
2000 年	46 217.54	10 600.15	1 593.24	918.25	57.63
2005 年	48 402.4	13 936.5	2 184.86	3 336.35	152.70
1950～2005 年			35 189.9	12 547.1	35.66

数据来源：《中国农业年鉴》2006，《中国农业发展报告》2005，《中国统计年鉴》1983。

玉米在我国粮食生产中的地位逐步上升，其在我国粮食作物生产中占据了重要的地位（图 1.1-4）。

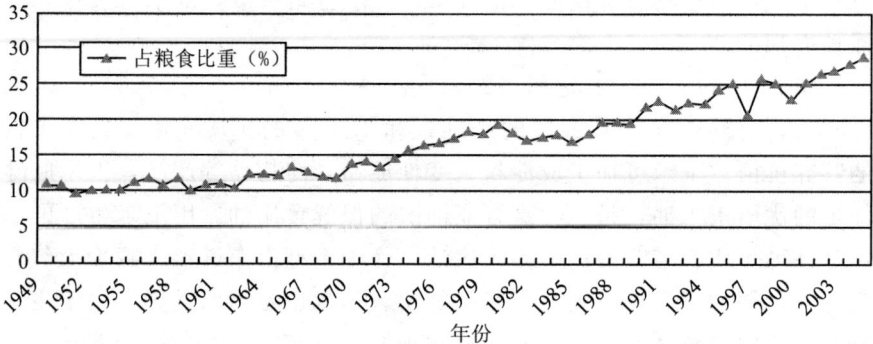

图 1.1-4 玉米在我国粮食中的比重

数据来源：《中国农业年鉴》2006，《中国农业发展报告》2006，《中国统计年鉴》1983。

我国是世界上重要的玉米生产国。根据联合国粮食与农业组织的统计，2005 年，我国玉米种植面积、产量占世界的比重分别为 17.7％ 和 19.3％，成为世界第二大玉米生产国。2000～2005 年，我国平均每年种植 14 784.5 万 hm² 玉米，平均每年生产 1.21 亿 t，单位面积产量达到 4 917kg·(hm²)⁻¹ 的较高水平。在世界各国中，中国玉米生产发展较快，1949～2005 年的 57 年间，中国玉米总产量年平均增长 4.72％，

比同期世界年均增长率高出大约 2 个百分点。中国玉米单产虽然超过了
世界平均水平，但仍低于发达国家水平。

1.2　我国玉米生产概况

1.2.1　我国玉米生产比重

水稻、玉米和小麦是我国主要粮食作物，2007 年三者占谷物总产
量的比例分别达到 40.6％、33％和 23.9％。水稻始终是我国第一作物，
其单产和总产量均最高；玉米的单产始终高于小麦，到 20 世纪 90 年代
中期总产量超过小麦，种植面积也在 21 世纪超过小麦（图 1.2-1～
图 1.2-3）。

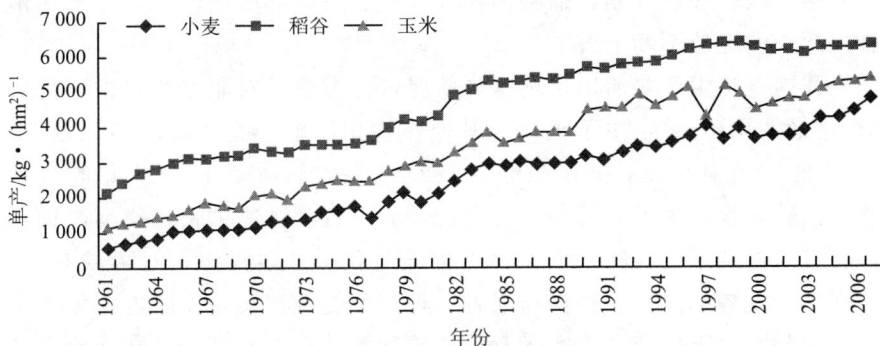

图 1.2-1　中国谷物单产变化(1961～2007 年)

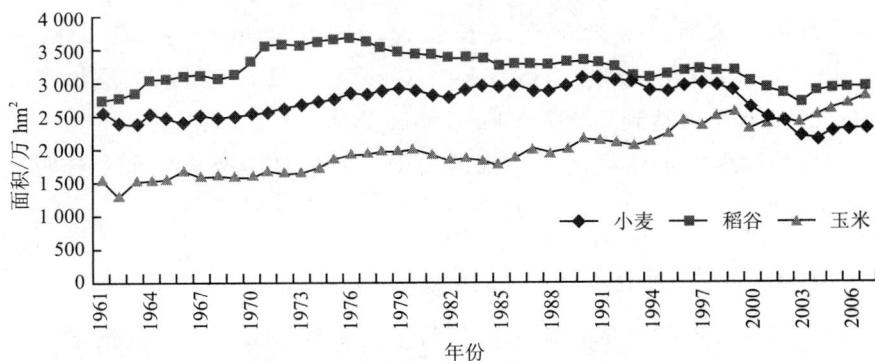

图 1.2-2　中国谷物种植面积变化(1961～2007 年)

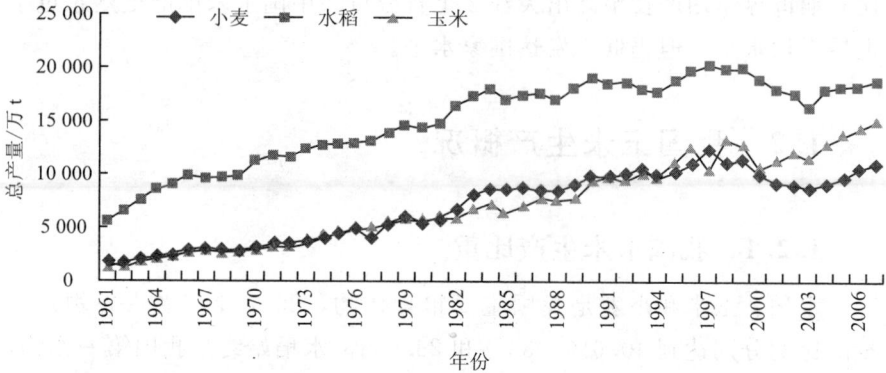

图 1.2-3　中国谷物产量变化(1961～2007 年)

新中国成立以来，我国为解决粮食供给问题将玉米列为主要粮食作物并纳入国家种植计划，播种面积、单产、总产都增加较快，玉米在粮食生产中的地位不断上升。

我国玉米生产之所以出现这样状况，一方面与农业生产的主要目标(产量最大化)有关，由于玉米与其他作物相比单产提高幅度相对较大。20 世纪 50 年代以来，我国虽然在 1984 年基本解决了 12 亿人口吃饭问题，但随着收入水平的提高，畜禽产品需求数量迅速扩张，使高产饲料作物玉米得到了巨大的发展。另一方面与我国土地资源相对稀缺有关。根据比较优势学说，一种作物或者一种产业能否在某一地区占据较大份额，主要取决于生产者生产经营的比较利益。在玉米单产较高和价格既定的情况下，玉米生产者要想获得较大利益，必然投入大量的土地资源。

从单产来看，玉米单产增长迅速。1949 年单产为 961.5 kg·$(hm^2)^{-1}$，1970 年达到 2 086.5 kg·$(hm^2)^{-1}$，20 年间单产增加了一倍；2005 年单产达到 5 287.5 kg·$(hm^2)^{-1}$，是 1949 年的 5.5 倍。单产的增长过程中虽然经历了小幅的波动，但是总体增长势头十分明显(图 1.2-4)。

1.2.2　我国玉米生产的区域布局

中国玉米生产主要分布在东北与华北地区(39.2%)、黄淮海平原(32.7%)和西南山区(18.4%)。这三个产区占全国玉米生产面积的90.3%，产量占 92.7%。其中，东北和华北春玉米产区生产的玉米占全国玉米总产量的 43.8%，黄淮海夏玉米产区生产的玉米占 35.5%，

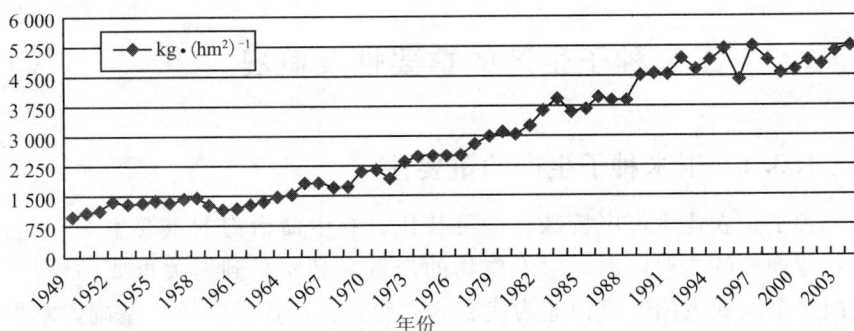

图 1.2-4 我国玉米单产变动

数据来源：《中国农业年鉴》2006，《中国农业发展报告》2006，《中国统计年鉴》1983。

成为对我国玉米生产起支配作用的两个不同特色的主产区。

吉林省、黑龙江省、辽宁省和内蒙古自治区东部地区共同建起了一条"黄金玉米带"，可与美国玉米带相媲美。这条"黄金玉米带"的玉米产量占我国玉米总产量的 35% 以上，玉米商品量占我国省际玉米商品量的 70%，在我国玉米生产中占据举足轻重的地位。其中吉林省处于这条"黄金玉米带"的中心地带，其玉米产量、种植面积、出口量分别占全国玉米总产量、总种植面积、出口总量的 15%、10%、50% 左右（表 1.2-1）。

表 1.2-1 1980～2005 年玉米主产省排名 单位：万 t

1980 年十强排名		1990 年十强排名		2000 年十强排名		2005 年十强排名	
山东	825.5	吉林	1 529.5	山东	1 467.5	吉林	1 800.7
河北	663	山东	1 252.1	河南	1 075	山东	1 735.4
辽宁	653.5	黑龙江	1 065.6	河北	994.5	河南	1 298
四川	541	河南	960.5	吉林	993.2	河北	1 193.8
河南	533	河北	828.7	黑龙江	790.8	辽宁	1 135.5
黑龙江	520	辽宁	798.2	内蒙古	629.2	内蒙古	1 066.2
吉林	507	四川	678.6	辽宁	551.1	黑龙江	1 042.9
陕西	275	内蒙古	393.1	四川	547.4	山西	616.1
山西	263	陕西	333.8	云南	473.3	四川	580.8
云南	263	山西	305.4	陕西	413.7	陕西	459.7

数据来源：根据《中国农业年鉴》1981，1991，2001，2006 有关数据整理。

1.3 玉米种子生产的重要性及概况

1.3.1 玉米种子生产的重要性

种子是农业生产中特殊、不可替代、有生命活力的重要生产资料，是农业增产的主要内因，对农作物的产量和品质起到至关重要的作用。中国是个农业大国，以种业为代表的农业科技产业是农业的基础，掌握了良种就掌握了农业的主动权和未来。

玉米种子是保证玉米生产能力的最基本条件之一，其质量直接影响玉米产量的高低，进而影响到国家的粮食生产总量和食品安全。玉米在我国乃至世界粮食生产与安全中的重要战略地位决定了玉米种子生产、加工的重要性。

据全国农业技术推广服务中心公布，我国常年所需玉米种子 9 亿 kg。随着我国玉米种植面积的稳定增长，我国玉米种子的市场价值为 60 亿元人民币，而且增长潜力巨大(李春宏，2004)。由此可见，我国玉米种子市场有巨大规模和潜力，因此成为发达国家竞争的首选目标。

1.3.2 玉米种子生产现状

1. 世界玉米种子生产概况

世界玉米种子生产分布很不均衡并呈增长趋势。从面积上看，2003年世界玉米制种面积 102.1 万 hm²，2004 年 112.2 万 hm²，2005 年 120.6 万 hm²。从产量上看，2003 年世界玉米种子产量 61.5 亿 kg，2004 年 67.3 亿 kg，2005 年 70.8 亿 kg。从分布范围看，北美洲玉米制种面积最大，其次是亚洲。其中，2004 年美国玉米制种面积 21.8 万 hm²，占世界 19%，产种量 7.3 亿 kg，占世界 10.8%。

我国玉米制种在世界上占有重要地位，2004 年我国玉米制种面积 25 万 hm²，占世界 22%，产种量 9.7 亿 kg，占世界 14.4%。此外，法国、南非、澳大利亚等国家玉米种子产量也很大。

2. 我国玉米种子生产概况

我国玉米种子生产大约经历了以下三个阶段：第一阶段是 20 世纪70 年代，我国实行"四自一辅"的种子工作方针，全国各地生产的玉米种子自给自足，地区之间种子余缺时相互进行调剂；第二阶段是 20 世纪 80 年代到 90 年代中期，这时期我国实行"四化一供"的种子工作方针，玉米种子生产开始向优势地区转移，主要集中在华北和东北地区；第三阶段是实施种子工程以后，即 20 世纪 90 年代末期，玉米种子生产基地开始向我国的西北地区转移。2003 年，甘肃省玉米种子生产面积已达到 7.2 万 hm²，新疆维吾尔自治区达到 4 万 hm²。现在，西北地区已成为我国最大的玉米种子生产基地，面积占全国的 1/3，产量占全国的 1/2。

目前，我国形成了以西北地区为主、华北和东北紧随其后的玉米种子生产格局，西北地区玉米制种 8.67 万 hm²，约占全国玉米制种面积的 35%；华北地区制种 6.67 万 hm²，约占 27%；东北地区制种 5.53 万 hm²，约占 22%；其余 16% 分布在黄淮海和西南地区。

改革开放以来，我国玉米生产量大幅增加，从 1978 年的 6 572 亿 kg 上升到 2005 年的 14 132 亿 kg，增长了 115%（《中国农业年鉴》，2005），有力地促进了我国玉米种子产业的发展（表 1.3-1）。

玉米产业是玉米种业的下游产业。一方面，玉米生产的发展带动了玉米种业的进一步发展；但另一方面，随着种子质量特别是加工质量的提高，精量、半精量播种技术与节本增效技术的推广应用，在我国玉米种植面积波动不大的前提下，单位面积用种量和玉米种子总用种量有所下降（图 1.3-1）。事实上，玉米种子用量的下降也表明了玉米种子质量的要求更高。

表 1.3-1　1995～2005 年我国玉米生产量、单位面积用种量和玉米种子用量

年份	玉米生产量/万 t	单位面积用种量/(kg·hm⁻²)	玉米种子用量/亿 kg
1995	11 199	47.7	10.8
1996	12 747	50.4	12.1
1997	10 430	47.4	11
1998	13 295	48.75	12.5
1999	12 808	48	12.4
2000	10 600	46.95	10.6
2001	11 409	45.75	11
2002	12 131	44.25	10.7
2003	11 583	45	10.9
2004	13 029	43.5	9.2
2005	14 132	42.9	9

资料来源：中国农业部网站。

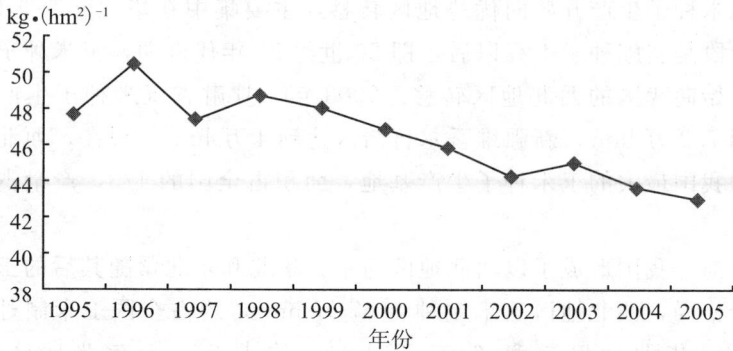

图 1.3-1　1995～2005 年我国单位玉米播种用种量

资料来源：《中国农业统计年鉴》2006。

1.4　玉米种子脱粒的重要性

收获是玉米种子生产过程中的重要一环，而脱粒则是收获环节的关键。玉米种子的损伤主要在脱粒过程中产生。脱粒机结构原理、性能、脱粒工艺和配套措施均影响脱粒效率和损伤程度。

玉米种子是一种特殊的生产资料，不但成本高、价格相当于商品玉米价格的 10～15 倍，而且其品种及加工质量对产量有着显著的影响。据全国农业技术推广服务中心公布，我国玉米常年种植面积为 $2 \times 10^5 hm^2 \sim 2.5 \times 10^5 hm^2$，每年需要 $7.5 \times 10^5 t \sim 9.7 \times 10^5 t$ 玉米种子。随着我国玉米播种面积的稳定增长和精量播种技术的应用，所需的玉米制种量也基本稳定。我国玉米种子的市场价值为 60 亿元人民币，而且增长潜力巨大（李春宏，2004）。

玉米种子质量除品种、纯度等生物学指标外，加工质量也是一个重要影响因素。在玉米种子加工过程中，脱粒是一个最为关键的环节。脱粒的机械作用会导致玉米种子破碎、破损（称为显性机械损伤）和内部裂纹等内部损伤（称为隐性机械损伤）。

显性机械损伤的玉米种子可以通过各种分选、检测等手段比较容易地进行筛除，但由于种子的生产成本高、售价贵，不能使用的损伤种子会直接造成种子资源浪费、制种经济效益下降。例如，对一个年加工玉米种子万吨的种子企业来说，1% 的破损就意味着有 100 t 玉米种子报废，按每千克 10 元价格计算，则直接的经济损失就达到 100 万元。

隐性损伤的玉米种子发芽率和出苗率严重下降，但因为种皮与外观完好，不易引起人们的注意和重视，而且难以分选，更具有潜在危害性。在机械化精量播种技术广泛应用的情况下，隐性损伤的种子玉米不但造成种子资源的直接浪费、增加了成本，而且播种到田间会影响出苗、产量，造成巨大的间接经济损失。正因为如此，降低玉米种子脱粒损伤是世界范围的一大难题。

现代物质、能量投入是玉米种业发展的重要条件。为了提高玉米种子的产量和质量，除增加诸如肥料、农药、能源等物质投入外，还必须增加动力和机械等技术与物质投入。其中科学技术、以脱粒为核心的加工设备是影响我国玉米种子质量以及玉米种业国际竞争力的重要因素，也是关键性要素。

机械化精量播种技术是大幅度提高玉米种子生产率和质量的决定性因素。农业机械化有利于玉米种业发挥规模效益、降低生产成本、提高种子质量，从而提高玉米种子的国际竞争力。与西方发达国家相比，我国农业机械化水平较低，尤其是我国中西部地区，农业机械化普及率低，玉米种子生产中仍大量使用手工工具、相对落后的加工机械，在一定程度上制约了我国玉米种业国际竞争力的提升。

近年来，随着我国玉米种子品质的提高和精量播种技术的快速推广应用，单位面积玉米用种量减少，致使全国玉米种子需求量略呈下降趋势。但是，尽管我国玉米种子总体需求量呈下降趋势，需求规模仍然巨大，常年需求量始终保持在 9×10^5 t 以上，玉米种子年产值 40 亿～120 亿元。巨大的需求规模为种子企业进行大规模投资、研发或技术创新、提高生产率提供了强大的市场支持，因而有助于提高产业的竞争优势。

农户对玉米种子的需求层次不断提高，从主要以数量需求转向数量、质量双重需求。随着文化素质的提高和收入的增加，越来越多的农户愿意并且有能力购买已经推广且效益明显的优良品种。此外，我国农户购种的品牌意识也不断增强，在购种时除品种选择外，有 20%～30% 的农民开始注重品牌和质量的选择。在国内需求的推动下，高质量的种子因具有较高的利润和市场竞争力，成为种子生产者竞相追逐的市场对象，进而带动我国玉米种子生产层次的变化，从而促进了我国玉米种业国际竞争力的提高。

第2章
玉米籽粒力学特性与损伤研究进展

玉米，特别是玉米种子脱粒损伤是人们一直关注的世界性难题。自从玉米脱粒机问世以来，人们关于玉米机械脱粒技术的研究一直没有间断。最初的研究主要针对商品玉米脱粒而开展，研究目标是脱粒效率、脱净率、脱粒能耗、脱粒机成本和脱粒破碎五个问题。

随着玉米脱粒机的普遍应用和商品玉米流通环节的增加，玉米种子生产中遇到的脱粒损伤问题也日趋增多，玉米籽粒的脱粒破碎问题变得严重起来。人们关于玉米脱粒损伤问题的研究日益深入，为改进和设计新型玉米脱粒机、特别是专用玉米种子脱粒机奠定了基础。

玉米籽粒在收获、干燥、脱粒和加工等过程中存在许多生物力学问题，这些问题直接影响到玉米籽粒的损伤，进而直接影响玉米质量，从而影响玉米产品的质量和经济效益。因此，研究玉米籽粒力学特性和损伤问题十分必要，可以为玉米的收获、干燥、脱粒、加工、贮运及品质鉴定等相关设备的研究提供更为科学、全面的理论依据。主要体现在以下方面：

（1）在玉米相关机械设计与选择时，对其力学及动力学特性的了解必不可少。在设计中，通过对玉米的弹性模量、泊松比及破碎敏感性等研究，可减少工作部件对玉米籽粒的挤压、冲击、碰撞等引起的机械损伤，为机器部件的设计提供必要参数。

（2）玉米在机械化收获、脱粒和干燥过程中不可避免地受到不同形式的碰撞、挤压和冲击载荷的作用，造成产品的机械损伤，给人们带来巨大的经济损失。通过对玉米籽粒力学特性进行系统分析，为完善相关机械的设计、降低其损伤提供理论依据。可根据建立在弹性、黏性和塑性力学和流变学基础上的力学观点来分析静载、动载、振动、碰撞等造成的机械损伤，探求防止或降低损伤的措施。

(3)玉米籽粒力学特性研究不仅对机械损伤分析有意义，而且可以作为品质鉴定的指标之一。如应力裂纹是谷物干燥过程中损伤的主要形式之一，通过研究应力裂纹的生成机理和控制技术来改进干燥工艺，可以减轻或避免玉米应力裂纹发生，提高玉米的等级；掌握玉米的热特性可以提高其加工、贮运和保鲜手段；根据不同品种玉米籽粒动态力学特性参数存在的明显差异，可以进行玉米的品种识别；通过研究玉米籽粒压缩特性，可以认识玉米籽粒的内部组织结构及其黏弹特性，以此来测定玉米籽粒淀粉含量，改进玉米加工中的质量控制等。

通过玉米籽粒力学特性研究，揭示了玉米机械损伤机理，为玉米低损伤收获、干燥、脱粒、加工、贮运及品质鉴定等相关装备的研究提供了理论依据，从而减少玉米机械损伤，提高经济效益。随着现代农业工程技术手段和方法的日益进步以及玉米产业的迅速发展，对玉米籽粒力学特性和相关技术的研究有着十分重要的意义。近年来，我国玉米籽粒力学特性研究方法和技术手段日趋完善，并取得了较大的进步，但相对于国外同类研究还有很大差距。我们应充分利用已有的经验，对玉米籽粒的力学特性进行深入系统的研究，提高在工程实际中的应用能力，推动玉米产业的进一步发展。

2.1　玉米籽粒损伤形式研究

玉米籽粒的损伤形式有多种分类方法。

根据损伤性质进行分类，玉米籽粒损伤分为物理损伤和生物损伤。物理损伤又分为机械损伤和应力损伤，生物损伤分为热损伤和低温损伤等。

机械损伤是由于对玉米籽粒施加机械作用而导致的损伤。根据损伤发生的环节不同，机械损伤分为脱粒损伤、卸料过程中的冲击损伤、上料过程中挖取或抓取损伤和运输过程中的挤压损伤等。

应力损伤又称为应力裂纹，主要由于干燥过程中玉米籽粒内部温度和湿度梯度变化所引起内部裂纹导致。

根据损伤发生部位的不同(即在玉米种皮内部或外部)，玉米籽粒损伤分为外部损伤和内部损伤。外部损伤包括籽粒的破碎或破损、种皮擦伤、外部裂纹与种脐脱损等；内部损伤包括胚乳裂纹、碎裂和胚芽或胚轴损伤等。由于外部损伤可以直观地发现，所以又称为显性损伤。相反，内部损伤是种皮完好、外观没有改变的损伤，不容易被发觉，所以又称为隐性损伤(高连兴等，2006)。

在上述各种损伤形式中，发生在玉米脱粒过程中的脱粒损伤最为严重，也是控制损伤的关键。脱粒损伤包括所有形式的外部损伤和胚乳裂纹、碎裂和种胚或胚轴损伤等。

对于商品玉米而言，出现显性损伤的玉米籽粒存在以下问题：(1)严重破碎的玉米籽粒由于外形、体积变小，无论采用振动筛清选装置、气力清选装置还是组合式清选装置，均容易在清选过程中直接被清选掉，造成经济损失；(2)破碎或破损的玉米籽粒因缺少完好种皮的保护，容易吸收空气中的水分并受各种病菌侵染，不仅自身在仓储过程中易发生霉变变质，而且会成为库存玉米的霉变源，引起更大范围的玉米霉变。

作为商品玉米的内部裂纹问题，已有多位学者进行了深入、大量的研究(李保国等，2001；张俊雄等，2007)，结果表明，应力裂纹影响玉米籽粒内部结构、淀粉出粉率，降低机械强度、增加破损率，增强吸湿性，易引起发热、易遭受霉菌的侵袭，显著降低储藏稳定性，也会造成经济损失，等等(白岩等，2006)。

对于玉米种子而言，由于种子是玉米再生产不可替代的基本生产资料，生产成本高、价格昂贵，显性损伤的玉米种子无法发芽，不能作为种子使用，因而造成的直接经济损失甚为严重。同时，机械损伤造成的玉米籽粒内部裂纹不但具有商品玉米同样的问题，而且会严重影响种子的发芽、出苗，播种田间会严重影响产量，造成更大的间接经济损失。特别是机械化精量播种技术普遍应用的今天，隐性损伤的玉米种子更具有潜在的危害性。

2.2 国外玉米力学特性与脱粒损伤研究概况

自从 1785 年苏格兰人安朱·梅克(Andrew Meikle)发明第一台回转滚筒式玉米脱粒装置以来，人们在研究玉米脱粒机的同时，也逐渐认识到玉米脱粒损伤问题的严重性，因而对玉米脱粒损伤及其玉米籽粒力学特性等各种损伤影响因素的研究也不断深入，并取得许多成果。

美国科学家 Pickard(1955)在进行玉米脱粒机试验研究时发现：不同滚筒与凹板组合对玉米籽粒的机械损伤有显著差异，纹杆式脱粒滚筒的条纹角度一定时，纹杆式脱粒滚筒对玉米籽粒引起的机械损伤最低，包有橡胶纹杆的脱粒滚筒具有降低籽粒机械损伤的效果。

Zorerb 和 Hall(1960)研究了马齿型玉米、小麦、豌豆、豆类植物在不同含水量下缓慢加载的特性。研究表明，谷物挤压强度的影响参数是含水量、温度、加载速度和加载位置及物料尺寸。

Thompson(1963)通过研究玉米干燥过程中产生裂纹的原因指出，玉米干燥裂纹的生成与高温快速干燥密切相关。高温快速干燥引起玉米力学特性的较大变化，形成较大的干燥应力，造成大的应力裂纹。玉米籽粒内部干燥应力开始使玉米从脐部到冠部产生单一裂纹，随着应力增加，单一裂纹发展成复合裂纹，直至在玉米颗粒表面形成龟裂面。

RE. Ar noldetal(1964)研究认为：湿度增加，脱净率下降、分离损失增加、功耗增大，同时指出脱粒对谷物有损害，限制谷物特定安全水分和采用低转速滚筒可大幅度降低这种损害。

Ekstrom(1966)研究了玉米的应力裂纹后指出，玉米的应力裂纹是温度梯度和水分梯度共同作用的结果，并且水分梯度的作用更大。籽粒干燥时产生的应力状态是内压外拉，吸湿时的应力状态是内拉外压。当内部的拉应力超过籽粒的抗拉极限时即产生应力裂纹，所以应力裂纹首先发生在籽粒内部。

Bilanski 等(1966)测试了在低速平板压缩下不同水分玉米籽粒的载荷-变形曲线，研究结果表明，含水率以及压缩位置对玉米籽粒变形有明显的影响。Shelef 和 Mohsenin 等(1969)研究了含水量对黄白齿形(顶陷)玉米力学特性的影响，结果表明其弹性模量和变形模量都随水分的增大而减小。

Fox 与 Brass(1969)用一种具有一定弹性材料的脱粒滚筒代替金属脱粒滚筒，以减轻玉米脱粒过程的机械损伤，试验研究获得了成功。

Mohsenin(1970)用球形压头的压缩试验测定玉米角质胚乳厚片在不同含水量下的应力松弛特性，结果表明玉米角质胚乳的拉伸松弛模量随时间、含水量和温度的变化而变化。

Brass(1970)在玉米脱粒研究时发现：在玉米脱粒过程中柔和地处置玉米果穗的最好办法是在玉米果穗的切线方向或轴线方向施加作用力，可减小籽粒的机械损伤和脱粒所需的作用力，而不是将大量的玉米果穗杂乱、随机地喂入脱粒机中。

Brass(1973)通过试验研究还发现：玉米籽粒不同部分的力学特性是不同的，因而各部分承受冲击力的程度也不同；玉米籽粒的损伤首先发生在种皮内部，籽粒内的冠部胚乳、种胚发生裂纹，当裂纹严重后才是种皮破裂、破碎。

Andrews(1971)试验发现：受到内部机械损伤的玉米种子，根部生长率与发芽率都显著降低。

Rao(1975)利用玉米颗粒角质胚乳的机械、物理特性参数，建立了应力与干燥过程中黏弹性球半径和时间的关系模型，预测干燥过程中籽粒的应力大小。运用该模型预测干燥、缓苏和冷却过程中的瞬时温度和湿度梯度所诱导的应力时发现，应力的大小主要取决于籽粒内部的湿度梯度，其次是温度梯度。

Srivastava 等(1976)研究了冲击载荷下玉米的剪切性能，得知玉米的冲击剪切性能与其水分和冲击速度密切相关，其剪切强度与水分成反比，与冲击速度成正比。

土耳其科学家马谋德与布切利(1975)通过试验获知：将玉米果穗有规则地喂入脱粒滚筒，在各种含水率的情况下，玉米果穗的轴线平行滚筒轴线时，籽粒遭受的机械损伤最低，反之，玉米果穗的轴线垂直滚筒轴线时，籽粒遭受的机械损伤最高。此外，玉米含水率在20％～22％之间时，籽粒损伤最小，并随含水率及滚筒速度的增加而增加。

乔德林腊(1978)的实验报告认为：脱粒机型式、玉米果穗的喂入方式及喂入速度、玉米果穗的物理特性及形态对籽粒的损伤也有影响。喂入量对机械损伤的影响是：籽粒含水率在12％～16％时，机械损伤随喂入量的增加而降低；在16％～18％时，机械损伤稳定在1％以下，即不受喂入量的影响。

Gustafson 等(1979)通过对玉米籽粒的纵截面在环境温度发生变化时的有限元分析，得出了其内部的温度分布和相应的热应力，获知最大拉应力位置和观察到的裂纹位置密切相关。

普尔逊及奈符(1980)进行损伤玉米种子发芽试验后发现：种皮裂纹或外表受损伤的玉米籽粒，其发芽率大为降低；同时认为脱粒机型式及脱粒滚筒线速度对脱粒后完好籽粒的发芽率的影响并不显著。

Balastreire 等(1982)测得了玉米籽粒的断裂韧度临界值，并通过光学显微镜观测到：当玉米籽粒内部裂纹接近籽粒种皮表面时，其裂纹宽度变窄。据此得知，玉米内部应力裂纹在籽粒的中心部位生成，然后沿着淀粉颗粒的边缘向表面扩张。

Haghighi 和 Segerlind(1988)根据材料的黏弹性性质，利用二维有限元程序计算了玉米纵截面上的各应力分量随时间变化的过程。计算表明，通过有限元分析可以求出烘干过程中玉米内部最大应力出现的时间、位置，以及与外界烘干条件的关系。

Robert S. Joseph 等(1995)认为玉米种子湿度增加，脱粒滚筒的线速度就要增大，否则未脱净率就会增大。

H. D. Almeida-Dominguez 等(1997)对不同品种玉米籽粒胚乳的硬度进行了测试，并得到相应的黏度曲线：硬玉米籽粒比软籽粒需要较长的时间达到黏度峰值，并且低于软籽粒的黏度峰值。

Alonge A. F. (2000)等对谷物脱粒系统性能进行了评价，认为谷物水分增加导致谷物破损率增加和脱粒效率降低，脱粒速度增加也将导致谷物的破损增加。

Silvio Moure Cicero 等(2003)通过 X 射线对遭受机械损伤的玉米种子籽粒照相，对其图片分析发现，在玉米种子籽粒不同部位所遭受的机械损伤包括折断、开裂、削损、细小碰伤、擦伤和细小裂纹等外在形式以及隐性损伤，对种子的活力及发芽率的影响区别很大。研究结果表明玉米种子籽粒内部的角质胚乳与籽粒表皮的微小裂纹、擦伤等对籽粒发芽影响不大，粉质胚乳中的裂纹对籽粒的正常发芽有一定影响，种胚的损伤(裂纹)将严重影响籽粒的发芽。

2.3　国内玉米力学特性与脱粒损伤研究概况

随着玉米脱粒机的普遍应用，脱粒破碎问题变得越来越严重，特别是玉米种子生产的发展、种子损伤问题对玉米生产产生了重要影响，人们开始认识到玉米脱粒损伤问题。然而，我国关于玉米籽粒力学特性和玉米收获、干燥、脱粒环节造成玉米损伤问题的系统研究，在 20 世纪 80 年代末 90 年代初期才开始得到重视。

20 世纪 60 年代初期，我国在国外研究基础上开始研制玉米脱粒机，自行研制的冲击式玉米脱粒机很快得到了普及应用。由于我国农村实行"三级所有、队为基础"的集体经济制度，当时研制的各种脱粒机均以大中型为主，比较好地适应了当时的农业生产需要。

进入 20 世纪 80 年代，为适应农村家庭联产承包责任制、农业生产规模比较小的实际情况，我国又相继研发了一系列中、小型玉米脱粒机，并很快普及应用，但脱粒机构造与原理基本上没有改变，即仍然采用冲击式脱粒原理。

随着我国开始实行"四化一供"的种子工作方针，玉米种子生产开始向优势地区转移，主要集中在华北和东北地区。但是，我国当时还没有专用玉米脱粒机，只能沿用传统冲击式玉米脱粒机（普通玉米脱粒机）进行玉米种子脱粒作业。玉米种子加工技术相当落后，许多加工厂没有烘干和分级设备，无论是在种子破损率、获选率，还是在机械的稳定性方面都难以满足生产需要。由于传统脱粒机是依靠冲击方式进行脱粒，脱粒滚筒转速高（一般转速大于 $700 \text{ r} \cdot \text{min}^{-1}$），而且工作部件为钉齿或齿杆，线速度大于 $8 \text{ m} \cdot \text{s}^{-1}$。

传统玉米脱粒机进行商品玉米脱粒时，若玉米含水率控制在15％～16％水平，脱粒破损率一般能控制在 1％～2％。但用这种脱粒机进行玉米种子脱粒时，因为玉米种子果穗和籽粒与商品玉米不同，其形状不规则，籽粒与穗轴结合力均有较大差异，脱粒难度增加，导致破损率上升（李力生，2001）。

为了解决玉米脱粒、干燥过程中的籽粒破碎、损伤问题，我国农机研究人员开始一系列研究工作。

张仲欣等（1991）研究认为：要解决潮湿谷物脱粒难的问题，需要增加脱粒系统的打击作用；师清翔等（1996）认为：增加传统的刚性齿冲击脱粒必将增加籽粒内局部应力、损伤籽粒内部结构，降低种子发芽率。

贾灿纯、曹崇文（1994）对玉米在干燥过程中的热应力和湿应力进行了有限元分析，给出了玉米籽粒内部应力的数学模型，利用有限元方法系统地推导了玉米籽粒内部应力的求解过程。在 75℃和50℃的干燥温度下，模拟了玉米籽粒内部各组成部分的最大主应力和最大剪应力，得出了最大应力的分布区域和应力场。

潘庆和（1994）对 5TY-10 型玉米脱粒机的性能测试分析认为：玉米籽粒含水率在 12％～14％时，随喂入量的增加，籽粒破损率逐渐降低；当籽粒含水率在 16％～18％时，籽粒破损率稳定在 1％以下，即不受喂入量的影响；当籽粒含水率在 25％～45％时，随籽粒含水率的增加，籽粒破损率也增加；尤其是籽粒含水率在 40％以上时，籽粒破损率剧增。

赵学笃、马中苏等（1995）对玉米籽粒的压缩、剪切和冲击等力学性能进行了试验研究，研究结果表明：玉米籽粒的压缩、剪切强度随籽粒含水量的增加而降低。

袁月明等（1996）对玉米籽粒力学性质的试验认为：不同品种的玉米籽粒沿不同方向的抗破裂能力有显著差异，其抵抗破裂的能力主要取决于角质胚乳和种皮的力学特性；当含水率降低时，籽粒的破裂力有所增加，但变形减小。

赵学笃等(1996)研究认为：玉米的冲击粉碎性能与其水分和冲击速度密切相关；随水分的减少和冲击速度的增大，一定粒度条件下的最少冲击次数减少；在实际工作速度范围内，平板对玉米的冲击粉碎效果略好于纹杆。

冯和平等(1999)试验发现：在籽粒变形相同的情况下，籽粒的含水率越低，其强度和硬度越大，能够抵抗破裂的能力越强，所能够承受的载荷就越大；在所承受的载荷相同情况下，籽粒的含水率越低，籽粒中淀粉的脆性就越大，而塑性就越小，玉米的变形就越小。

朱文学等(1997)对玉米应力裂纹率和破碎敏感性的关系进行了研究，并进行了应力裂纹扩展的动力学分析。结果表明，玉米籽粒内部裂纹沿胚轴方向扩展需要的扩展力最小，分叉扩展需要的扩展力最大。

冯和平、毛志怀(2003)通过准静态压缩试验、剪切试验和应力松弛试验对不同含水率、不同热风温度干燥的玉米、有热应力裂纹的玉米及自然干燥无裂纹的玉米进行了对比试验，对不同情况下玉米的力学性能进行了研究。结果表明，较高的含水率、较高的干燥温度和应力裂纹的存在都使玉米的破坏强度降低，使玉米更易破碎。

刘雪强等(2005)对玉米干燥过程中应力裂纹产生机理进行了研究，分析了玉米在干燥过程中的热应力和湿应力，系统地分析了玉米颗粒内部应力的产生及分布状态，应用广义 Maxwell 模型建立了干燥过程中玉米颗粒内部应力模型。

张明学、赵祥涛等(2005)对东北玉米进行了颗粒破碎敏感性试验，得知干燥条件不合理使籽粒产生的应力裂纹增多，破碎敏感性增大；并分析研究了影响玉米储运环节的破碎因素，为解决玉米储运过程中的破碎问题提供了理论依据。

周旭、高连兴等(2005)对沈阳部分市场销售的玉米种子进行考察，发现相当数量的玉米种子存在内部裂纹问题；经过初步试验发现：胚乳裂纹的玉米种子发芽率比正常种子下降约 20%，分析认为，这种损伤是在脱粒过程中产生，只是其外观无异常变化；种脐脱损的玉米种子发芽率则仅为 50%左右，其中一部分种芽很弱。玉米种子的两种隐性机械损伤同破碎等显性损伤一样，是影响玉米种子质量的重要问题。

石凤云(2005)试验发现：成熟的玉米种子籽粒基部果柄在脱粒中易受机械损伤而脱落，使种脐的褐色离层外露，影响其根部生长率，发芽率显著降低。

张永丽、高连兴等(2006)对玉米种子籽粒进行了剪切试验研究，分析了在不同作用力、不同含水率下的玉米籽粒剪切特性。结果表明：玉米籽粒在不同侧面、不同方向加载的剪切力有显著差异；含水率不同时，玉米籽粒的剪切强度也不同。其原因与玉米籽粒的内部结构、玉米籽粒的形状等因素有关。

吴多峰等(2006)对钉齿式玉米种子脱粒机与挤搓式玉米种子脱粒机的性能比较试验发现：钉齿式玉米种子脱粒机产生的破损率要高于挤搓式玉米种子脱粒机的破损率，并且挤搓式玉米种子脱粒机的单位功率生产率要高于钉齿式玉米种子脱粒机。

何树国(2006)对 5TY-10A 型玉米种子脱粒机试验时发现：当含水率在 12%～20%范围内时，破损率随着转速的增加而增加，当滚筒转速超过 900 r·min^{-1}，线速度为 8.15 m·s^{-1}时，破损率增加得很快，因而选择合适脱粒元件和旋转速度是研究低损伤脱粒技术的关键。

杨玉芬、张永丽等(2007)利用微机控制的电子拉压试验机对玉米种子籽粒进行了静压破损试验，测得玉米种子籽粒腹面、顶面和侧面的静压破裂时的力学特性。分析了不同品种、含水率、施压部位对玉米籽粒静压破损特性的影响。

李心平等(2007)进行了玉米脱粒特性的基础性研究，通过对玉米果穗的冲击试验，发现含水率与破损率为一元二次函数关系，含水率 16%时，破损率最低；垂直于轴线冲击玉米果穗的穗端，籽粒损伤率最小，为最佳冲击脱粒方式。

张永丽等(2007)借助电子拉压试验机，进行了玉米籽粒的剪切试验，发现籽粒的抗剪切能力随含水率的增加而降低；角质胚乳的抗剪切能力最强，粉质胚乳次之，胚的最差，并在三者之间的界面最易形成裂纹。

李心平等(2007)建立了玉米种子籽粒的平面有限元模型，并进行了不同加载方式的有限元分析，发现在不同的加载方式下籽粒内部最大拉应力和裂纹出现的位置有所不同：冠部加载时，裂纹出现在籽粒冠部马齿边缘的粉质胚乳和胚内；腹部加载时，裂纹产生于胚与粉质胚乳交界处，并向种皮扩展。

李心平、高连兴等(2007)利用有限元分析方法对玉米种子在压载作用下不同作用部位的应力分布进行了分析，得到了玉米种子在不同施力部位压载作用下的微观力学性质。此外，为降低玉米种子脱粒过程中的机械损伤．分别对玉米籽粒的冲击破碎机理和玉米籽粒果柄的断裂机理进行了研究，分析了在不同籽粒含水率、不同冲击位置下玉米种子籽粒的力学性质及玉米籽粒果柄断裂特性，为进一步研究玉米种子的力学性质、损伤机理提供了理论依据。

徐立章等(2009)研究表明，冲击式脱粒的籽粒损伤最高，籽粒发芽能力最低，当含水率在 19.1%～22.2% 之间时，损伤程度基本保持不变，低于 15.25% 之后，损伤程度显著增加；聚氨酯脱粒部件的籽粒损伤程度最低，约为金属脱粒部件的 20%。

李晓峰等(2011)对种子内部机械裂纹损伤特征进行了分析：玉米种子内部机械裂纹主要发生在籽粒冠部并向种胚延伸与扩展，产生裂纹的冠部存在脱粒部件的冲击区；以冲击区为中心，呈放射状分布多条微裂纹。冠部冲击区域由于玉米果穗喂入过程中的冲击所致，需减轻喂入过程中的脱粒冲击问题。

第 3 章
玉米及其种子脱粒机发展概况

3.1 玉米脱粒机的诞生与分类

3.1.1 玉米脱粒机的诞生

收获是玉米等各种农作物田间生产的最后环节，也是关键环节。无论传统的人工收获还是现代的机械收获，也无论是机械化分段收获还是机械化联合收获，谷物脱粒是必经的作业环节。机械脱粒（脱壳、清选设备）可以根据谷物含水率的变化适时、高效作业，减少谷物收获过程中的落粒、漏脱和清选等损失，以及场上堆放过程中的霉烂与鼠害等造成的各种损失，同时减少脱粒造成的破碎与损伤。对于谷物联合收割机来讲，脱粒装置是关键组成部分之一，脱粒环节不但功耗大，脱粒效率、脱粒损失与损伤也是制约联合收割机作业效率与作业质量的关键。由此可知，脱粒在玉米生产中占有十分重要的地位。

追溯玉米脱粒机历史的发展，回顾传统的人工玉米脱粒方式和玉米脱粒机演变过程，对研究玉米脱粒机，特别是玉米种子脱粒机具有重要的意义。在分析目前各种结构原理的玉米脱粒机时，人们会不自觉地将其与人工脱粒方式联系起来。人类在总结人工玉米脱粒方法的基础上，巧妙地用机械代替了人手操作和简单工具，经过不断改进、完善，最终研制出各种现代化玉米脱粒机。

在实现玉米的机械脱粒之前，人工的玉米脱粒作业方式主要可归纳为三种：用手捻搓脱粒、用木棒击打脱粒、用木板（或钉板）刮搓或挤搓脱粒。

在玉米脱粒机技术发展初期，两种玉米脱粒装置的发明具有重要意义：1785 年苏格兰人安朱·梅克发明了第一台回转滚筒式玉米脱粒装置，从而开创了机械脱粒的先河。这种脱粒装置的回转滚筒表面固定有凸起脱爪(钉齿式脱粒部件)，当滚筒转动时脱爪与玉米果穗发生打击、刮搓作用，使玉米籽粒与穗轴分离。1815 年美国人发明了世界上第一台手动盘式玉米脱粒装置。该脱粒装置的主要脱粒部件是固定有钉子的脱粒圆盘。通过手摇曲柄转动脱粒圆盘，使紧压在脱粒圆盘上的玉米籽粒穗和脱粒盘产生刮搓作用，从而使玉米籽粒与玉米芯轴分离，达到脱粒目的。

随着玉米脱粒技术和玉米种子生产技术的发展，玉米种子脱粒装置受到国内外农机工作者的极大关注。由于脱粒损伤严重影响玉米种子的发芽、出苗率，同时种子的价格远远高于普通玉米，所以玉米种子脱粒比普通玉米脱粒要求更严格。为此，研究低损伤玉米种子脱粒机成为玉米脱粒机研究的关键。

3.1.2　玉米脱粒机的分类

根据脱粒机工作原理、关键部件结构等不同，玉米脱粒机有多种分类方式，其中常用的分类方式如下：

(1)按脱粒原理不同，主要分冲击式(也称打击式)、碾压式、挤搓式、差速式和搓擦式玉米脱粒机。

(2)按脱粒部件结构形式不同，分为钉齿或齿杆式、纹杆式、板齿式和甩锤式等玉米脱粒机。

(3)按脱粒滚筒结构特点不同，分为圆柱滚筒、锥形滚筒和盘式玉米脱粒机。

(4)按脱粒滚筒数量不同，分为单滚筒和双滚筒玉米脱粒机。

(5)按脱粒对象不同，分为玉米种子脱粒机、鲜食玉米脱粒机和一般玉米脱粒机(通常直接称为玉米脱粒机)。

(6)按脱粒机是否具有其他辅助装置，分为自动上料式玉米脱粒机(带有自动上料装置)、自动装袋式玉米脱粒机(带有自动输送装置)等。

(7)按是否具有移动装置、移动是否方便，分为移动式玉米脱粒机和固定式玉米脱粒机。

3.2 冲击式玉米脱粒机

冲击式(也称为传统式或普通式)玉米脱粒机主要以冲击原理进行脱粒,由脱粒部件(如钉齿或齿杆)打击玉米果穗,使玉米籽粒在打击力作用下与穗轴分离。同时,转动的钉齿侧面和顶部与凹板筛对玉米果穗产生搓擦作用实现脱粒,其脱粒效果主要取决于打击速度和打击机会,这样的脱粒机对玉米籽粒伤害较大,但脱得净、效率高。

如图 3.2-1 所示,钉齿式玉米脱粒机的脱粒装置由钉齿滚筒和钉齿凹板组成,常用的钉齿有楔形齿、刀形齿和杆形齿。脱粒时,玉米果穗进入脱粒装置,被高速旋转的滚筒钉齿抓取并拖入脱粒腔即脱粒间隙,在钉齿的冲击和揉搓作用下脱落,并使玉米芯通过脱粒腔,沿滚筒切线方向在凹板后部排出。

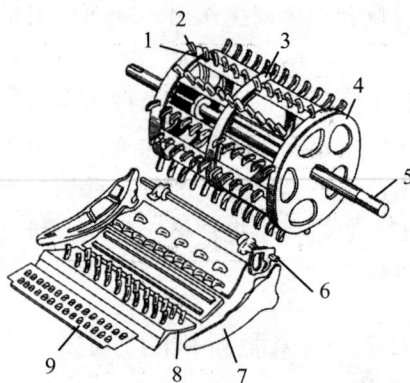

图 3.2-1 钉齿式玉米脱粒机的滚筒与凹板

1. 齿杆;2. 钉齿;3. 支撑圈;4. 幅盘;5. 滚筒轴;6. 凹板调节机构;7. 侧板;8. 钉齿凹板;9. 漏粒格

钉齿式脱粒装置有卧式结构与立式结构之分,钉齿滚筒外形又有圆柱形和圆锥形两种形式(图 3.2-2、图 3.2-3)。钉齿排列具有规律性,一般按照螺旋线的原则排列(图 3.2-4),螺旋线数越多,则滚筒的打击力量越强,脱粒能力就越强。

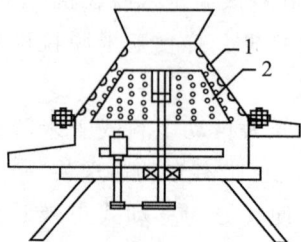

图 3.2-2 立式锥形滚筒玉米脱粒装置

1. 圆锥形钉齿滚筒;2. 钉齿内擦板

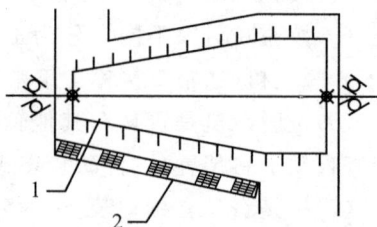

图 3.2-3 卧式锥形滚筒玉米脱粒装置

1. 圆锥形钉齿滚筒;2. 栅格凹板

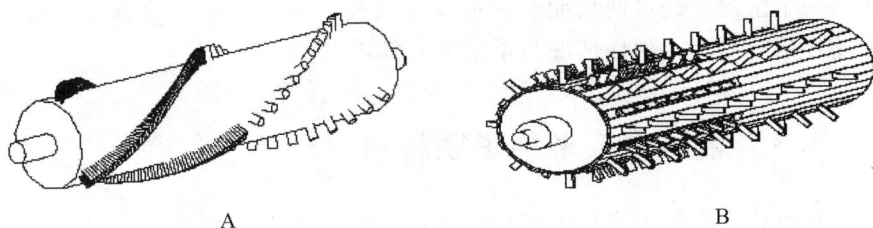

图 3.2-4　钉齿排列形式

A. 螺旋排列；B. 直行排列

钉齿式脱粒机虽然破损率高，但脱粒能力强，生产效率高。滚筒结构形式多，对潮湿和难脱玉米种子适应能力强，因此在我国广大农村与小型制种企业应用范围广。

冲击式玉米脱粒机主要由入料斗、脱粒、风选、筛选、机架五部分组成，具有生产效率高、脱粒质量好、操作方便、工作可靠、结构紧凑、坚固耐用、使用维护方便等优点。脱粒机进行脱粒时，利用滚筒回转时钉齿的打击力、玉米果穗之间和滚筒与凹板之间的揉搓作用，使籽粒脱落。并借助其他机构的作用，将籽粒、玉米芯、糠皮、轻质夹杂物分送到三个方向出口处排出机外。该类型玉米种子脱粒机存在断玉米芯多、破损率高、清洁度差、损失大、喂入量过大时滚筒易堵塞等缺点。

图 3.2-5 和图 3.2-6 分别是甩锤式（也称为锤片式）脱粒机和钉齿双滚筒脱粒机。

图 3.2-5　锤片式滚筒

图 3.2-6　钉齿双滚筒

锤片式脱粒机是在脱粒滚筒上铰接有板状的甩锤，滚筒转动时甩锤靠离心力甩开、对玉米果穗施加打击力。由于甩锤与滚筒之间通过铰链连接，因而降低了对玉米的打击强度，脱粒损伤有所降低。

钉齿双滚筒脱粒机是将原来的一个钉齿滚筒换成两个并列配置、转速相等的短钉齿滚筒。脱粒过程中玉米果穗从前一个滚筒出来后直接进入后一个滚筒，经过两次脱粒因而效率较高，外形较单滚筒脱粒机短，但功耗略有增大，损伤情况与单滚筒差异不大。

3.3 碾压式玉米种子脱粒机

碾压式玉米种子脱粒机是利用脱粒部件对玉米果穗的挤压作用使玉米脱粒。在碾压过程中，使玉米籽粒和穗轴之间产生沿穗轴轴心垂直方向的相对位移，形成对果柄的剪切力而使玉米籽粒与果穗分离。该原理的脱粒机对含水率要求不高，可以对含水率 20% 以下的玉米进行脱粒，对籽粒损伤不大。当喂入量过大时，滚筒易堵塞、籽粒易擦伤，所以效率不高，一般用于生产率要求不高的玉米种子脱粒作业。

如图 3.3-1、图 3.3-2 所示，碾压式脱粒装置由气胎主辊、气胎定位辊、橡胶条凹板三部分组成，气胎定位辊是由四个同样大小和规格并同方向旋转固结在同一轴上的弹性轮胎组成。其工作原理是，玉米果穗随机放在气胎主辊、气胎定位辊的上面，当玉米果穗与气胎主辊、气胎定位辊的轴线相垂直时，两辊中有一辊变形让玉米果穗进入气胎主辊与橡胶条凹板围成的间隙，玉米果穗在气胎主辊膨胀力与橡胶条凹板的结合力作用下，旋转着沿橡胶条凹板间隙楔形运动，玉米籽粒不断被脱下，通过橡胶条凹板落入回收箱，玉米芯排出机外。通过试验得出，玉米籽粒含水率在 20% 以下时，该机与传统滚筒凹板式脱粒机相比，籽粒损伤可减少 50%，但该机与传统打击式滚筒凹板脱粒机相比脱粒效率低。

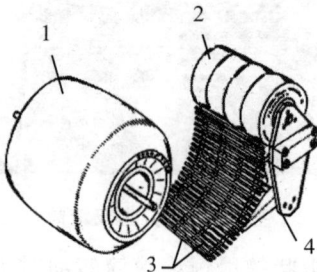

图 3.3-1　碾压式玉米脱粒装置示意图

1. 气胎主辊；2. 气胎定位辊；
3. 橡胶条凹板；4. 凹板调节辅助装置

图 3.3-2　碾压式玉米脱粒机

3.4　挤搓式玉米种子脱粒机

挤搓式玉米种子脱粒机主要通过模仿人手搓玉米的动作来进行玉米脱粒，纹杆滚筒脱粒机属于典型的挤搓式玉米脱粒机。纹杆式脱粒装置由纹杆式滚筒（图 3.4-1）和栅格式凹板（图 3.4-2）组成。纹杆直接固定在多角形幅盘上，表面有沟纹。为了提高脱粒时沟纹对作物的揉搓作用，沟纹方向和滚筒回转时的切线方向成一角度，且沟纹前低后高。在大多数情况下，纹杆的安装方向都是沟纹的小头朝着喂入方向。相邻两纹杆的沟纹方向相反，以避免作物移向滚筒的一端，造成负荷不均匀。转动的纹杆与固定的凹版筛使果穗受到推挤、向前运动。果穗之间也同样在受到一定压力的作用下进行充分挤搓，并且机内所有果穗的任何部位都有充分挤搓的机会，从而脱掉全部籽粒。栅格式凹板（凹板筛）与滚筒构成脱粒腔，一般腔的入口间隙是出口间隙的 3～4 倍。

与钉齿式玉米脱粒机相比，纹杆式玉米脱粒机籽粒破损率低、脱净率高、清洁度高、分离籽粒能力强，但脱粒生产效率不高、功率消耗较大、对含水量高的作物适应能力差。因此，通常只用于小规模的玉米种子脱粒。

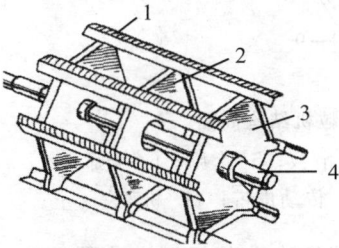

图 3.4-1　纹杆式滚筒

1. 纹杆；2. 中间支撑圈；
3. 幅盘；4. 滚筒轴

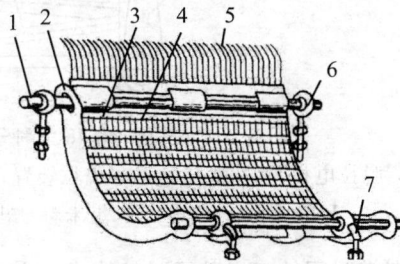

图 3.4-2　栅格式凹板

1. 凹板轴；2. 侧板；3. 横板；4. 钢丝；
5. 延长筛；6. 出口调节螺钉；7. 入口调节螺钉

在欧洲及美国等一些发达国家实行高水平的机械化精量播种作业，对种子质量要求十分严格，特别是脱粒环节。由于挤搓式玉米种子脱粒机脱粒损伤率低、对不同类型玉米种子的适应性强、脱净率高、种子破损率相对打击式玉米种子脱粒机低，同时，国外玉米等大田作物的种子公司规模大、实行专业化生产与经营，使用挤搓式种子脱粒机可以减少玉米种子在脱粒过程中的损失，提高经济效益，对种子加工企业具有重要的意义，因而在美国等发达国家应用普遍。如图 3.4-3、图 3.4-4 所示为美国 AEC group 公司生产的 HS-48 型玉米种子脱粒机，该机生产率高（10～12 t·h^{-1}），破损率 0.8% 左右。

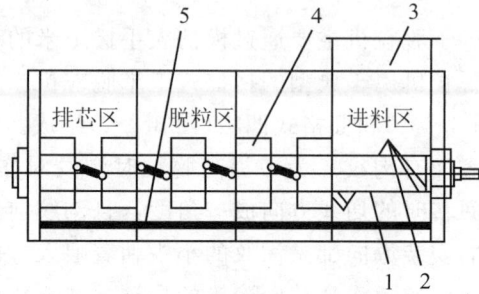

图 3.4-3　国外挤搓式玉米种子脱粒装置结构简图
1. 滚筒；2. 进料区螺旋；3. 进料斗；4. 脱粒板齿；5. 栅格凹板

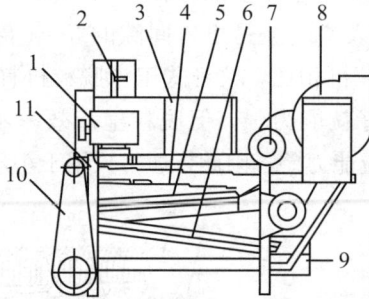

图 3.4-4　美国 HS-48 型种子玉米脱粒机结构简图
1. 脱粒电机；2. 喂入斗；3. 脱粒装置；4. 籽粒滑板；5. 上筛；6. 下筛；
7. 风管道；8. 风扇；9. 玉米籽粒出口；10. 传动皮带；11. 机架

在借鉴国外玉米种子脱粒技术的基础上，我国农业部规划设计研究院 2000 年研制了板齿滚筒挤搓式玉米种子脱粒机，其结构如图 3.4-5 所示。

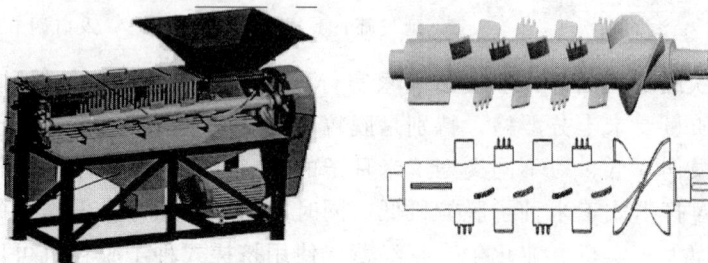

图 3.4-5　板齿滚筒挤搓式玉米种子脱粒装置结构简图

板齿滚筒挤搓式脱粒机是将滚筒上的钉齿换成了板齿并降低了滚筒转速，板齿与滚筒轴线成一定角度并按一定规律排列，一般滚筒的前段为喂入螺旋，使玉米果穗强制喂入（图 3.4-6）。由于脱粒时板齿对玉米果穗的打击作用减弱，取而代之的是一定的低速挤压作用，因而对玉米的损伤作用有所减轻。但是，由于这种脱粒机脱粒效率较低，所以只用于玉米种子脱粒。

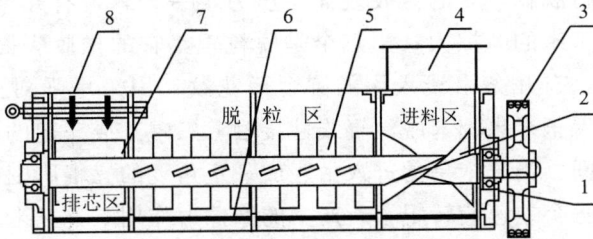

图 3.4-6　国内挤搓式玉米种子脱粒装置结构简图

1. 滚筒轴；2. 进料螺旋；3. 皮带轮；4. 进料口；5. 脱粒区板齿；

6. 栅格凹板；7. 排芯区拨轮；8 排芯口压板机

3.5　差速式玉米种子脱粒机

差速式玉米种子脱粒机是利用同方向、不同旋转速度的脱粒元件间所形成的差速旋转来对玉米果穗进行脱粒，如图 3.5-1 所示。这种脱粒机具有带皮脱粒、玉米籽粒仿手工搓落、不伤籽粒、含水率 25% 以下时不受水分影响、玉米果穗完整、脱净率可达 100% 及适应性强等特点，但由于这种脱粒机生产效率低，一般只用于小区繁种使用。

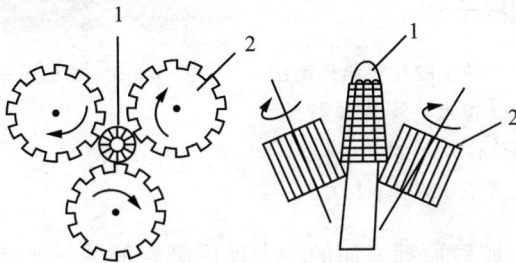

图 3.5-1　差速式玉米种子脱粒装置示意图

1. 种子玉米果穗；2. 脱粒元件

图 3.5-2、图 3.5-3 所示为三辊差速式玉米种子脱粒机，由加拿大

Agriculex公司开发研制，用于单穗玉米种子脱粒。该脱粒机由三个包有橡胶的、以相同方向不同速度旋转的辊子组成，一个叫压力辊，它的一端传递动力，另一端为可调节的活动端，即随着不同品种和规格的单穗玉米的进入，可调节活动端来适应玉米果穗的进入，它的橡胶表面有几条竖直花纹，用来增强对玉米的摩擦力；另一个叫支撑辊，它的作用是支撑玉米果穗通过三辊围成的圆锥形空间，并协助压力辊、脱粒辊对玉米果穗进行脱粒，它的橡胶表面与压力辊一样，也有几条竖直花纹，用来增强对玉米的摩擦力；第三个是脱粒辊，它的橡胶表面与压力辊、支撑辊不同，有几条由浅入深的圆台形花纹，用来增强对玉米的摩擦力。为了确保玉米果穗与脱粒辊线性接触，三辊互成一定的角度，围成圆锥形的空间。当玉米果穗进入由互成一定角度的三辊所围成的圆锥形空间时，在三个差速旋转辊子所产生的摩擦力作用下，玉米芯绕自身轴线旋转，同时靠自重不断向下运动，在脱粒辊对玉米所产生的切向摩擦力作用下，玉米籽粒不断被脱下，籽粒落入回收箱，玉米芯排出机外。这一设备结构新颖，设计合理，不伤籽粒、不断玉米芯、未脱净率低且适应性强，但生产效率低，仅适用于单穗玉米种子的脱粒。

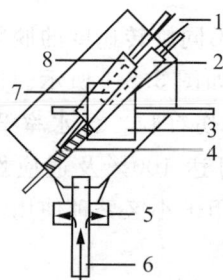

图 3.5-2　单穗玉米种子脱粒机结构简图
1. 喂入口；2. 支撑辊；3. 脱粒辊；
4. 排玉米芯螺旋；5. 吹出的杂物；
6 种子清洁器；7 玉米果穗；8 力辊

图 3.5-3　单穗玉米种子脱粒机

我国在差速脱粒原理方面的技术理论研究很少，到目前为止，尚未发现用于玉米种子脱粒的差速机械脱粒装置。

3.6　搓擦式玉米种子脱粒机

搓擦式玉米种子脱粒机是利用玉米果穗与脱粒元件之间的摩擦，以及果穗之间的相互摩擦而进行脱粒的。脱粒干净程度与摩擦力的大小有直接关系，增大摩擦作用，可以提高生产率和脱粒率，但超过一定限度时，会使籽粒脱皮或脱壳。摩擦力的大小只取决于脱粒元件的表面状况和脱粒间隙。该原理的脱粒机工作可靠、脱净率高、断玉米芯少、清洁度高，与打击式种子脱粒机相比，破损率低，但排杂口玉米籽粒多。

图 3.6-1 所示的搓擦式玉米种子脱粒机由 Kuhne 公司生产，脱粒装置由一个锥齿轮、小齿轮、支撑舌、脱粒盘组成，脱粒区由锥齿轮、带有斜凸棱的支撑舌和安装有钉齿的脱粒盘构成，支撑舌后面安装有弹簧，脱粒区的大小可由弹簧来自动调节。脱粒时，脱粒盘向内拖拉玉米果穗，由于锥齿轮、脱粒盘的旋转方向以及大小都不同，因而使玉米果穗产生自转，同时受到锥齿轮、支撑舌和脱粒盘的搓擦作用，按照从玉米果穗上部到下部的脱粒顺序，籽粒被脱粒下来，脱下的玉米芯被脱粒盘的旋转力从排芯口排出。夹带杂质的籽粒通过风机风选后，干净的籽粒在底部收集。该机玉米断芯少、破损率低、脱净率高、操作方便、工作可靠、结构紧凑、使用维护方便，但工作效率低，不适合大型制种企业的应用。

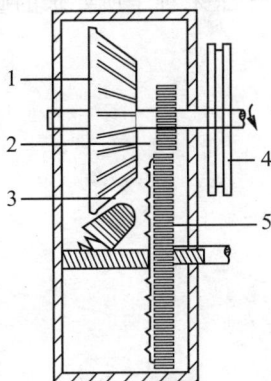

图 3.6-1　搓擦式玉米种子脱粒装置
1. 锥齿轮；2. 小齿轮；3. 支撑舌；4. 皮带轮；5. 脱粒盘

重庆市农机研究所开发的 5TY-0.2 型玉米脱粒机就是利用搓擦式原理进行玉米脱粒的。该机系立式玉米脱粒机，主要由机架、脱粒条、滚筒、V 带轮、料箱、下料筒、弹性元件及玉米分离筛等主要部件组成（图 3.6-2）。脱粒条按螺旋线布置在滚筒表面上，螺旋线导程大小决定了对玉米的脱粒和推导能力，该筒侧边安装有与机架相连接的下料筒，下料筒的锥度直接影响脱粒性能。

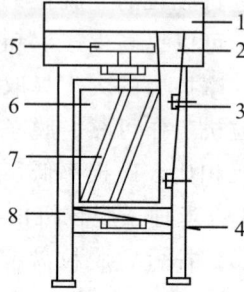

图 3.6-2　5TY-0.2 型玉米脱粒机
1. 料箱；2. 下料筒；3. 弹性元件；4. 分离筛；
5. V 带轮；6. 滚筒；7. 脱粒条；8. 机架

当玉米果穗从下料筒上方进入滚筒和下料筒组成的脱粒室时，在旋转的滚筒、脱粒条与锥形下料筒相互揉搓推挤作用下，玉米果穗边旋转边往下移动，同时玉米果穗上的籽粒不断地脱落，颗颗不伤胚芽的玉米粒从侧边排出，而完整的玉米芯从锥形下料筒下方排出，从而完成脱粒。该机具有结构新颖、设计合理、操作方便、工作可靠、结构紧凑、未脱净率低等特点，但对于玉米种子所要求的破损率来说还不够理想。

第 4 章
玉米果穗与籽粒的生物物理特性

4.1　玉米种子果穗的生物物理特性

4.1.1　常规玉米品种的生物学特点

玉米种子按其籽粒外形可分为马齿型、半马齿型和硬粒型，按其特殊用途可分为甜质型、糯质型、高油型、高蛋白型和爆裂型。各类型玉米种子的形态特征如下：

马齿型：果穗呈圆柱形，籽粒长扁平，粉质淀粉分布于籽粒的顶部及中部，两侧为角质淀粉。由于粉质淀粉比角质淀粉干燥得快，籽粒成熟时顶部与腹部失水后发生内凹，顶部收缩多导致形成马齿状。

硬粒型：果穗呈圆锥形，上宽下窄，籽粒圆形、坚硬饱满、透明而有光泽。籽粒顶部及四周的胚乳皆为角质淀粉，仅中部有少量粉质淀粉。

半马齿型：果穗的大小、形态和籽粒胚乳性质都介于马齿型和硬粒型之间。籽粒顶部凹陷深度较马齿型的要浅或不凹陷。

甜质型：果穗小，成熟籽粒表面皱缩、不饱满；籽粒半透明，胚较大。籽粒胚乳几乎全为角质胚乳，含糖量较高，淀粉总量较低。

糯质型：又称蜡质型，果穗较小，籽粒表面无光泽，胚乳全部为角质胚乳，并且几乎全部由支链淀粉组成，不透明且呈蜡状。

爆裂型：果穗与籽粒都较小，籽粒果皮及胚乳结构紧密，胚乳几乎全部由角质胚乳所组成。粒型有米粒型和珍珠型两种，米粒型籽粒较尖，而珍珠型籽粒较圆。

高油型：是指籽粒含油量比普通玉米种子高 50％以上的玉米种子类型，普通玉米种子的含油量在 4％～5％，高油玉米种子的含油量一般为 7％～10％(其中 85％集中在种胚内)。高油玉米种子的典型特征是胚大、发育早而快，因而有一个较大的胚面。

高蛋白型：即玉米种子籽粒中赖氨酸含量在 0.4％以上的玉米种子类型(普通玉米种子的赖氨酸含量只有 0.2％左右)。籽粒的胚乳为粉质淀粉，无光泽、不透明。

我国种植最多的玉米类型是马齿型、半马齿型，其次是硬粒型，甜质型、糯质型、爆裂型等玉米种植面积不大，但增长较快。

4.1.2　玉米种子果穗的生理特性分析

一般玉米种子果穗可分为长筒型、短筒型、长锥型、短锥型等 4 种。马齿型玉米种子的穗型多为筒型，而硬粒型玉米种子多为锥型，如图 4.1-1 所示。理想的玉米种子果穗应为长筒型，包叶适宜，穗轴细，出子率高，穗行数多(16～18 行或更多)，行粒数也多，千粒重高。

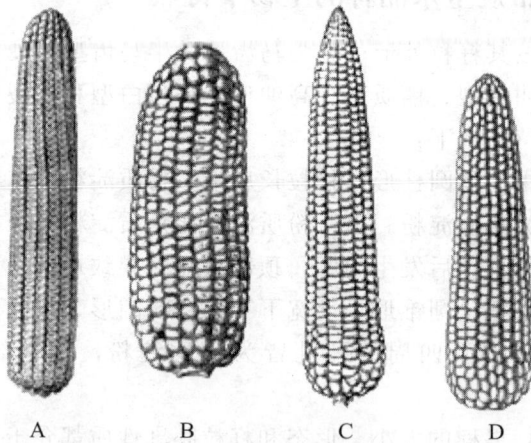

图 4.1-1　玉米种子果穗类型
A. 长筒型；B. 短筒型；C. 长锥型；D. 短锥型

玉米种子果穗上的籽粒插入玉米芯大约 1/3 部分，在纵行方向上，籽粒与籽粒之间从果柄以上一直到冠部排列紧密，籽粒数一般 18～40 粒；横行上籽粒与籽粒之间从果柄以上一直到顶帽有 2/3 排列紧密，有 1/3 欠紧密或不接触，籽粒数一般 8～16 粒。在收获含水率 25％～35％

的玉米种子时，纵行上的籽粒之间没有缝隙，行间方向的籽粒间隙也很小。对干燥的玉米果穗来说，由于含水率的降低，籽粒和玉米芯将收缩，纵行和行间的籽粒间隙将增大。一般玉米果穗上部直径 30～56 mm、下部直径 20～44 mm、长度 110～220 mm，籽粒排列成 16～18 纵行。同一玉米果穗上的籽粒所在部位不同，其形状、尺寸各有差异。通过果柄，每一个籽粒被束缚在玉米芯上，果柄一端与种皮相连接；另一端嵌入玉米芯上的颖壳中。如图 4.1-2 所示，果柄底部进入玉米芯深处，颖壳壁对籽粒有支撑作用，与种皮相连处的果柄最粗，面积也最大。含水率较高时果柄具有一定的韧性和弹性，但随水分的减少，果柄收缩变细、变硬、变脆。在重力或其他机械压力的作用下，果柄折断时，断面呈犬齿交错状，折断部位是发生在果柄中部较脆弱的区域。

　　沿果穗的轴向方向，玉米种子果穗可以分为三个部分：上部、中部、下部，如图 4.1-3 所示。

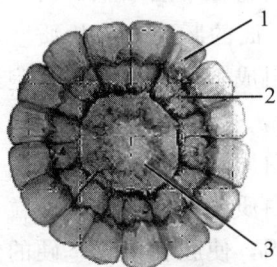

图 4.1-2　玉米种子果穗截面图
1. 籽粒；2. 果柄；3. 颖壳

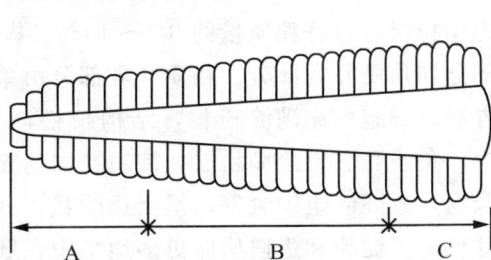

图 4.1-3　玉米种子果穗的部位划分
A. 下部；B. 中部；C. 上部

4.2　玉米种子籽粒特点

　　玉米种子籽粒的形状、大小和色泽因类型和品种的不同而不同，尤其是现代育种技术的不断采用和发展。玉米种子籽粒的形态结构大致分为果种皮（果皮和种皮）、胚、胚乳和位于基部的果柄，如图 4.2-1 所示。

　　玉米种子籽粒种皮坚硬，是籽粒的保护层，主要是限制和防止真菌和细菌的侵染，起着保护内部组织的作用。种皮占籽粒总质量的 6%～8%，厚度直接影响着籽粒与外界条件的关系。玉米种子籽粒种皮大多数是透明无色的，极少数呈红、褐色。

　　玉米种子籽粒的胚乳位于种皮下面，占种子全部质量的 80%～

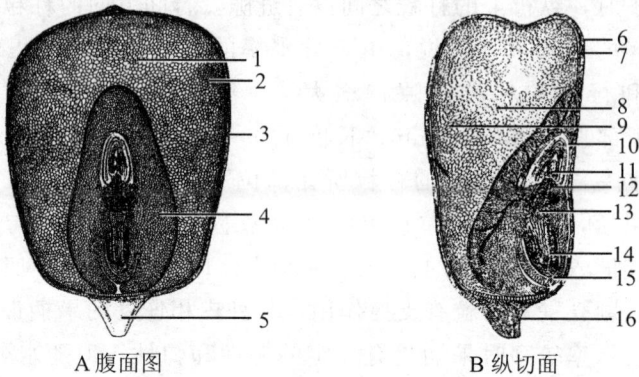

A 腹面图　　　　　　　　B 纵切面

图 4.2-1　玉米种子籽粒

1、8. 粉质胚乳；2、9. 硬质胚乳；3、6. 果种皮；4. 胚；5、16. 果柄；7. 糊
粉层；10. 胚芽鞘；11. 胚芽；12. 侧胚根；13. 盾片节；14. 胚根；15. 胚根鞘

85%。胚乳的最外层是一层含有大量蛋白质的糊粉粒单层细胞，所以称为糊粉层，占籽粒质量的 8%～10%。糊粉层下面的胚乳分为粉质胚乳部分和角质胚乳部分。粉质胚乳部分由单细胞组成，位于中央，细胞近方形，细胞内充满淀粉粒，结构疏松，不透明，含淀粉量大而蛋白质少。角质胚乳紧接糊粉层，淀粉粒之间充满蛋白质和胶体状态的碳水化合物，故胚乳组织紧密，呈半透明状，并且蛋白质含量较多。在硬粒型籽粒中，淀粉和蛋白质体更多地集中在胚乳四周，使胚乳形成坚硬的角质外层。在马齿型籽粒中，粉质结构一直扩展到胚乳的顶部，当干燥时形成明显的凹陷。

玉米种子籽粒的胚也叫脐子或种脐，位于种子宽边中下部，面向籽粒的顶端，被果皮和一层薄的胚乳细胞包住，占全粒总质量的 10%～15%。胚由胚芽、胚轴、胚根、盾片（子叶）所组成，胚的上端为胚芽，胚芽的外面有一胚芽鞘，胚芽鞘为顶端有一小孔的空锥体，有保护幼芽出土的作用。胚的下端为胚根，胚根外面包着胚根鞘，胚根鞘在幼胚中连接着胚柄。胚芽与胚根之间由胚轴相连。在胚轴上，面向胚乳的一面有一片大的内子叶紧贴胚乳，在籽粒萌发时有吸收胚乳养料的作用。这一片特殊的内子叶称为盾片，胚的大部分组织为盾片，形似铲状。胚是玉米种子籽粒生命活动的主体，最易受到伤害，影响籽粒的发芽率和储藏性能。

4.3 玉米种子籽粒三轴尺寸的测量

玉米种子籽粒呈不规则形状，同一玉米果穗上的籽粒所在部位不同，其形状、尺寸各有差异，因而需要测三个相互垂直方向的尺寸。将籽粒如图 4.3-1 所示放置，长度方向（纵向）定义为 X 轴，宽度方向（横向）定义为 Y 轴，厚度方向定义为 Z 轴。我们分别取富油 1 号、东单 1 号和农大 108 三种玉米种子各 100 粒（包括不同部位），测量其三轴尺寸。

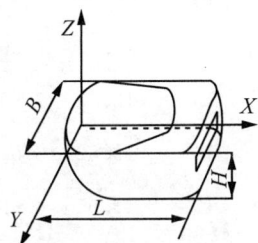

首先按图 4.3-1 所示，将籽粒放到三维坐标系中，定义籽粒的三轴。随机选取三个品种的种子各 50 粒，在三个方向上用游标卡尺（精度为 0.02 mm）进行测量（籽粒测量长度不包括果柄长度），得出 50 粒种子的三轴尺寸，见表 4.3-1，再将各尺寸按段分类，得出各尺寸段的分布概率，作出概率曲线，最后归纳出设计时所要求的籽粒尺寸。

图 4.3-1 玉米种子籽粒三轴的三维坐标系

表 4.3-1 玉米种子籽粒的三轴尺寸　　　　单位：mm

品种 测量号	东单 1 号			富油 1 号			农大 108		
	L	B	H	L	B	H	L	B	H
1	12.96	8.20	3.80	10.20	6.80	4.00	12.98	8.00	4.60
2	11.52	7.96	4.50	11.60	9.00	4.72	11.98	8.10	5.30
3	12.20	8.10	3.40	9.98	7.10	3.90	12.78	7.90	4.70
4	12.60	7.92	4.70	12.30	8.70	3.88	11.92	8.60	5.16
5	11.98	7.96	3.70	10.30	6.90	3.92	12.96	9.30	4.60
6	10.08	8.00	4.76	8.92	8.80	4.10	12.40	8.70	5.00
7	13.08	9.50	4.66	11.66	6.46	4.00	9.80	6.78	4.96
8	12.08	9.52	3.68	11.52	8.60	4.74	10.92	9.56	5.00
9	10.94	7.22	3.76	11.50	7.30	3.90	8.96	8.20	4.56

品种 测量号	东单1号			富油1号			农大108		
	L	B	H	L	B	H	L	B	H
10	11.90	6.72	3.60	8.96	8.72	4.20	10.98	8.68	5.20
11	10.98	7.40	4.00	12.96	6.72	4.80	9.96	9.10	5.50
12	12.86	7.50	3.94	11.90	9.90	3.50	10.20	7.40	3.70
13	12.76	7.98	4.22	8.92	8.92	3.66	9.88	8.66	5.20
14	12.82	8.50	4.20	12.98	6.86	3.78	10.98	7.90	5.30
15	12.05	8.66	3.96	11.58	9.70	3.92	8.90	8.96	4.68
16	12.02	7.30	4.00	12.82	7.70	2.98	10.94	6.88	3.40
17	10.98	8.10	3.80	12.00	7.00	3.18	9.88	7.30	3.70
18	11.98	7.22	3.78	8.90	9.70	4.20	10.22	7.30	3.90
19	13.12	7.90	4.00	11.86	7.90	4.16	9.92	6.56	5.20
20	11.96	7.88	4.10	11.98	6.50	4.00	10.36	7.70	5.16
21	12.88	8.20	3.08	12.92	9.20	4.00	10.40	7.82	3.86
22	10.86	6.40	4.08	11.92	7.46	3.60	12.92	9.20	3.60
23	10.94	7.96	4.72	11.80	7.88	3.70	9.92	7.70	5.46
24	10.88	6.56	4.72	12.06	7.78	4.10	9.96	8.80	4.68
25	12.98	9.70	5.88	11.86	6.68	4.22	10.40	8.96	4.88
26	10.60	6.66	4.20	11.78	8.24	4.20	13.10	9.30	4.96
27	9.50	7.90	3.10	9.20	7.22	3.90	9.92	7.90	5.00
28	9.56	6.46	3.20	11.68	7.34	3.88	9.96	8.00	5.60
29	12.42	7.10	3.96	9.94	8.30	3.68	9.80	8.30	4.98
30	12.42	7.20	5.32	8.92	7.66	3.56	9.98	8.36	5.00
31	13.10	8.70	3.70	11.78	8.52	5.32	9.88	7.50	5.40
32	9.10	9.90	3.96	12.50	7.78	5.36	9.96	8.46	5.10
33	12.62	7.20	4.76	11.66	7.56	3.40	9.98	9.60	5.36

续表

品种	东单 1 号			富油 1 号			农大 108		
测量号	L	B	H	L	B	H	L	B	H
34	12.40	7.40	4.68	11.90	8.46	3.46	11.86	9.80	5.20
35	12.89	7.80	3.98	11.72	7.90	2.98	11.20	8.40	4.80
36	9.60	9.80	3.50	11.80	8.10	3.00	9.96	9.90	4.18
37	12.86	9.20	3.82	10.48	7.96	3.00	10.98	8.40	4.68
38	12.88	6.60	3.78	12.46	8.20	4.10	9.96	6.46	4.50
39	10.98	7.56	4.30	11.78	7.92	4.20	10.94	7.10	4.20
40	12.30	9.56	3.40	11.70	7.98	4.06	11.80	6.36	5.00
41	9.98	7.80	3.90	12.30	6.80	3.90	9.80	8.89	3.20
42	10.20	6.56	5.60	12.70	6.96	3.96	11.70	8.74	5.50
43	9.68	8.56	3.56	11.86	7.96	3.92	9.82	8.80	4.96
44	10.90	8.78	3.48	12.96	8.90	4.00	9.92	9.86	4.90
45	12.20	6.66	4.16	10.50	7.96	4.00	12.80	8.80	4.78
46	12.80	8.80	3.60	12.96	7.30	3.98	9.96	8.60	4.76
47	11.20	7.60	3.72	10.46	7.76	4.24	9.88	9.68	4.82
48	10.70	6.82	4.10	11.90	9.00	3.46	12.70	8.10	4.80
49	11.95	7.80	3.80	13.30	8.66	4.56	9.96	8.20	3.00
50	11.80	8.82	3.92	11.98	9.00	3.88	9.98	8.46	4.96
最大值	13.12	9.9	5.88	13.3	9.9	5.36	13.1	9.9	5.6
最小值	9.1	6.4	3.1	8.9	6.46	2.98	8.9	6.36	3
平均值	11.68	7.91	4.07	11.47	7.94	3.94	10.73	8.32	4.74
偏差	1.31	0.90	0.32	1.47	0.78	0.26	1.33	0.81	0.38

从图 4.3-2 曲线中我们可以得出玉米种子籽粒的三轴尺寸概率分布基本呈正态分布，其基本尺寸可确定为：长度 $L = 11.90$ mm、宽度 $B = 8.00$ mm、厚度 $H = 4.10$ mm。

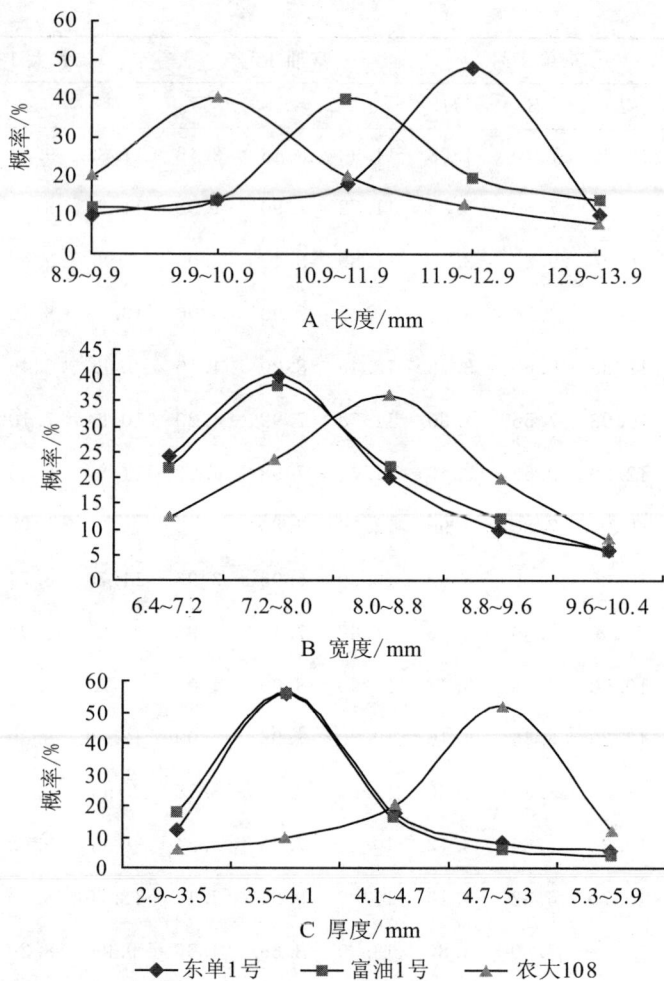

图 4.3-2　玉米种子籽粒三轴尺寸正态分布图

4.4　玉米种子籽粒粒重的测量

随机选取在不同含水率下的三个玉米品种(东单 1 号、富油 1 号、农大 108)的籽粒各 50 粒,用测量精度为 0.05 g 的电子天平进行测量,记下测量结果,计算其平均值,再根据方差计算公式:

$$s = \sqrt{\dfrac{\sum\limits_{i=1}^{n}(x_i - \bar{x})^2}{n-1}}$$
　　　　　　　　　　　　　　　　　　(4.4-1)

式中：x_i—每一组样本的实测值；$\bar{x}$—每一组样本实测值的平均值。

得出各个品种在不同含水率下粒重方差值，如表 4.4-1 所示。

表 4.4-1　玉米种子籽粒粒重

品种	含水率	部位	粒重平均值/g	方差值
东单1号	12.5%	上部	0.340	0.049
		中部	0.280	0.040
		下部	0.214	0.035
	22.1%	上部	0.430	0.046
		中部	0.37	0.064
		下部	0.290	0.054
富油1号	12.5%	上部	0.344	0.050
		中部	0.284	0.037
		下部	0.218	0.038
	22.1%	上部	0.434	0.047
		中部	0.374	0.063
		下部	0.294	0.051
农大108	12.5%	上部	0.338	0.049
		中部	0.278	0.042
		下部	0.212	0.033
	22.1%	上部	0.428	0.045
		中部	0.366	0.062
		下部	0.288	0.052

　　由表 4.4-1 可知，同一品种同一含水率下，玉米果穗上部籽粒的粒重平均值大于中部籽粒的粒重平均值，中部籽粒的粒重平均值大于下部籽粒的粒重平均值；同一品种含水率高时，籽粒的粒重平均值大；同一含水率下，不同品种之间籽粒的粒重平均值有差别。

4.5　玉米种子籽粒基部果柄横截面积的测量

　　玉米种子籽粒与玉米芯通过果柄连接，籽粒脱下时果柄一般在籽粒基部断裂，因而，测量籽粒基部果柄横截面积有助于分析果柄断裂特性。

籽粒基部果柄横截面近似椭圆形，测量其尺寸时，从三个品种(东单1号、富油1号、农大108)中各选取50粒作为样本，对测量值进行统计处理。首先，使用测量精度为0.02 mm并带有数显的游标卡尺测量籽粒基部果柄横截面长轴方向的长度与短轴方向的长度，计算长轴与短轴的平均值，然后计算籽粒基部果柄横截面，测量结果见表4.5-1。

表4.5-1　玉米种子籽粒基部果柄横截面面积

品种	含水率	部位	轴向测量	轴向尺寸/mm	方差值	横截面积/mm²
东单1号	12.5%	上部	长轴方向	1.364	0.149 6	0.963 7
			短轴方向	0.9	0.098 7	
		中部	长轴方向	1.768	0.208 7	1.619 7
			短轴方向	1.167	0.137 7	
		下部	长轴方向	1.098	0.197 7	0.624 9
			短轴方向	0.725	0.130 5	
富油1号	12.5%	上部	长轴方向	1.369	0.149 3	0.971 5
			短轴方向	0.904	0.098 5	
		中部	长轴方向	1.774	0.204	1.63
			短轴方向	1.171	0.134 6	
		下部	长轴方向	1.106	0.201 6	0.627 7
			短轴方向	0.723	0.133 1	
农大108	12.5%	上部	长轴方向	1.353	0.162 1	0.948 5
			短轴方向	0.893	0.107	
		中部	长轴方向	1.73	0.194 9	1.550 9
			短轴方向	1.142	0.128 6	
		下部	长轴方向	1.086	0.186 8	0.611 3
			短轴方向	0.717	0.123 3	

由表4.5-1可知，在同一含水率下，同一品种的玉米果穗中部籽粒基部果柄的横截面积大于上部，上部籽粒果柄基部的横截面积大于下部；不同品种玉米籽粒基部果柄的横截面积之间有差别。

由表4.4-1与表4.5-1可知，在同一含水率下，同一品种的玉米果穗上部籽粒果柄单位面积所承受的籽粒自重最大。与中部、下部果穗相比，上部果穗的籽粒果柄强度较低，对籽粒的支撑以及防止振动等能力较弱。

第 5 章
玉米种子籽粒力学性质试验研究

玉米种子在脱粒过程中受到挤压、撞击、揉搓、冲击和剪切等外力作用，其籽粒的损伤与这些外力密切相关。这些外力造成的籽粒宏观破坏（如折断、开裂、削损，果皮碰伤等）与微观破坏（内部裂纹），降低了玉米种子的品质及其经济价值。带有内部裂纹的籽粒机械强度降低，当其在后续加工过程中再受力时，裂纹极易扩展，导致玉米种子破损率增高。如果裂纹扩展到了种皮，裸露的淀粉吸湿性强，会增加病虫和霉菌侵袭的敏感性，导致储存期缩短。同时裂纹也损伤了种子的结构，使种子的发芽率和活力都有不同程度的降低。另外，当外力作用于同一籽粒时，不同的作用力大小、不同的施力部位、不同的施力方向，其损伤程度存在显著差异。因此，研究玉米种子籽粒的力学特性，获得籽粒在不同施力条件下的损伤机理，从而为改进脱粒工艺、降低玉米种子破损率提供理论依据。

5.1　试验前的准备

5.1.1　试验材料

试验玉米种子为富油 1 号、东单 1 号和农大 108，来自辽宁东亚种子公司，人工收获，手工脱粒。收获时的玉米含水率分别为 26%、25.8%、26.2%，分别处理含水率至：

10.4%，小于 12% 的低含水区，相当于十分干燥的籽粒。

13.5%，（12%～14%）的标准含水区，相当于可入仓的籽粒。

15.6％，（14％～18％）的中含水区，相当于受潮或未晒干的籽粒。

18.4％，（18％～20％）的中含水区，相当于低湿度的籽粒。

21.9％，20％以上的高含水区，相当于收获期的籽粒。

在灯箱上观察干后玉米种子籽粒样品的裂纹。可用毛玻璃制作一个灯箱，将籽粒带胚的一侧朝向灯源，放置在玻璃上，观察其内部裂纹，见图 5.1-1。

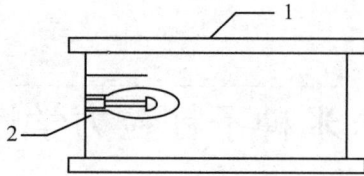

图 5.1-1　灯箱

1. 玻璃盖；2. 灯泡

随机从未有损伤的饱满籽粒中抽取 405 粒样品，灯箱检查无明显内部裂纹出现后，拿来进行试验。

5.1.2　试验设备

LDS 微机控制电子拉压试验机、1241 谷物品质分析仪（近红外快速品质分析仪）、自制剪切夹具、跌落式冲击试验台。

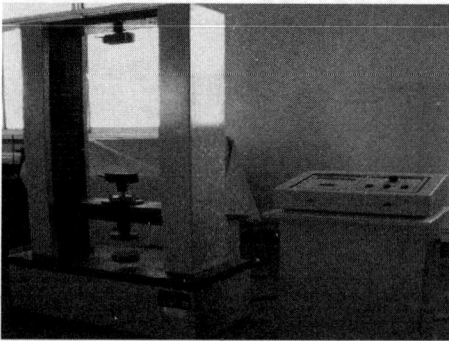

图 5.1-2　LDS 微机控制电子拉压试验机

图 5.1-3　1241 谷物品质分析仪

5.1.3　试验方法

在进行玉米种子籽粒损伤试验中，采用剪切损伤试验和冲击损伤试验两种方式，前者在沈阳农业大学工程学院力学实验室完成，后者在辽宁省计量科学研究院力学室完成。

　　做剪切损伤试验时，LDS 微机控制电子拉压试验机的上下压缩板拆除，换成剪切装置，下剪切板静止不动。上剪切板从上向下缓慢匀速运动，每次放置一粒籽粒。LDS 微机控制电子拉压试验机加载速度为 5 mm·min^{-1}，上剪切板的压头接触到玉米籽粒时，电子显示屏开始显示剪切力数据，剪切力变化比较快，当玉米籽粒破裂时，剪切力骤减而自动停机，此时按试验机记录仪上的"峰值"键，显示窗口显示最大试验力值，记下该值，见图 5.1-4。

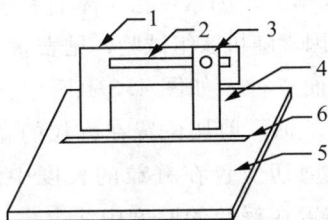

图 5.1-4　剪切夹具示意图

1. 上剪切板；2. 螺栓固定滑槽；3. 六角螺栓；4. 固定籽粒辅助板；5. 下剪切板；6. 上剪切板的导向槽

图 5.1-5　跌落式冲击试验台

　　做冲击损伤试验时，利用跌落式冲击试验台（图 5.1-5）进行跌落冲击试验。在试验中，主要采集的实验数据是加速度响应值及冲击力响应值。试验时，将籽粒置于试验台的台面中央并用牙膏胶固定，当冲击锤被提升至指定高度时，令自动释放机构突然释放，冲击锤便沿轨道垂直下落，在重锤与籽粒碰撞的很短时间内负荷速度发生了很大变化，就会产生加速度脉冲，加速度响应最大峰值出现在重锤与籽粒冲击的瞬间，在此加速度下籽粒刚好发生破裂，把此加速度最大值叫最大冲击力的加速度响应值。

5.2 玉米种子剪切试验研究

5.2.1 指标的确定

虽然剪切强度反映各品种的材质特性，品种因素的不同会影响剪切强度。但由于籽粒形状不规则、截面面积变化大，剪切强度不便计算。而且在实际应用中，籽粒的抗剪力参数较之剪切强度更为重要，试验中测得的力能反映籽粒在受剪工况下，垂直于籽粒截面上所承受的剪力，因而采用籽粒承受剪切破坏时的极限剪切力为指标。

5.2.2 试验设计与分析

试验选取玉米品种、剪切位置、含水率三个因素，把玉米籽粒破裂时所受的极限剪切力作为试验指标，采用三因素随机区组试验，见表 5.2-1。

籽粒剪切位置包括腹面、顶面、侧面三种，如图 4.3-1 所示，腹面剪切时籽粒有胚一面向上，力的方向沿 Z 轴，剪切位置在籽粒的宽度中线上。侧面剪切时，力的方向沿 Y 轴，剪切位置在籽粒的长度中线上。顶面剪切时，力的方向沿 X 轴，剪切位置在籽粒的厚度中线上。

表 5.2-1　玉米种子籽粒剪切损伤试验处理与结果

品种	剪切位置	含水率/%	极限剪切力/N			
			1 次	2 次	3 次	平均值
东单1号	腹面	10.4	109	113	99	107
		13.5	101	88	95	94.67
		15.6	82	79	76	79
		18.4	71	66	68	68.33
		21.9	59	48	55	54
	侧面	10.4	121	126	119	122
		13.5	113	108	106	109
		15.6	100	91	95	95.33
		18.4	88	79	80	82.33
		21.9	73	65	69	69

续表

品种	剪切位置	含水率/%	极限剪切力/N			
			1 次	2 次	3 次	平均值
东单 1 号	顶面	10.4	97	102	89	96
		13.5	83	90	85	86
		15.6	75	70	69	71.33
		18.4	42	38	39	30.67
		21.9	33	27	30	30
富油 1 号	腹面	10.4	110	103	106	106.33
		13.5	86	90	91	89
		15.6	77	78	79	78
		18.4	61	56	48	55
		21.9	49	38	45	44
	侧面	10.4	118	123	117	119.33
		13.5	111	109	105	108.33
		15.6	89	93	93	91.67
		18.4	82	74	78	78
		21.9	63	55	57	58.33
	顶面	10.4	107	105	102	104.67
		13.5	85	88	89	87.33
		15.6	76	77	73	75.33
		18.4	48	41	39	42.67
		21.9	35	28	40	34.33
农大 108	腹面	10.4	89	99	91	93
		13.5	76	78	77	77
		15.6	65	57	58	60
		18.4	48	55	45	49.33
		21.9	40	39	41	40
	侧面	10.4	102	99	95	98.67
		13.5	79	83	78	80
		15.6	72	74	68	71.33
		18.4	61	56	59	58.67
		21.9	55	42	50	49

续表

品种	剪切位置	含水率/%	极限剪切力/N			
			1 次	2 次	3 次	平均值
农大108号	顶面	10.4	86	83	81	83.33
		13.5	70	69	72	70.33
		15.6	57	51	59	55.67
		18.4	45	50	43	46
		21.9	33	39	38	36.67

为了测定各因素水平变化对试验结果有无显著影响以及各因素对试验指标影响的显著性水平，应用 SAS 统计分析软件对所做玉米籽粒剪切试验结果进行方差分析，根据方差分析结果，可以判断各因素对极限剪切力指标影响的显著性。其结果见表 5.2-2、表 5.2-3、表 5.2-4。

表 5.2-2　玉米种子籽粒极限剪切力方差分析模型显著性检验表

方差来源	自由度	平方和	均方	F 值	尾概率 $Pr>F$
模型	46	79 058.311	1 718.659	119.68	<0.000 1
误差	88	1 263.689	14.360		
总变异	134	8 0322.000			

表 5.2-3　玉米种子籽粒极限剪切力方差分析表

方差来源	自由度	平方和	均方	F 值	尾概率 $Pr>F$
a（品种）	2	6 492.978	3 246.489	226.08	<0.000 1
b（剪切位置）	2	11 124.311	5 562.156	387.33	<0.000 1
c（含水率）	4	57 506.148	14 376.537	1 001.14	<0.000 1
$a \cdot b$	4	1 385.511	346.378	24.12	<0.000 1
$a \cdot c$	8	1 084.874	135.609	9.44	<0.000 1
$b \cdot c$	8	604.874	75.609	5.27	<0.000 1
$a \cdot b \cdot c$	16	651.304	40.706	2.83	0.001 0

表 5.2-4　各主效应不同水平下的极限剪切力均值及标准误差

主效应	水平	观察次数	极限剪切力/N	
			均值	标准误差
a(品种)	a_1(东单 1 号)	45	80.244	25.345
	a_2(富油 1 号)	45	78.156	26.010
	a_3(农大 108)	45	64.600	18.949
b(剪切位置)	b_1(腹面)	45	72.978	21.913
	b_2(侧面)	45	86.067	22.405
	b_3(顶面)	45	63.956	24.301
c(含水率)	c_1(10.4%)	27	103.370	12.404
	c_2(13.5%)	27	89.074	12.967
	c_3(15.6%)	27	75.296	12.733
	c_4(18.4%)	27	57.778	15.215
	c_5(21.9%)	27	46.148	12.724

由表 5.2-2、表 5.3-3、表 5.2-4 可知，极限剪切力方差分析模型是极显著的，显著水平小于 0.000 1，决定系数 R^2 为 0.984 3。极限剪切力方差分析中，a(品种)、b(剪切位置)、c(含水率)、a 与 b 交互作用相、b 与 c 交互作用相、a 与 c 交互作用相均显著，显著性水平除 a 与 b 与 c 交互作用相(尾概率为 0.001 0)外，均小于 0.000 1。从表 5.2-4 的均值上看，a_1 的均值显著高于 a_2 的均值，a_2 的均值显著高于 a_3 的均值，a_1 对极限剪切力与剪切强度的影响程度最大。主效应 c(含水率)中，c_1 的均值最大，以后递减，c_5 最小，c_1 对极限剪切力的影响程度最大。主效应 b(剪切位置)中，b_2 的均值显著高于 b_1 的均值，b_1 的均值显著高于 b_3 的均值，b_2 对极限剪切力的影响程度最大。

为研究不同品种不同剪切位置下，含水率与玉米籽粒极限剪切力的相关关系。以玉米各品种为母体，以含水率为因素用 SAS 软件对表 5.2-4 进行回归分析，得出含水率与其极限剪切力平均值的相关关系，对所测得的数据曲线进行拟合，回归拟合后得到各品种籽粒含水率与其极限剪切力平均值的对应函数关系，回归分析结果见表 5.2-5。

回归关系中设：

y—籽粒发生破裂时的极限剪切力，N；x—籽粒的含水率，%。

表 5.2-5　不同品种不同剪切位置下含水率与玉米籽粒极限剪切力的回归处理结果

品种	剪切位置	回归模型	回归方程显著性检验 F 值	决定系数 R^2
东单1号	腹面	$y=-4.708x+145.735$	266.06	0.988 9
	侧面	$y=0.254x^2-13.128x+217.256$	25.80	0.962 7
	顶面	$y=0.221x^2-11.888x+193.818$	100.45	0.990 1
富油1号	腹面	$y=-4.724x+150.926$	429.28	0.993 1
	侧面	$y=-5.441x+177.963$	330.74	0.991 0
	顶面	$y=0.174x^2-9.937x+183.085$	977.85	0.999 0
农大108	腹面	$y=-6.332x+165.660$	56.37	0.949 5
	侧面	$y=0.174x^2-9.930x+183.027$	989.89	0.999 0
	顶面	$y=0.153x^2-9.126x+162.650$	99.95	0.990 1

　　由表 5.2-5 可以看出：含水率对玉米籽粒的力学性质影响很大，经由 SAS 软件回归处理得出最为贴切的回归关系，回归拟合的决定系数均在 0.94 以上，并进行了回归方程的显著性检验及回归系数的显著性检验，检验结果均为显著或极显著。

5.2.3　结果分析

1. 含水率对极限剪切力的影响

　　如图 5.2-1、图 5.2-2 和图 5.2-3 所示，三个品种在三个剪切位置下，玉米种子籽粒的极限剪切力随含水率的变化规律基本相似，都随着

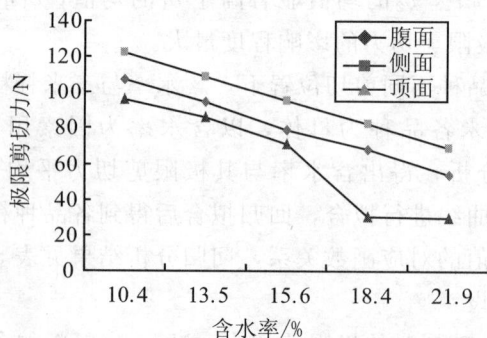

图 5.2-1　东单 1 号在不同剪切位置下含水率与极限剪切力的关系

含水率的增加而明显下降；10％～16％含水率区为极限剪切力对含水率的敏感区。

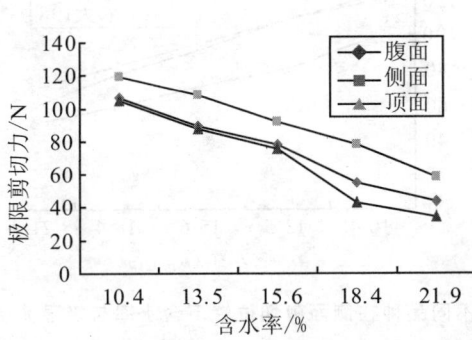

图 5.2-2　富油 1 号在不同剪切位置下含水率与极限剪切力的关系

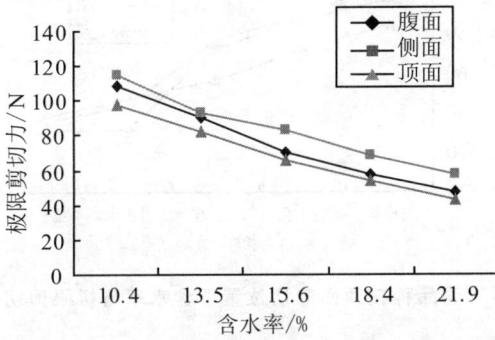

图 5.2-3　农大 108 在不同剪切位置下含水率与极限剪切力的关系

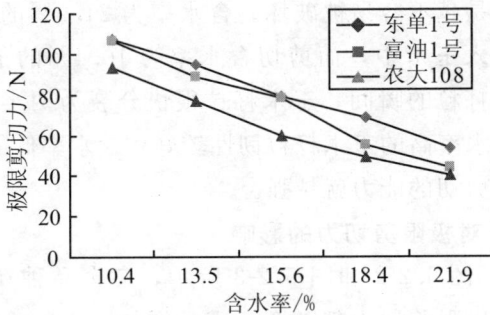

图 5.2-4　不同品种在腹面剪切位置下含水率与极限剪切力的关系

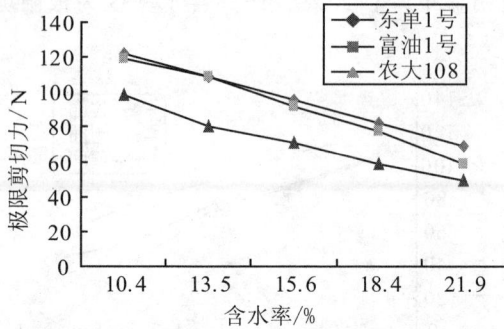

图 5.2-5　不同品种在侧面剪切位置下含水率与极限剪切力的关系

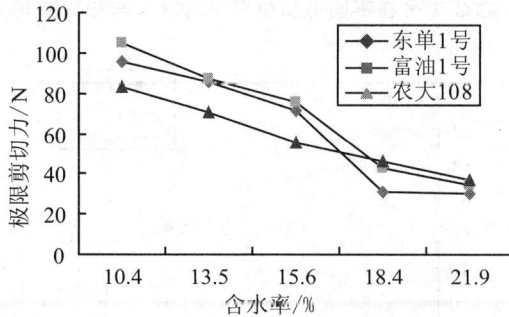

图 5.2-6　不同品种在顶面剪切位置下含水率与极限剪切力的关系

从图中还可以发现以下规律，对于不同含水率的玉米籽粒，在各个剪切部位将其剪开，需要不同的极限剪切力。籽粒的含水率越低，需要外力越大，也就是越不容易被破坏。含水率为 21.9％的玉米在剪切时，剪切部件深深挤入玉米中，而剪切含水率为 10.4％的玉米籽粒时，剪切部件接触玉米籽粒的瞬间，玉米籽粒很快分裂为两半，被弹开很远。分析其原因，含水率高的玉米籽粒韧性较好；含水率低的籽粒强度和硬度大，能够抵抗剪切的能力就越强。

2. 剪切位置对极限剪切力的影响

如图 5.2-1、图 5.2-2 和图 5.2-3 所示，三个品种在三个剪切位置下，玉米籽粒的极限剪切力都随含水率的增加而下降。在同一含水率，玉米籽粒三个面的极限剪切力略有不同，对于东单 1 号和富油 1 号来说，在任一含水率，侧面的极限剪切力大于其他两个面；腹面的极限剪切力大于顶面的极限剪切力。对于农大 108 来说，在含水率 13％～19％，也遵循以上规律。

这是因为在侧面的剪切面上，角质胚乳所占比例大，角质胚乳充满蛋白质和胶体状态的碳水化合物，组织紧密，结合强度大，硬度也大，不易被破坏，因而极限剪切力最大。在顶面的剪切面上，粉质胚乳与胚所占比例大，胚是玉米籽粒生命活动的主体，最易受到伤害，是籽粒中最弱的部分。粉质胚乳淀粉颗粒之间的结合很松散，结合强度弱，且粉质胚乳细胞的细胞壁比较脆弱，经受剪切应力的能力极小，抗剪切强度小，以致很容易被切断，因而顶面极限剪切力最小。腹面粉质胚乳与胚的比例小于顶面部分，但其角质胚乳比例小于侧面部分，因而腹面的抗剪强度居于侧面与顶面之间。

3. 品种对极限剪切力的影响

如图 5.2-4、图 5.2-5 和图 5.2-6 所示，三个品种在三个剪切位置下，玉米籽粒的抗剪切能力随含水率的变化规律基本相等，都随着含水率的增加而明显下降。

玉米籽粒的结构组织、大小和形状差异影响其抗剪切能力。东单 1 号与富油 1 号属于马齿型玉米，它们的结构组织相近，因而抗剪切能力也接近；而农大 108 属于半马齿型玉米，它的结构组织、大小和形状与东单 1 号和富油 1 号存在差异，因而在同一剪切位置同一含水率条件下，三个玉米品种的极限剪切力略有不同。

5.2.4　剪切过程的观察分析

1. 剪切腹面

如图 5.2-7 所示，含水率较高时，籽粒若要达到破裂载荷需要较大的切入深度，也就是说，其韧性较好，刀口进入断面深度大，不发生崩裂，因而断面整齐。而含水率较低时玉米籽粒则显得较脆，较小的切入深度（同时也承受来自两侧的挤压力）即可使其破裂，切口崩裂的断面参差不齐，中部有胚的对面稍突起，呈尖形。

2. 剪切顶面

如图 5.2-8 所示，在此剪切面上，胚与粉质胚乳所占比例很大，抗剪强度较弱，剪切时易破裂。不论在含水率较低还是较高时，玉米籽粒达到破裂载荷，均需要较大的切入深度，且不发生崩裂。

3. 剪切侧面

如图 5.2-9 所示，不论在含水率较低还是较高时，玉米籽粒只有半粒被剪切开，断裂方向是有胚的腹面沿胚与粉质胚乳的共生面断裂。

这是因为玉米籽粒粉质胚乳中淀粉颗粒之间的结合很松散，颗粒之间几乎无任何连接。角质胚乳中的淀粉粒之间的结合强度比粉质胚乳中的大，胚与粉质胚乳的共生面抗剪强度较弱，受力过程中，粉质胚乳的破坏程度比角质胚乳大，剪切时首先破裂。

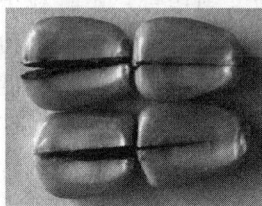

a含水量13.5% b含水量21.9% a含水量13.5% b含水量21.9% a含水量13.5% b含水量21.9%

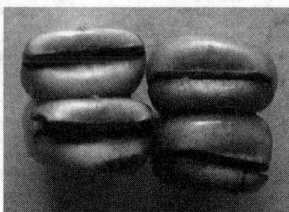

图 5.2-7　剪切腹面　　　图 5.2-8　剪切顶面　　　图 5.2-9　剪切侧面

5.3　玉米种子的冲击试验研究

准静态压缩损伤测试能很好地预测组织的破裂强度，但不能预测组织的冲击特性。冲击损伤是产品外部损伤最常发生的方式，所以动态冲击测试常用来研究玉米种子的冲击损伤特性。

5.3.1　测试系统组成

跌落冲击试验测试系统主要由跌落式冲击试验台、加速度传感器、电荷放大器以及信号采集系统等组成，如图 5.3-1 所示。

图 5.3-1　冲击损伤试验的测试系统

5.3.2　指标的确定

工程上衡量材料最大冲击力的标准，是冲断试样所需能量的多少，以冲击韧性 α_K 表示。

$$\alpha_K = \frac{A}{F} \qquad (5.3\text{-}1)$$

式中：A—冲断试样所需能量；F—试件切槽处最小横截面积。

冲击韧性的数值与试样的尺寸、形状、支承条件等因素有关，所以它只是衡量材料最大冲击力的一个相对指标。本研究中的玉米种子籽粒受到其生理条件限制，如玉米籽粒三个面(腹面、侧面、顶面)的切面面积不能人为控制，试样在冲断处的横截面积变化比较大，如果再借用工程上的冲击韧性，没有可比性且实际意义也不大。考虑到本研究只注重其破坏时的最大冲击力，所以采用承受冲击破坏的最大冲击力为指标，这样既避开了试样生理差异性，又可寻求到共性、达到本研究的目的。

5.3.3　试验设计与分析

选取玉米品种、冲击位置、含水率三个因素，把玉米种子籽粒破裂时所受的最大冲击力作为试验指标，采用三因素随机区组试验，见表 5.3-1。

冲击位置包括玉米籽粒的腹面(有胚的一侧在下面)、侧面、顶面三种。

表 5.3-1　玉米种子籽粒冲击损伤试验处理与结果

品种	冲击位置	含水率/%	最大冲击力/kg			
			区组			
			1 次	2 次	3 次	平均值
东单1号	腹面	10.4	690	716	753	719.67
		13.5	677	694	666	679
		15.6	643	683	654	660
		18.4	616	627	586	609.67
		21.9	555	587	543	561.67

续表

品种	冲击位置	含水率/%	最大冲击力/kg			
			区组			
			1 次	2 次	3 次	平均值
东单1号	侧面	10.4	342	326	338	335.33
		13.5	296	298	309	301
		15.6	283	221	253	252.33
		18.4	240	218	252	236.67
		21.9	228	210	224	220.67
	顶面	10.4	198	242	238	226
		13.5	182	196	220	199.33
		15.6	181	185	191	185.67
		18.4	162	184	177	174.33
		21.9	134	156	128	139.33
富油1号	腹面	10.4	675	677	689	680.33
		13.5	632	654	668	651.33
		15.6	631	633	652	638.33
		18.4	596	617	586	599.67
		21.9	525	577	548	550
	侧面	10.4	312	303	316	310.33
		13.5	284	268	256	269.33
		15.6	272	231	248	250.33
		18.4	236	222	232	230
		21.9	209	198	222	209.67
	顶面	10.4	192	232	226	216.67
		13.5	181	192	189	187.33
		15.6	178	180	179	179
		18.4	163	167	156	162
		21.9	123	133	117	124.33

续表

| 品种 | 冲击位置 | 含水率/% | 最大冲击力/kg | | | |
| | | | 区组 | | | |
			1 次	2 次	3 次	平均值
农大108	腹面	10.4	701	711	703	705
		13.5	679	686	675	680
		15.6	650	684	662	665.33
		18.4	625	628	635	629.33
		21.9	575	604	583	587.33
	侧面	10.4	368	328	345	347
		13.5	305	299	311	305
		15.6	289	222	287	266
		18.4	251	220	260	243.67
		21.9	235	219	244	232.67
	顶面	10.4	237	244	247	242.67
		13.5	191	197	229	205.67
		15.6	186	188	197	190.33
		18.4	171	185	179	178.33
		21.9	141	166	138	148.33

为了测定各因素水平变化对试验结果有无显著影响及其显著性水平，应用 SAS 统计分析软件对所做玉米籽粒冲击试验结果进行方差分析，根据方差分析结果，可以判断各因素对最大冲击力指标影响的显著性。结果见表 5.3-2、表 5.3-3、表 5.3-4。

表 5.3-2　玉米种子籽粒承受最大冲击力方差分析模型显著性检验表

方差来源	自由度	平方和	均方	F 值	尾概率 $Pr > F$
模型	8	5 563 590.326	126 445.235	465.14	<0.000 1
误差	126	24 466.000	271.844		
总变异	134	5 588 056.326			

表 5.3-3　玉米种子籽粒承受最大冲击力方差分析表

方差来源	自由度	平方和	均方	F 值	尾概率 $Pr>F$
a(品种)	2	5 335 347.215	2 667 673.607	9 813.24	$<0.000\ 1$
b(冲击位置)	2	161 154.770	80 577.385	296.41	$<0.000\ 1$
c(含水率)	4	25 042.030	6 260.507	23.03	$<0.000\ 1$
$a\cdot b$	4	9 782.341	2 445.585	9.00	$<0.000\ 1$
$a\cdot c$	8	1 673.304	209.163	0.77	0.630 5
$b\cdot c$	8	15 381.748	1 922.719	7.07	$<0.000\ 1$
$a\cdot b\cdot c$	16	15 208.919	950.557	3.50	$<0.000\ 1$

表 5.3-4　各主效应不同水平下的最大冲击力均值及标准误差

主效应	水平	观察次数	最大冲击力/N	
			均值	标准误差
a(品种)	a_1(东单1号)	45	641.133	51.728
	a_2(富油1号)	45	267.333	44.240
	a_3(农大108)	45	183.956	33.323
b(冲击位置)	b_1(腹面)	45	405.778	208.567
	b_2(侧面)	45	365.467	206.618
	b_3(顶面)	45	321.178	192.737
c(含水率)	c_1(10.4%)	27	381.704	207.581
	c_2(13.5%)	27	376.111	202.683
	c_3(15.6%)	27	363.222	213.244
	c_4(18.4%)	27	355.556	207.416
	c_3(21.9%)	27	344.111	203.218

　　由表 5.3-2 可知，玉米籽粒承受最大冲击力方差分析模型极显著，显著水平小于 0.000 1，决定系数 R^2 为 0.995 6。由表 5.3-3 可知，玉米籽粒承受最大冲击力方差分析中，a(品种)、b(冲击位置)、c(含水率)、a 与 b 交互作用相、b 与 c 交互作用相、a 与 b 与 c 交互作用相均显著、a 与 c 交互作用相不显著。从表 5.3-4 的均值上看，a_1 的均值显著高于 a_2 的均值，a_2 的均值显著高于 a_3 的均值，a_1 对最大冲击力的影响程度最大。主效应 c(含水率)中，c_1 的均值最大，之后递减，c_5 最小，c_1 对最大冲击力的影响程度最大。b_1 的均值显著高于 b_2 的均值，b_2 的均值显著高于 b_3 的均值，b_1 对最大冲击力的影响程度最大。

为研究不同品种在不同冲击位置时含水率与最大冲击力的相关关系，以玉米各品种为母体，以含水率为因素用 SAS 软件对表 5.3-1 进行回归分析，得出含水率与最大冲击力平均值的相关关系，对所测得的数据曲线进行拟合，回归拟合后得到各品种籽粒含水率与其最大冲击力的对应函数关系，结果见表 5.3-5。

回归关系中设：

y—籽粒发生断裂时的最大冲击力，N；x—籽粒的含水率，%。

表 5.3-5　不同品种不同冲击位置下含水率与最大冲击力的回归处理结果

品种	冲击位置	回归模型	回归方程显著性检验 F 值	决定系数 R^2
东单1号	腹面	$y=-13.857x+867.148$	432.98	0.993 1
	侧面	$y=0.694x^2-32.785\,98x+604.860$	33.43	0.971 0
	顶面	$y=-7.159x+299.187$	167.46	0.982 4
富油1号	腹面	$y=-11.292x+804.149$	145.78	0.979 8
	侧面	$y=0.440x^2-22.810\,54x+499.149\,53$	716.45	0.998 6
	顶面	$y=-7.611x+295.332$	139.89	0.979 0
农大108	腹面	$y=-10.313x+817.988$	197.84	0.985 1
	侧面	$y=0.782x^2-35.522\,94x+634.438$	97.10	0.989 8
	顶面	$y=-7.756x+316.844$	105.62	0.972 4

由表 5.3-5 可以看出：含水率对玉米籽粒的力学指标最大冲击力影响很大，经由 SAS 软件回归处理得出最为贴切的回归关系，回归拟合的决定系数均在 0.97 以上，并进行了回归方程的显著性检验及回归系数的显著性检验，检验结果为显著或极显著。

5.3.4　结果分析

1. 含水率对最大冲击力的影响

从图 5.3-2、图 5.3-3、图 5.3-4 可知，含水率对籽粒的影响较大。三种品种在三个冲击位置下，都随着含水率的增加，最大冲击力明显下降。当含水率较大时，籽粒特性类似于塑性材料，柔韧性较好，果种皮与胚乳角质外层组织的坚韧性降低，籽粒的最大冲击力减小，易断裂。而含水率较小时，其特性趋近脆性材料，柔韧性减弱，果种皮与胚乳角质外层组织的坚韧性增强，籽粒的最大冲击力增大，不易断裂。

2. 冲击位置对最大冲击力的影响

如图 5.3-2、图 5.3-3、图 5.3-4 所示，三种品种在三个冲击位置下，籽粒的最大冲击力随含水率的变化规律基本相等，都随着含水率的增加而明显减小。在同一含水率下，籽粒三个面的最大冲击力不同，在任一含水率，腹面的最大冲击力远远大于其他两个面，顶面的最大冲击力最小。

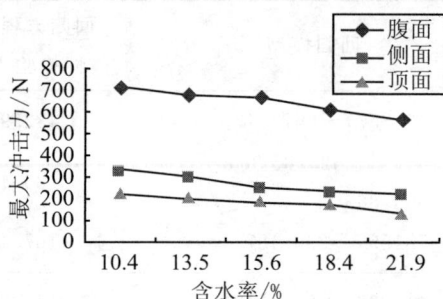

图 5.3-2　东单 1 号在不同冲击位置下含水率与最大冲击力的关系

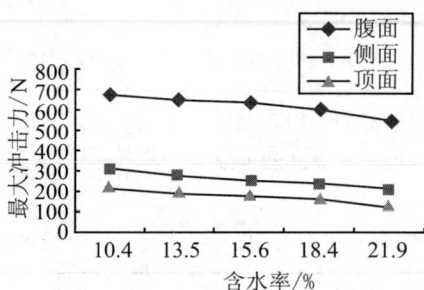

图 5.3-3　富油 1 号在不同冲击位置下含水率与最大冲击力的关系

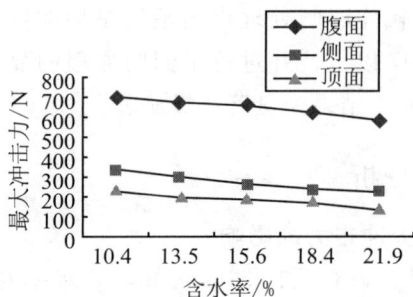

图 5.3-4　农大 108 在不同冲击位置下含水率与最大冲击力的关系

　　这是因为玉米种子内部结构由果种皮、胚、粉质胚乳、角质胚乳组成。果种皮坚硬，可分为外果皮、中果皮、横细胞和管状细胞四层组织。外果皮由长而扁的细胞组成，纵向排列，细胞壁厚，这些细胞相邻之间没有间隙，细胞的重叠特性与相互自锁使组织层层结合紧密，不易产生破坏，为籽粒提供了较大的破裂抵抗力；中果皮有十几层纵向排列的细胞，外围细胞与外果皮相似，细胞壁厚，内层细胞较宽而平，细胞壁薄；横细胞为海绵状薄壁细胞，横向排列，细胞间隙较大；管状细胞即内果皮，为纵向排列的细胞层。在籽粒腹面(有胚的一侧在下面)果种皮之下是胚乳坚硬的角质外层，该层充满蛋白质和胶体状态的碳水化合物，组织紧密，不易被破坏；角质胚乳的最外层——糊粉层比角质胚乳的破裂抵抗力还强，其内组织细胞之间没有空隙，含有蛋白质、油，但没有淀粉，这使角质胚乳有更强的抵抗力，腹面部分所具有的这些特性增强了腹面组织的坚韧性及硬度。对腹面冲击时，受力部位主要是角质胚乳与果种皮，由于角质胚乳形成了籽粒腹面的框架结构，胚包裹在框架内，因而可以承受大的冲击。

　　对侧面冲击时，受力部位主要是角质胚乳、粉质胚乳、胚和果种皮，粉质胚乳部分由单细胞组成，位于中央，细胞近方形，细胞内充满粉粒，结构疏松，易被破坏。胚是玉米籽粒生命活动的主体，由蛋白质、油和少量淀粉组成，最易受到伤害，是籽粒中最脆弱的部分，很容易在籽粒产生裂纹之前受到破坏，侧面部分所具有的这些特性减弱了侧面组织的坚韧性及硬度。

　　对顶面冲击时，受力部位主要是粉质胚乳、胚和果种皮，玉米籽粒顶面部分果种皮以下是粉质胚乳，边缘部分也有很薄的角质胚乳。顶面部分所具有的这些特性减弱了顶面组织的坚韧性及硬度，因而可承受的最大冲击力比其他两面弱。

3. 品种对最大冲击力的影响

　　如图 5.3-5、图 5.3-6、图 5.3-7 所示，三种品种在三个冲击位置下，籽粒的最大冲击力随含水率的变化规律基本相等，都随着含水率的增加而明显下降。在同一冲击位置同一含水率，三个玉米品种的最大冲击力略有不同，在任一含水率，农大 108 在侧面与顶面的最大冲击力大于其他两个面，而东单 1 号与富油 1 号的变化规律基本相同，东单 1 号的最大冲击力略大于富油 1 号的最大冲击力；在腹面，随含水率的增加，农大 108 最大冲击力的下降幅度小于其他两个面。

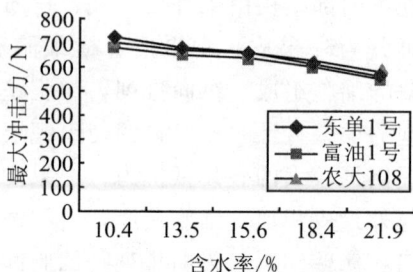

图 5.3-5 不同品种在腹面冲击位置下含水率与最大冲击力的关系曲线图

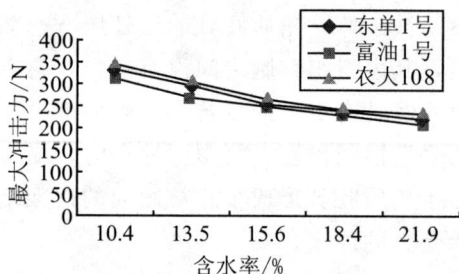

图 5.3-6 不同品种在侧面冲击位置下含水率与最大冲击力的关系曲线图

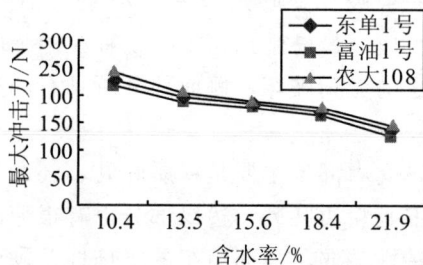

图 5.3-7 不同品种在顶面冲击位置下含水率与最大冲击力的关系曲线图

这是因为玉米籽粒的结构组织影响其最大冲击力。东单 1 号与富油 1 号属于马齿型玉米，它们的结构组织相近，因而最大冲击力也接近，而农大 108 属于半马齿型玉米，它的结构组织与东单 1 号与富油 1 号存在差异，因而它的最大冲击力与另两种也存在差异。

5.3.5 冲击损伤试验中籽粒裂纹产生的观察分析

1. 冲击腹面

在角质胚乳形成了籽粒腹面的框架结构，粉质胚乳和胚包裹在框架内而不承受支撑力，因而形成中空结构。如图 5.3-8 所示，冲击时，裂纹产生在无胚的一端，是一条由籽粒顶冠位置开始向下贯穿整个籽粒的裂纹，当达到籽粒的破裂载荷时，沿该裂纹破裂。

2. 冲击顶面

玉米籽粒顶面边缘部分有薄的角质胚乳，种皮以下是粉质胚乳与胚。由于角质胚乳承受载荷值大，而粉质胚乳与胚承受力值不大，胚的抗破裂性最弱，因而籽粒裂纹产生在胚和胚乳的共生部。如图 5.3-9 所示，当达到籽粒的破裂载荷时，胚和胚乳分离，籽粒多数为斜断口。

3. 冲击侧面

由于角质胚乳承受载荷值大，而粉质胚乳与胚承受力值不大，胚的抗破裂性最弱，因而籽粒裂纹产生在过胚和胚乳的共生部的最高点且贯穿整个籽粒宽度的近似水平线。如图 5.3-10 所示，当达到籽粒的破裂载荷时，沿该线破裂，籽粒多数断口为横断口。

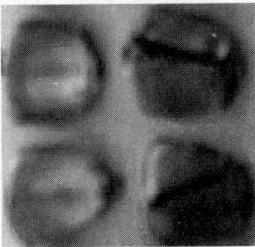

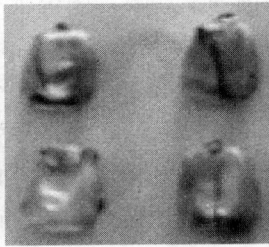

图 5.3-8　冲击腹面　　　图 5.3-9　冲击顶面　　　图 5.3-10　冲击侧面

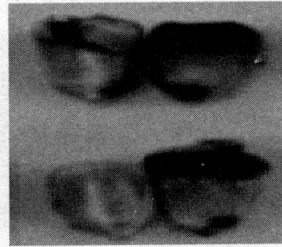

第 6 章
玉米种子内部机械裂纹特征研究

关于干燥引起的玉米籽粒内部热应力裂纹问题，已有多位学者进行了大量、深入的研究（李保国等，2001；张俊雄等，2007），结果表明应力裂纹影响玉米籽粒内部结构和淀粉出粉率，降低机械强度，增加破损率，增强吸湿性，易引起发热，易受霉菌的侵袭，显著降低储藏稳定性，造成经济损失等（白岩与赵思孟，2006）。然而，关于玉米内部机械裂纹及其对玉米种子发芽与苗期生长等影响方面的研究尚不多见，相关研究仅处于起步阶段。国外学者利用光学仪器与图像处理技术，就机械裂纹对玉米种子发芽与出苗等影响现象进行了初步探索，揭示了某些问题（Bino, R. J. et. al., 1993；Cicero, S. M., 1998）。

由于玉米籽粒外观表皮完好，玉米内部机械裂纹与龟裂难以用肉眼直接观察到，所以一般不易被人们发现，特别是微小的裂纹和龟裂，对玉米生产具有潜在危害性。

为了研究玉米种子内部机械损伤状况及其对发芽与出苗的影响程度，分析不同裂纹类型和裂纹程度对种子发芽与出苗的影响，研究裂纹产生的机理和影响因素，以及为后续的损伤检测研究提供基础，需要借助必要的光学仪器进行观察、分析，深入研究玉米种子籽粒内部机械裂纹特征与规律。

6.1 材料与方法

6.1.1 试验材料

试验用玉米种子为盛单 216、金刚 12 和隆迪 401，均为自然干燥的玉米种子，选自沈阳农业大学种子市场，系辽宁主要种植的玉米品种。

用 5TYA-1 型钉齿式玉米脱粒机进行脱粒，滚筒转速 700～800 r·min^{-1}，脱粒时玉米种子含水率 16.5%～17.2%。

主要试验设备有麦克奥迪公司生产的 SMZ168 体视显微镜（变焦范围 0.75×～7.5×）、MOTICAM2006 摄像头（200 万像素）、1241 谷物品质分析仪（快速含水率测量）、微型计算机、电子天平、游标卡尺等。

6.1.2　试验方案及步骤

1. 玉米种子外观特征测定

随机选取 3 个品种的玉米种子各 100 粒，测量玉米种子籽粒长 H、宽 B、厚 T（图 6.1-1）。

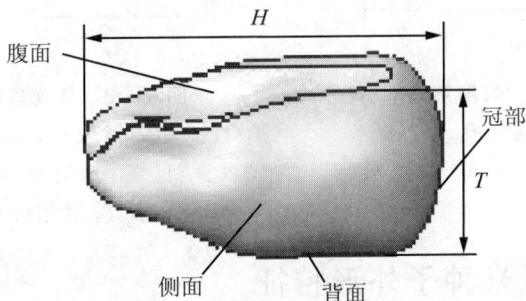

图 6.1-1　玉米籽粒外形尺寸

2. 收集内部机械裂纹种子样本

分别用肉眼和光箱检测系统选出具有内部机械裂纹的种子并进行编号，为后续利用体视显微系统深入观察、分析做必要准备。

3. 检测并分析玉米种子内部裂纹状况

通过体视显微系统检测玉米种子籽粒内部裂纹产生部位与可视部位、裂纹长度、方向与数量等。根据 GB/T 16714 标准规定的玉米籽粒内部胚乳裂纹或裂痕长度，将裂纹长度大于粒长的 1/2 的裂纹称为长裂纹，1/2～1/4 之间的称为中裂纹，小于 1/4 的为微裂纹。

6.1.3　内部裂纹检测系统

内部裂纹检测系统由灯箱检测系统（图 6.1-2）和体视显微系统（图 6.1-3）构成。灯箱系统是对内部机械裂纹的玉米籽粒进行裂纹初选，由灯泡、通光孔、遮光板、光箱、玻璃托盘构成，灯泡光线从通光孔照射到光箱里，再透过玻璃后照射在具有一定透射性的玉米籽粒上，一般用目光可以观察到玉米籽粒的裂纹，此时可用数码相机采集玉米籽粒内部裂纹的图像。运用体视显微系统对玉米籽粒内部机械裂纹情况进行深入、准确的观察。体视显微镜可根据需要调整放大倍数来观察比较细小的裂纹，并且在运用体视显微镜观察时，也可以选用透射光或是反射光进行不同形式的裂纹观察，将 SMZ168 体视显微镜与微型计算机连接，可以方便存取显微图像并进行图像观察和分析。

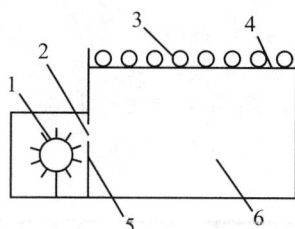

图 6.1-2　灯箱系统

1. 灯泡；2. 通光孔；3. 玉米籽粒；4. 玻璃；5. 遮光板；6. 光箱

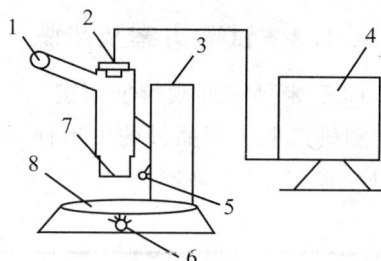

图 6.1-3　体视显微系统

1. 目镜；2. 摄像头；3. 支架；4. 微型计算机；5. 反射光源；6. 透射光源；7. 物镜；8. 载物台

6.2　玉米种子外形特征

随机选取 3 种玉米种子籽粒各 100 粒，进行玉米种子籽粒的外形尺寸(表 6.2-1)和形状(图 6.2-1)分析，玉米种子不同于商品玉米，其籽粒呈各种不规则形状，透明度也存在较大差异；不同品种和同一品种玉米籽粒形状和尺寸差异极其显著。由于玉米籽粒形状不规则，玉米果穗上的籽粒之间接触不紧密，导致籽粒间相互挤压和摩擦的力较小，脱粒时脱粒部件作用在玉米籽粒上的力不能很好地在玉米籽粒之间传递。并且籽粒长短不一时，玉米果穗上的籽粒就会参差不齐。当脱粒部件作用在玉米果穗上时，受冲击最严重的应该是玉米果穗上凸出的籽粒。

表 6.2-1　玉米种子籽粒的外形尺寸

统计指标	金刚 12			隆迪 401			盛单 216		
	L/mm	B/mm	T/mm	L/mm	B/mm	T/mm	L/mm	B/mm	T/mm
最大值	10.2	9.9	8.8	11.1	11.1	9.3	9.8	9.8	8.5
最小值	6.2	6.9	4.1	6.2	6.8	4.2	5.5	6.0	4.0
平均值	8.12	8.51	5.79	8.81	8.66	6.24	7.61	7.99	5.87
标准差	0.91	0.69	1.04	1.15	0.85	1.38	0.86	0.76	1.03

由表 6.2-1 知，玉米种子籽粒三轴尺寸随品种不同而有显著差异。隆迪 401 籽粒长度均值最大为 8.81 mm；金刚 12 次之，长度均值为 8.12 mm；盛单 216 最小，长度均值为 7.61 mm。隆迪 401 宽度均值为 8.66 mm；金刚 12 宽度均值为 8.51 mm；盛单 216 为 7.99 mm。隆迪 401 厚度均值为 6.24 mm；盛单 216 厚度均值为 5.87 mm；金刚 12 为 5.79 mm。同一品种玉米籽粒间的差异也很大；玉米籽粒呈圆饼形、圆锥形、棱锥形等不规则形状，有些籽粒比较薄，透明度也存在较大差异。金刚 12 长、宽、厚最大值与最小值之差分别为 4 mm、3 mm、

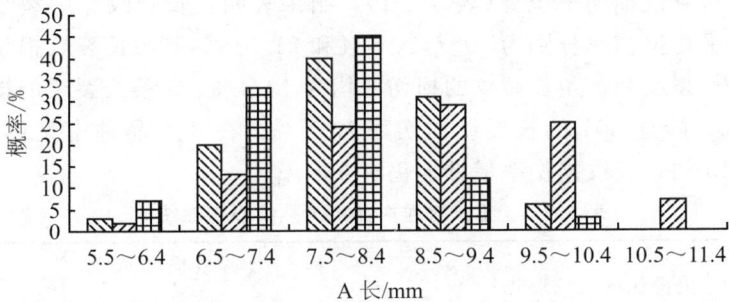

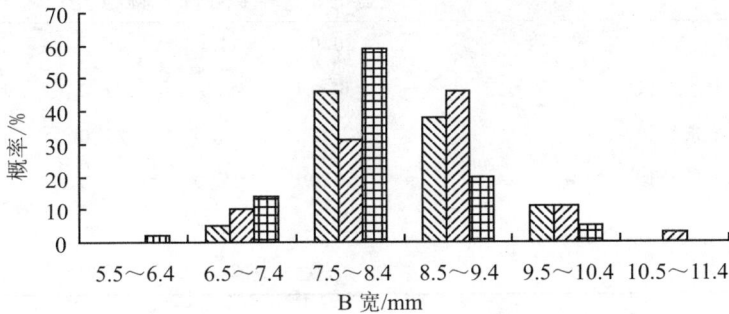

图 6.2-1　玉米种子籽粒三轴尺寸概率密度图

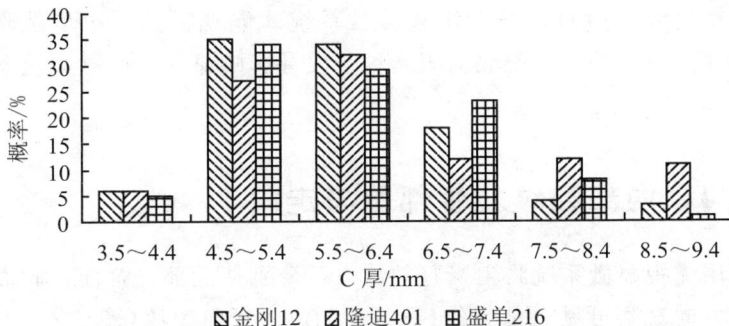

图 6.2-1　玉米种子籽粒三轴尺寸概率密度图(续)

4.7 mm；隆迪 401 长、宽、厚最大与最小值之差为 4.9 mm、4.3 mm、5.1 mm；盛单 216 长、宽、厚最值之差为 4.3 mm、6.8 mm、4.5 mm。可见，玉米种子的三轴尺寸在品种之间、同一品种的籽粒个体之间的差异显著。

6.3 玉米种子内部机械裂纹损伤率

运用体视显微系统观察 3 个品种玉米种子的内部机械裂纹形式、数量，进行裂纹损伤率统计（表 6.3-1），结果表明：长裂纹、中裂纹和微裂纹总平均损伤率分别为 39.7%、4% 和 21.3%，其中长裂纹损伤率中有 1 条长裂纹和 2 条长裂纹的损伤率均为 12.4%、3 条长裂纹的损伤率为 15%；隆迪 401 的长裂纹损伤率为 55%，在 3 个品种中是最高的，盛单 216 的长裂纹损伤率最低但仍有 23%。

表 6.3-1　玉米籽粒内部机械裂纹损伤率统计

内部机械裂纹形式	裂纹损伤率/%			
	盛单 216	金刚 12	隆迪 401	平均
长裂纹	26.0	41.0	55.0	39.7
其中：1 条裂纹	6.0	9.0	22.0	12.4
2 条裂纹	1.0	15.0	21.0	12.4
3 条及以上裂纹	16.0	17.0	12.0	15.0
中裂纹	2.0	9.0	1.0	4.0
微裂纹	17.0	24.0	26.0	21.3

上述结果表明，玉米种子内部机械裂纹损伤情况比较严重，而且各种裂纹形式同时存在；长裂纹一般用肉眼仔细观察基本可以看出，但中裂纹与微裂纹一般只能借助体视显微系统才能观察；初步试验表明（李心平等，2009），长裂纹对玉米种子发芽影响显著，而微裂纹基本不构成影响。

6.4 内部裂纹发生部位与走向

运用体视显微系统将玉米籽粒放大，分别从冠部、背面、腹面和侧面四个方向观察可见冠部裂纹（图 6.4-1A）、背面裂纹（图 6.4-1B）、腹面裂纹（图 6.4-1C）和侧面裂纹（图 6.4-1D）状况。经过多次重复观察并深入研究发现：

（1）玉米种子内部机械裂纹中的长裂纹主要从籽粒冠部产生，而且从冠部可观察到由脱粒部件机械作用所留下的小块冲击区（图 6.4-1A）。

（2）冠部产生的长裂纹向种胚延伸、扩展（图 6.4-1B、图 6.4-1C 和图 6.4-1D），进入种胚后的裂纹从籽粒腹面难以观察到（图 6.4-1C），但从背面依然明显可见（图 6.4-1B）。

（3）多数微裂纹以冲击区域为中心，向四周扩散。

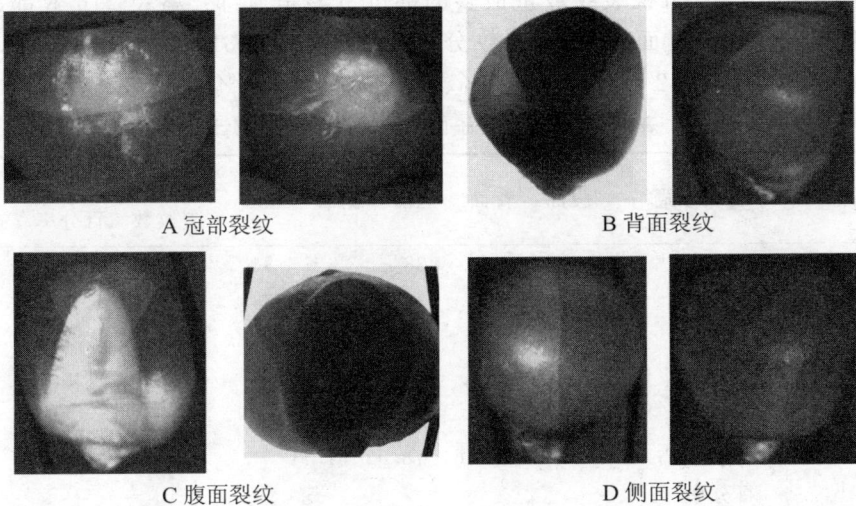

A 冠部裂纹　　　　　　　　　　　　　　B 背面裂纹

C 腹面裂纹　　　　　　　　　　　　　　D 侧面裂纹

图 6.4-1　玉米籽粒内部裂纹状况

对上述结果进行分析认为：玉米种子内部机械裂纹主要发生在冠部，是玉米果穗在脱粒喂入过程中暴露在最外面的籽粒冠部受到脱粒部件的冲击作用而产生。当冲击达到一定程度时冠部就会产生裂纹，随着冲击作用的增强，裂纹趋于严重。冠部裂纹之所以向种胚延伸与扩展，是由玉米种子结构和成分所致（图 6.4-2）：由于半透明状的种皮具有较好的强度与韧性，本身不容易破裂，对种子具有保护作用；而胚乳外边缘特别是两侧为角质、中部为

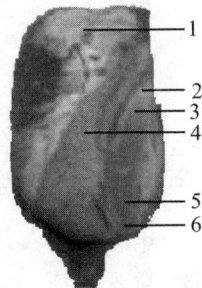

图 6.4-2　玉米籽粒内部结构
1. 胚乳；2. 胚芽鞘；3. 胚芽；
4. 子叶；5. 胚根；6. 胚根鞘

粉质，具有较大的硬度和脆性，角质胚乳和胚之间的应力分布规律（李心平等，2007）造成冠部裂纹向种胚延伸与扩展。由于种胚占玉米籽粒

腹部的绝大比例，角质胚乳只占很小部分，而机械裂纹的出现主要是在角质胚乳层，所以，即使种胚受到损伤，由于种胚外侧具有较厚的白色种皮，从腹面也很难被发现。

6.5 裂纹可视部位与数量

3种供试玉米种子内部机械裂纹的各可视部位、可视数量及其百分比见表6.5-1。可视裂纹数量最多的部位主要是冠部：盛单216冠部、侧面、背面和腹面可视裂纹数分别占78.05%、31.71%、27.64%、16.82%；金刚12分别为74.44%、29.70%、32.71%、16.53%；隆迪

表 6.5-1　玉米种子内部机械裂纹数量统计

品种	裂纹形式	腹面	背面	冠部	侧面	总和	实际裂纹数	裂纹所占百分率/%
盛单 216	长裂纹	2	18	38	26	84	63	51.22
	中裂纹	7	7	34	8	56	22	17.89
	微裂纹	8	10	28	5	51	38	30.89
	合计	17	35	100	39	191	123	100
	各部位裂纹所占百分率/%	16.82	27.64	78.05	31.71			
金刚 12	长裂纹	6	39	54	36	135	101	37.97
	中裂纹	26	16	57	24	123	50	17.89
	微裂纹	4	32	87	19	142	115	46.23
	合计	36	87	198	79	400	266	100
	各部位裂纹所占百分率/%	16.53	32.71	74.44	29.70			
隆迪 401	长裂纹	6	59	32	34	131	100	42.02
	中裂纹	30	0	52	15	97	19	7.98
	微裂纹	16	8	97	10	131	119	50.00
	合计	52	67	181	59	359	238	100
	各部位裂纹所占百分率/%	21.85	28.15	76.05	24.79			

注：表中为100粒玉米种子总裂纹数；可视裂纹数为从冠部、腹面等四个方向所见裂纹数之和，大于或等于实际裂纹数

401 分别为 76.05％、24.79％、28.15％、21.85％（表 6.5-1）；盛单 216、金刚 12 和隆迪 401 玉米种子百粒长裂纹数分别为 63、101 和 100，占总裂纹数比率为 51.22％、37.97％ 和 42.02％，中裂纹分别为 17.89％、17.89％ 和 7.98％，微裂纹比率分别为 30.89％、46.23％ 和 50.00％。从试验结果可知，3 个品种的玉米种子长裂纹平均比例为 46.74％、微裂纹为 41.37％，中裂纹所占比例最小，为 14.59％。

裂纹总数与长裂纹数量的品种排序为：金刚 12、隆迪 401 和盛单 216，金刚 12 和隆迪 401 长裂纹数远多于盛单 216。籽粒形状、玉米种子力学性质、脱粒时含水率都可能影响到机械裂纹的损伤程度，具体原因还有待进一步研究。

由于部分裂纹可在 2 个或 2 个以上可视部位观察到，故可视裂纹总数大于实际裂纹数。

上述结果表明，裂纹主要发生并可见于玉米籽粒冠部，背面也是裂纹的主要可视部位。因而研究玉米种子内部裂纹计算机识别系统时，可考虑从玉米种子冠部和背面两个可视部位采集裂纹信息。

6.6　本章小结

(1) 玉米种子外形差异显著，导致脱粒难度和损伤程度差异大。

(2) 3 种试验玉米种子普遍存在内部机械裂纹问题，并且长裂纹、短裂纹和微裂纹同时存在。3 种试验玉米种子的长裂纹损伤率平均为 39.7％，其中 1 条长裂纹和 2 条长裂纹的损伤率各为 12.35％、3 条长裂纹的损伤率为 15％。

(3) 玉米种子内部机械裂纹主要发生在籽粒冠部并向种胚延伸与扩展，产生裂纹的冠部存在脱粒部件的冲击区；以冲击区为中心，呈放射状分布多条微裂纹。冠部冲击区域由于玉米果穗喂入过程中的冲击所致，需减轻喂入过程中的脱粒冲击问题。

(4) 玉米籽粒冠部是裂纹产生的主要部位同时也是主要的可视部位，部分裂纹可从几个可视部位观察。因此，研究玉米种子内部裂纹计算机识别系统时，可考虑从玉米种子冠部或背面两个可视部位的图像采集裂纹信息。

第 7 章
玉米种子内部机械裂纹识别系统

种皮完好但内部可能存在胚乳裂纹或龟裂等隐性损伤，特别是微小的裂纹和龟裂，难以用肉眼直接观察到，需要借助必要的光学仪器进行观察、分析。为研究玉米种子籽粒内部机械裂纹状况和特征，分析不同裂纹类型和裂纹程度对种子发芽与出苗的影响，研究裂纹产生的机理和影响因素，首先需要通过计算机视觉系统观察玉米种子的内部机械裂纹状况，并通过交互或自动识别方式检测出玉米种子内部的机械裂纹，进而统计裂纹的条数与裂纹程度。

玉米种子的外形特征与一般的商品玉米有很大不同，形状极不规则，而且内部机械裂纹与热应力裂纹不同，主要的可见部位为冠部和背面。基于以上原因，研制了玉米种子内部机械裂纹特征识别系统。

该系统主要由玉米籽粒图像采集和裂纹特征识别两大部分组成。玉米籽粒图像采集系统主要包括体视显微镜、CMOS 摄像头、光源、微型计算机、夹持装置等部件。识别系统以 Windows XP 为平台，以 MATLAB 为用户操作界面开发和裂纹特征识别源代码编写工具，以实现玉米种子内部机械裂纹图像的剪裁、增强、变换、检测，以及裂纹的提取和数量统计等功能。

7.1 玉米种子籽粒图像采集系统

玉米种子籽粒图像采集系统(图 7.1-1)主要由体视显微镜、CMOS 摄像头、光源、微型计算机、夹持装置、光箱等组成，系统的主要任务是尽可能地采集清晰、包含全部或绝大部分裂纹信息的完整玉米籽粒图片。

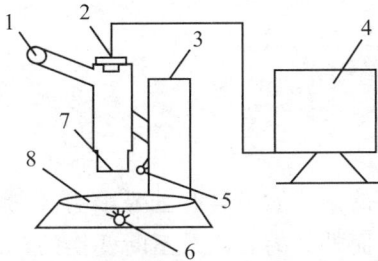

A 系统构成原理

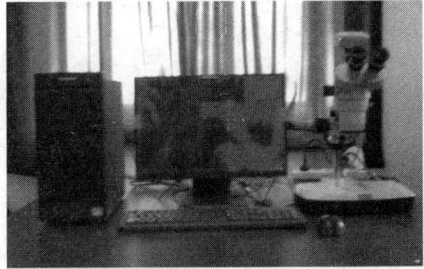

B 系统实物构成

1. 目镜；2. 摄像头；3. 支架；4. 微型计算机；5. 反射光源；6. 透射光源；7. 物镜；8. 载物台

图 7.1-1　玉米籽粒图像采集系统

7.1.1　体视显微镜

体视显微镜能够获得高清晰度、立体感和正立图像，在农作物种子检测方面具有广泛的应用。体视显微镜的放大倍数虽然没有普通生物显微镜的高，但是体视显微镜的景深要比普通生物显微镜长得多，视场也比普通生物显微镜宽得多，因此使用体视显微镜能够获得玉米籽粒内部机械裂纹的清晰图像。本系统采用的是 Motic 麦克奥迪公司生产的型号为 SMZ168 的体视显微镜：

变倍范围：0.75×～5×；

变倍比：1∶7.7；

反射光源：10 W 卤素灯，亮度可调，角度可调；

透射光源：10 W 卤素灯，亮度可调；

反射光源和透射光源可单独或同时使用；

电源电压：220 V。

7.1.2　摄像头

摄像头采用 Motic 麦克奥迪公司生产的型号为 MOTICAM2006 的产品，其主要技术参数如下：

图像设备：200 万像素 CMOS 传感器；

分辨率：1 600×1 200，可以进行动态的实时预览；

像素点尺寸：4.2 μm×4.2 μm；

帧率：40fps@400×300 40fps@800×600 10fps@1600×1200；

快门：电子快门；

信噪比：54 db；

扫描方式：逐行扫描；

数据接口：USB 2.0。

7.1.3 照明系统

目标区域照明情况对采集系统获得的图片质量具有重要影响，它将直接影响内部机械裂纹的观察和识别，而外界的光源是不断变换的，因此必须组建独立的照明系统，将图像采集系统与外界光源隔离。图像采集系统的照明系统主要由光源和光箱两部分组成，光源为图像采集系统提供稳定的光照，光箱则是将采集系统与外界光源隔离，使采集系统不受外界光源变化的影响。

玉米种子需要在光源的照射下，通过体视显微镜后才能在数码相机上获得图像信号。而且，随着光源的变化，数码相机获得的图像信号也会随之发生变化。

SMZ168 体视显微镜配备两套光源，即上光源和下光源——反射光和透射光。这两套光源能够自由调整亮度，能够单独或同时使用，而且可以根据需要对上光源的照射角度进行调整。图 7.1-2A 为透射光源单独使用时拍摄的籽粒图像；图 7.1-2B 为上光源单独使用时拍摄的籽粒图像。

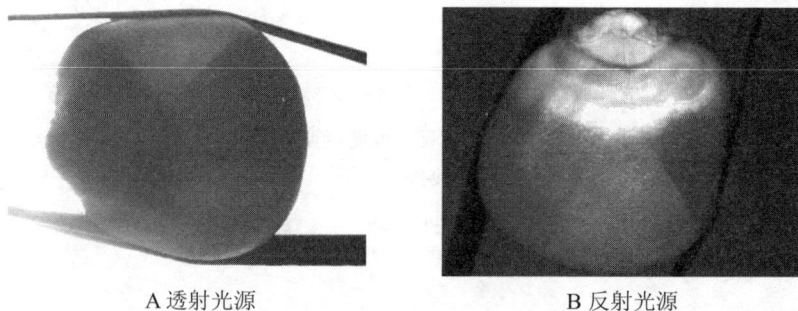

A 透射光源   B 反射光源

图 7.1-2　不同照射方式

玉米种子籽粒的图像采集是在光箱内进行的，从而消除了外部光线对图像采集的干扰，提高了图像采集的质量，并有利于后续的图像处理。灯箱配合体视显微镜的外形，采用圆柱形壳体设计，内壁粉刷黑色油漆，使光源的光线只产生均匀的漫反射，防止镜面反射，内部放置体视显微镜、光源、夹具等，这样图像采集就在一个相对封闭的环境下进行，排除了外界光照的影响。

7.1.4 夹具

通过第 6 章的试验观察可知，玉米种子内部机械裂纹主要发生在冠部，当冲击作用进一步增强，冠部裂纹向种胚延伸与扩展，而且由于种皮的包裹，玉米籽粒的胚部很难观察到裂纹，因此冠部和背部是籽粒裂纹的最佳观察部位。

单个玉米种子籽粒在不借助外力的条件下只能平放，即以玉米籽粒的腹部或背部作支撑放置，在自然条件下是不能以侧面或是冠部作支撑而平稳放置的，必须借助夹具将籽粒夹持才能在体视显微镜下观察到机械裂纹的主要发生部位——玉米籽粒的冠部。本系统的玉米种子夹持装置是由柱形壳体、旋转把手和弹性夹杆组成。在观察籽粒冠部时，将玉米籽粒夹持在两弹性夹杆之间，然后调节旋转把手，将玉米籽粒刚好竖直放置。在进行图像采集时，可以通过移动圆柱形壳体从而使玉米籽粒处在体视显微镜的视场中央，这要比用手直接移动玉米籽粒方便得多。

7.1.5 微型计算机

图像采集和图像处理过程都离不开微型计算机，它控制 CMOS 摄像头进行图像采集，将采集到的图像实时显示在微型计算机的显示器上，并将采集到的图像存储在微型计算机的硬盘内；玉米种子机械裂纹识别程序的设计、开发和运行也都是在微型计算机上进行的。本识别系统进行图像处理的数据量很大，需要存储的玉米籽粒图片数量也很多，因而对微型计算机的性能要求比较高。本识别系统的微型计算机选用联想启天 M6900，配置如下：处理器为 Pentium（R）Dual-Core 主频 2.6 GHz；内存容量 2 G；硬盘容量 320 GB；显示器为 19 英寸宽屏液晶；操作系统为 32 位 Window XP。

7.2 内部机械裂纹识别系统

采集到玉米籽粒的图像后，可以开始进行裂纹特征的识别。本识别系统以 Windows 为平台，以 MATLAB 为用户操作界面开发与代码编写工具，以实现玉米种子内部机械裂纹图像的裁剪、增强、变换、检测，以及裂纹的提取和数量统计等功能。

7.2.1 操作系统

计算机视觉识别系统的开发和应用平台，即微型计算机的操作系统软件，常用微软公司的 Windows 系列和开放源代码的 Linux 系列两大类。微软公司的 Windows XP 系统在中国市场占有率很高，用户操作界面友好、操作方便、程序兼容性和硬件兼容性好，可靠性高，故本系统所用微型计算机的操作系统选用 Windows XP。

7.2.2 识别系统程序开发工具

目前主流的程序编写工具有 Visual Basic、Visual C++、Delphi、C++Builder、Visual Studio. NET、C♯Builder 和 MathWorks 公司的 MATLAB 等。这些软件开发工具各具特点，选择哪种软件开发工具是首要解决的问题。

几种主流软件开发工具的比较见表 7.2-1。MATLAB 是一种高级技术计算语言和交互式环境，在数学类科技应用软件中在数值计算方面首屈一指(王爱玲等，2008)。MATLAB 可以进行矩阵运算、创建用户图形交互操作界面等，主要用途之一是图像处理。MATLAB 的基本数据单位是矩阵，指令表达式与数学、工程中常用的形式十分相似，故用 MATLAB 来解算问题要比用 C，FORTRAN 等语言完成相同的工作简捷得多。

表 7.2-1 主流软件开发工具比较

编程软件	开发效率	代码执行效率	帮助系统	市场占有率
Visual Basic	低	低	很好	很高
Visual C++	较高	很高	很好	很高
Delphi	高	较高	差	较高
MATLAB	较高	很高	较好	较低

本系统的核心任务是玉米籽粒图像的处理，在图像数据的处理方面，MATLAB 软件是最简单易用、效率很高的编程工具。它的基本数据单位是矩阵，数字图像又是以矩阵形式在微型计算机中存储的，而且 MATLAB 的图像处理工具箱(Image Processing Toolbox)包含大量用于图像处理的函数，进行图像处理的效率很高。MATLAB 还为用户开发图形界面提供了一个方便高效的集成开发环境 GUIDE 来制作 GUI，对

于熟悉 MATLAB 而不想编写大量代码的科研人员来说，MATLAB/
GUI 是一个最佳选择(王玉林等，2008)。

由于本系统仍处于试验研究阶段，主要实现玉米籽粒裂纹特征的提
取，所以选用 MATLAB 进行核心的图像处理程序代码的编写，选用
MATLAB 的 GUIDE 工具箱为用户交互界面的开发工具，以实现最终
程序的交互控制。

7.2.3　内部机械裂纹识别系统结构

为利用计算机视觉进行玉米种子裂纹特征识别及提取，设计的裂纹
识别系统流程如图 7.2-1 所示。并基于以上流程，利用选定的 MAT-
LAB 的 GUIDE 工具箱开发该系统的用户操作图形界面，如图 7.2-2 所
示。本系统主要操作菜单为文件、图像剪裁、图像变换、裂纹特征提
取、裂纹条数统计五个功能模块和一个帮助辅助菜单，各个菜单的具体
内容与功能简述如下。

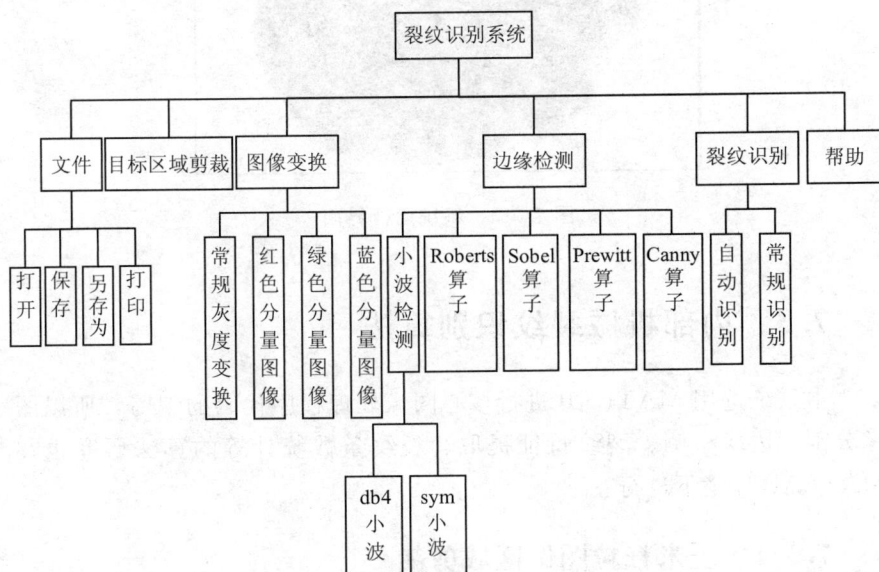

图 7.2-1　裂纹识别系统流程

文件——主要包括打开、保存、另存为、打印子菜单。主要功能是
将图像采集系统采集到的玉米籽粒图片调入裂纹识别系统中；对玉米种
子籽粒裂纹的识别和提取结果进行保存或打印等。

图像剪裁——为降低后续图像处理过程中的数据计算量，对读入系

统的图像进行调整，将玉米籽粒图像中的背景区域进行裁剪，只保留包含玉米籽粒的最小矩形区域。

裂纹特征提取——包括 Roberts 算子、Sobel 算子、Prewitt 算子、Canny 算子和小波检测，主要是基于边缘检测原理进行边界提取，最终得到玉米籽粒边缘轮廓和裂纹。

裂纹条数统计——主要提取裂纹图像，并统计裂纹线条数量。

帮助菜单——主要实现系统辅助和帮助功能，包括系统介绍、意见反馈、与我们联系等。

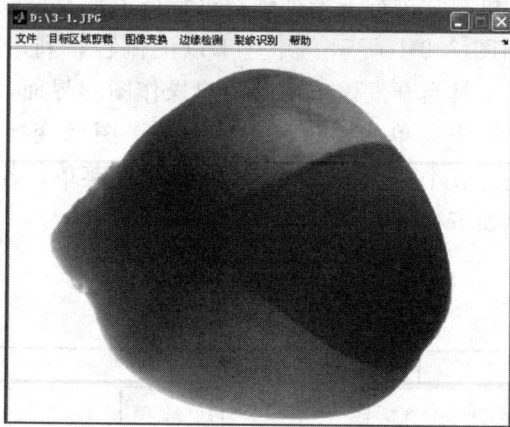

图 7.2-2　系统运行界面

7.3　内部机械裂纹识别算法

本系统选用 MATLAB 进行核心图像处理程序代码的编写，所以图像分割、边缘检测、裂纹特征提取、裂纹条数统计等的算法研究也在 MATLAB 环境下进行。

7.3.1　玉米籽粒图像区域剪裁

图像剪裁(image segmentation)是按照一定原则将一幅图像或景物分为若干个特定的、具有独特性质的部分或子集，并提取出感兴趣的目标的技术过程(赵书兰等，2009)。在图像采集系统拍摄到的玉米籽粒图像(图 7.3-1)中，玉米籽粒是研究区域和将来需要进行处理的目标。拍摄的背景区域是多余且需要裁剪的区域，在图像处理的过程中背景区域会增加数据计算量和图像识别的难度，降低计算机识别的效率。通过观察采集到的玉米籽粒图像可知，玉米籽粒与图像背景之间的像素灰度不连续、存在着突变，因此可以根据玉米图像的这些特性来实现玉米籽粒区域与图像背景区域的分割。

图 7.3-1　原始 RGB 图像

图像采集系统拍摄到的图像是以红、绿、蓝三颜色模型为标准模型的 24 位真彩图像，在对图像进行处理和分析时，为减少数据运算量、提高图像处理的效率，可将彩色图像进行灰度化处理，转换为灰度图像（灰度图像是每个像素只有一个采样颜色的图像，这类图像通常显示为从最暗黑色到最亮的白色的灰度，这个采样可以是任何颜色的不同强度，也可以是不同亮度上的不同颜色）。

灰度值（G）从最黑色到最白色一般位于某个范围之内：

$$G_{\min} \leqslant G \leqslant G_{\max} \tag{7.3-1}$$

理论上要求 G 仅为正值，且为有限值，区间 $[G_{\min}, G_{\max}]$ 称为灰度级。在 MATLAB 中的灰度级为 $[0, 255]$，这里 $G_{\min}=0$ 表示黑色，$G_{\max}=255$ 表示白色，所有中间值是从黑到白的各种灰色调，总共 256 级灰度。

将 RGB 彩色图像转换为灰度图像（图 7.3-2），就是对像素点红、绿、蓝 3 基色分量的强度进行加权求和，从而得到对应点的灰度强度，计算公式为：

$$\begin{cases} I = \alpha \cdot R + \beta \cdot G + \gamma \cdot B \\ \alpha + \beta + \gamma = 1 \end{cases} \tag{7.3-2}$$

式中 R，G，B 分别表示彩色图像的红、绿、蓝三基色的对应分量的强度；α，β，γ 由基于红、绿、蓝三基色分量对灰度转换结果影响的大小决定。在 MATLAB 中将彩色图像转换成灰度图像，最快捷的方法就是使用 RGB2GRAY(RGB) 函数，可直接将 RGB 彩色图像转换为灰度图像。转换公式为：

$$灰度值=0.30R+0.59G+0.11B \qquad (7.3-3)$$

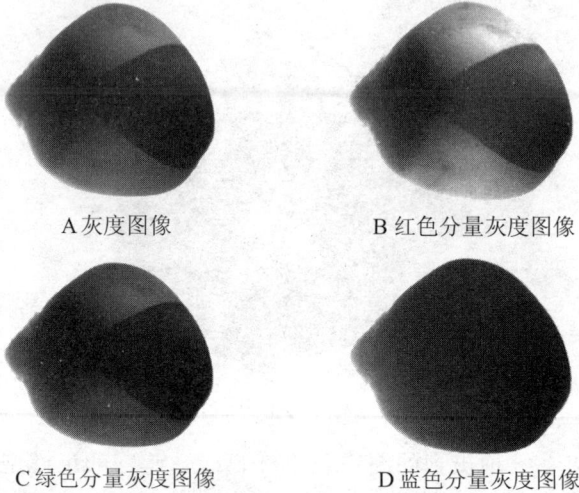

A 灰度图像   B 红色分量灰度图像

C 绿色分量灰度图像   D 蓝色分量灰度图像

图 7.3-2 灰度图像

这也是彩色电视信号转黑白电视信号使用的灰度转换计算公式，α，β，γ 分别为 0.3、0.59、0.11 能够最佳程度满足人们的视觉感受，在实际 RGB 彩色图像转换为灰度图像时，α，β，γ 可以根据不同需要随意选取，转换为灰度图像的特殊情况为：

$$\begin{cases}\alpha=1\\\beta=0\\\gamma=0\end{cases} 或 \begin{cases}\alpha=0\\\beta=1\\\gamma=0\end{cases} 或 \begin{cases}\alpha=0\\\beta=0\\\gamma=1\end{cases} \qquad (7.3-4)$$

即 RGB 图像中的红、绿、蓝 3 基色分别单独转换为灰度图像，转换结果如图 7.3-2 所示。

为了观察 RGB 彩色图像转换为灰度图像后的不同灰度值分布情况，需要对灰度图像的灰度值进行统计，并作出灰度图像的直方图（图 7.3-3）。从图中可知原蓝色分量的灰度值分布规律性较强，基本服从正态分布，灰度值主要集中在 50~180 之间由图 7.3-3D 可知，蓝色分量的灰度图像玉米籽粒区域轮廓清晰，轮廓边缘与图像背景像素差异明显。而且玉米籽粒区域内部的灰度均匀，没有灰度突变情况，所以进行基于蓝色分量的灰度图像的目标区域剪裁。

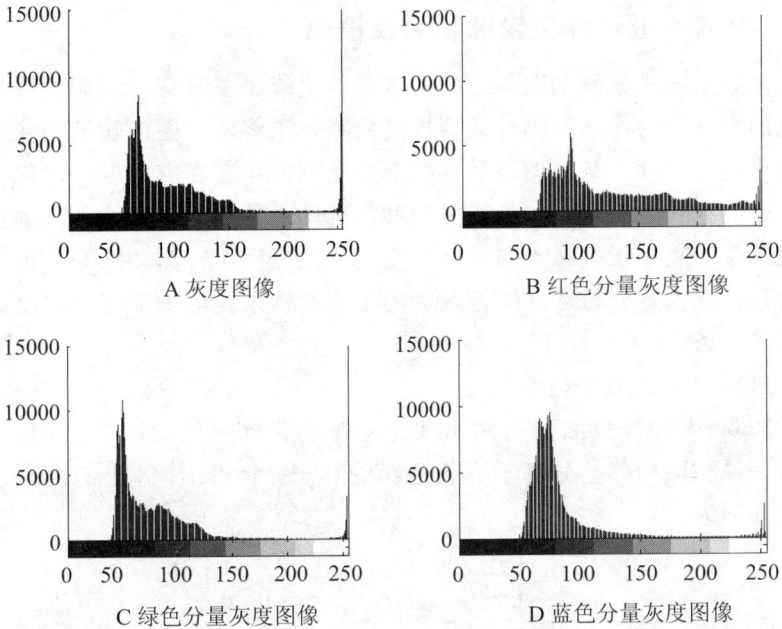

A 灰度图像

B 红色分量灰度图像

C 绿色分量灰度图像

D 蓝色分量灰度图像

图 7.3-3　灰度图像直方图

观察图 7.3-3D 可以发现，图像背景接近纯白色，其像素灰度值集中在 50～180。因此，可以选取一个固定数值 D，将灰度值小于 D 的像素提取出来，就可以分割出目标区域。玉米图像分割的基本算法为：设采集的原始图像像素为 $M \cdot N$，任意像素点 (x, y) 的灰度值为 $G(x, y)$，则原始图像的像素点在 MATLAB 中用矩阵形式表示为 $[M \cdot N]$。从矩阵的第一行开始检验像素点的灰度值，当出现 $G(x, y) < D$ 时，记录此时的 x 为 x_1，第 x_1 行就是目标区域图像矩阵的起始行；再从图像的最后一行开始检验像素点的灰度值，当出现 $G(x, y) < D$ 时，记录此时的 x 为 x_2，第 x_2 行就是目标区域矩阵的终止行；运行同样的预算，就能找出目标区域图像矩阵的第一列 y_1 和最后一列 y_2。则图像的目标区域的矩阵表达式为：$I(x_1 : x_2, y_1 : y_2)$，式中 I 代表原始图像。图 7.3-4 为区域剪裁后的目标区域。

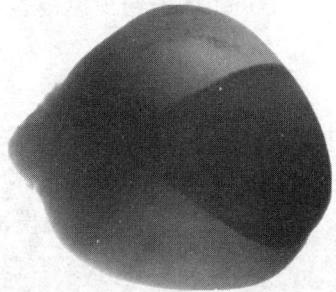

图 7.3-4　图像目标区域

7.3.2 玉米籽粒轮廓和裂纹检测

采集系统采集到的图像，其玉米籽粒边缘、玉米籽粒的裂纹处存在颜色的突变，为便于数据计算，提高效率，需将彩色图像转换为灰度图像后再进行处理，灰度图像的这些部位灰度值也存在着突变，对比度变化显著。籽粒边缘和裂纹处有方向和幅度两个特性，沿边缘走向的灰度变化平缓，垂直于边缘走向的灰度变化剧烈（赵书兰等，2009），因此可以通过计算玉米籽粒灰度图像灰度的不连续性来检测玉米籽粒轮廓边缘和裂纹线条。

（1）Roberts 算子边缘检测

Roberts 边缘检测是利用 Roberts 算子进行图像边缘检测的方法，它是一种利用局部差分算子寻找边缘的算子，Roberts 算子的两个卷积模板分别为：

$$G_x = \begin{bmatrix} 1 & 0 \\ 0 & -1 \end{bmatrix}, \ G_y = \begin{bmatrix} 0 & 1 \\ -1 & 0 \end{bmatrix}$$

Roberts 算子用卷积模板表示为：$G(x, y) = |G_x| + |G_y|$。Roberts 算子边缘检测在 MATLAB 中可以通过 edge(image, 'Roberts') 函数来实现，检测结果如图 7.3-5A～图 7.3-8A 所示。

（2）Sobel 算子边缘检测

Sobel 算子的两个卷积模板为：

$$G_x = \begin{bmatrix} -1 & 0 & 1 \\ -2 & 0 & 2 \\ -1 & 0 & 1 \end{bmatrix}, \ G_y = \begin{bmatrix} 1 & 2 & 1 \\ 0 & 0 & 0 \\ -1 & -2 & -1 \end{bmatrix}$$

Sobel 算子卷积模板表示为：

$$G(x, y) \approx \max(|G_x| + |G_y|)。 \tag{7.3-5}$$

Sobel 算子边缘检测在 MATLAB 中也可以通过 edge(image, 'Sobel') 函数来实现，边缘检测结果如图 7.3-5B～图 7.3-8B 所示。

（3）Prewitt 算子边缘检测

Prewitt 算子用卷积模板表示为：

$$G(x, y) = |G_x| + |G_y| \tag{7.3-6}$$

$$G_x = \begin{bmatrix} -1 & 0 & 1 \\ -1 & 0 & 1 \\ -1 & 0 & 1 \end{bmatrix}, \ G_y = \begin{bmatrix} 1 & 1 & 1 \\ 0 & 0 & 0 \\ -1 & -1 & -1 \end{bmatrix}$$

图像中的每个像素点均用这两个模板进行卷积。Prewitt 算子边缘检测在 MATLAB 中通过 edge(image,'prewitt')函数来实现，边缘检测结果如图 7.3-5C～图 7.3-8C 所示。

（4）Canny 算子边缘检测

应用 Canny 算子进行边缘检测，首先应用高斯滤波器对图像进行滤波增强；然后计算滤波增强后图像梯度的幅值和方向；找出图像梯度中的局部极大值点，将局部非极值点的像素归零，这样就得到了细化的边缘；再使用双阈值算法进行边缘的检测和连接（王爱玲等，2007）。Canny 算子边缘检测在 matlab 通过 edge(image,'Canny')函数来实现，边缘检测结果如图 7.3-5D～图 7.3-8D 所示。

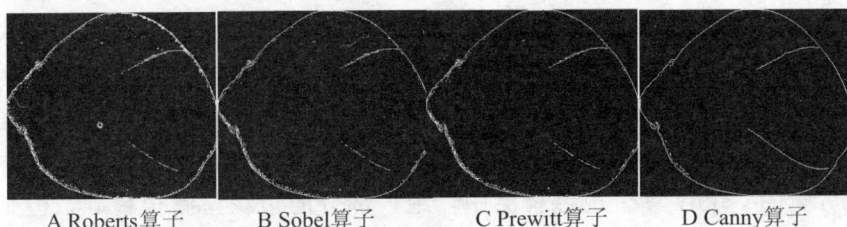

A Roberts算子　　　B Sobel算子　　　C Prewitt算子　　　D Canny算子

图 7.3-5　灰度图像的边缘检测

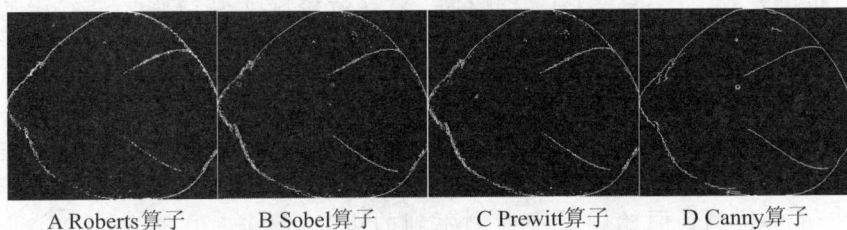

A Roberts算子　　　B Sobel算子　　　C Prewitt算子　　　D Canny算子

图 7.3-6　图像红色分量的边缘检测

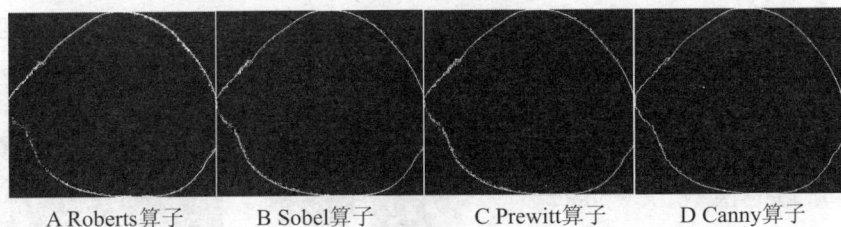

A Roberts算子　　　B Sobel算子　　　C Prewitt算子　　　D Canny算子

图 7.3-7　图像绿色分量的边缘检测

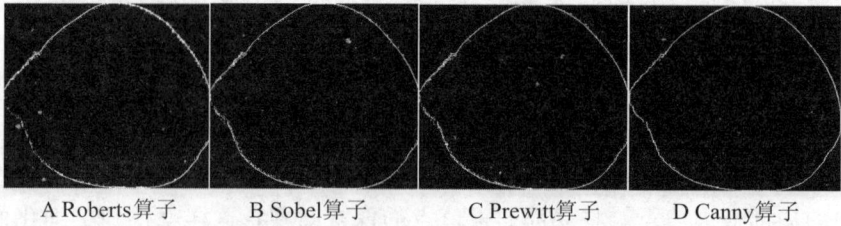

| A Roberts算子 | B Sobel算子 | C Prewitt算子 | D Canny算子 |

图 7.3-8　图像蓝色分量的边缘检测

从四种灰度图像的边缘检测结果看出，Roberts 算子、Sobel 算子、Prewitt 算子、Canny 算子四个边缘检测算子中，Canny 算子的检测效果最好，检测到的边缘非常精确，没有出现虚假边缘的情况；从四种灰度图像的 Canny 算子边缘检测结果也可以看出，常规的灰度图像检测效果最好，图像红色分量的检测结果中，玉米籽粒的边缘有像素没有连接的现象，而且籽粒边缘内部的非裂纹处也出现了虚假边缘。在图像绿色分量的 Canny 算子边缘检测中，绝大部分的边缘检测很精确，但是在玉米籽粒的种脐附近出现了虚假边缘。图像蓝色分量的边缘检测只能得到玉米籽粒的轮廓，而不能检测到玉米籽粒内部的边缘，从图 7.3-8D 可以看到，Canny 算子检测的玉米籽粒轮廓非常清晰，没有虚假边缘。

（5）小波包边缘检测

利用小波包将图像进行分解，可得到由近似部分和细节部分组成的图像序列，近似部分就是分解前图像对高频部分滤波所得到的近似表示，能够检测到原始图像中检测不到的边缘（赵书兰，2009）。MATLAB 中常用的小波包有 Daubechies 小波系，属于离散正交小波，一般简写为 dbN，N 是小波的阶数；SymletsA 小波系，是由 Daubechies 提出的近似对称的小波函数，它是对 db 函数的一种改进。Symlets 函数系通常表示为 $symN(N=2, 3, \cdots, 8)$ 的形式。在 MATLAB 中实现图像小波分解的函数为 wpdec2 (image，'层数'，'dbN 或 symN')，从前面的研究已知，常规灰度图像的 Canny 算子的边缘检测效

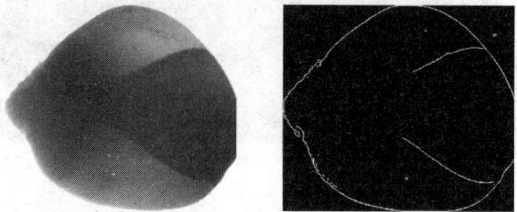

A 小波分解后图像近似部分　　B 近似部分边缘检测

图 7.3-9　小波 db4 边缘检测

果 最 好 , 于 是 在 MAT-
LAB 中对常规灰度图像进
行小波分解,将得到的图
像近似部分进行 Canny 算
子 边 缘 检 测 , 结 果 如
图 7.3-9和图 7.3-10 所示。

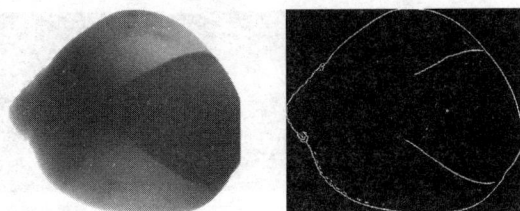

A 小波分解后图像近似部分　　B 近似部分边缘检测

图 7.3-10　小波 sym4 边缘检测

　　从小波包边缘检测的
结果可以看出,db4 小波
分解后的图像边缘检测结
果比 sym4 小波的检测结果要好。小波 db4 检测的边缘,在种脐附近的
虚假边缘比小波 sym4 的要少,而且对比小波 db4 边缘检测结果
(图 7.3-9B)和常规灰度图像的边缘检测结果(图 7.3-5D)可以发现,db4
小波的边缘检测结果的虚假边缘是最少的,要优于原始灰度图像的检测
结果。

7.3.3　玉米籽粒内部机械裂纹的提取

　　通过边缘检测,可以提取到玉米籽粒的轮廓曲线或同时得到玉米籽
粒轮廓曲线和轮廓线内部的裂纹曲线。Canny 算子检测原始图像蓝色分量
得到玉米籽粒轮廓曲线,检测原始图像灰度图像 db4 小波分解后的近似图
像,得到玉米籽粒轮廓曲线和内部的裂纹曲线。通过仔细观察图 7.3-
8D 和图 7.3-9B 发现,可以通过两图像之间的运算将图 7.3-9B 中的玉
米籽粒轮廓线去除,从而得到玉米籽粒的裂纹曲线。

　　图 7.3-9B 中的玉米籽粒轮廓线与图 7.3-8D 中的轮廓线并不完全一
样,后者的轮廓线比较精确,轮廓线两侧散落的像素点很少,而前者的
轮廓线附近散落的像素点比后者要多一些,运行图像之间的相减运算,
只能去除前者的部分边缘,于是考虑将后者的轮廓线进行膨胀运算,使
膨胀后的图像能够覆盖前者轮廓线两边散落的像素,之后再进行图像相
减运算就将前者的轮廓线全部删除,只剩下裂纹曲线。

　　图 7.3-11A 为原始图像蓝色分量 Canny 算子检测到的边缘,经膨胀
运算后得到的图像如图 7.3-11B 所示,轮廓膨胀之后已经能够覆盖如图
7.3-11C 所示的轮廓曲线,当图 7.3-11C 与图 7.3-11B 进行图像的相减
运算后即得到如图 7.3-11D 所示的裂纹曲线。

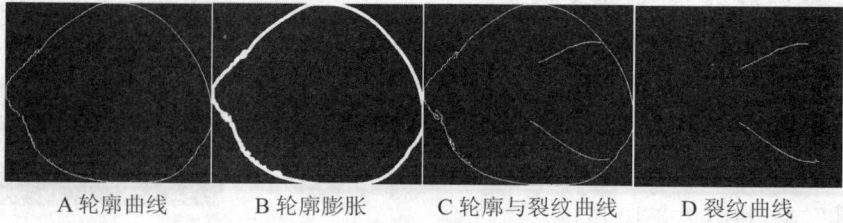

A 轮廓曲线　　　B 轮廓膨胀　　　C 轮廓与裂纹曲线　　　D 裂纹曲线

图 7.3-11　裂纹曲线提取

7.3.4　玉米籽粒内部机械裂纹统计

通过以上的运算之后，已经得到了只包含玉米籽粒裂纹的图像，运算得到的图 7.3-11D 是一个二值图像，黑色部分的像素值为 0，裂纹曲线部位的像素值为 1。如图 7.3-12B 所示为图 7.3-12A 所圈的裂纹曲线端点部位的像素值，图 7.3-12D 所示为图 7.3-12C 所圈的裂纹曲线的像素值。从图 7.3-12B 和图 7.3-12D 可以看出，在曲线的内部像素值为 1 的点是连通在一起的，在曲线的端点部位，像素值为 1 的点就会截止。这样，一条裂纹就是一个连通的区域，根据裂纹曲线二值图像的这个性质，就可以在 MATLAB 中统计连通区域的个数，从而得到裂纹的数量。

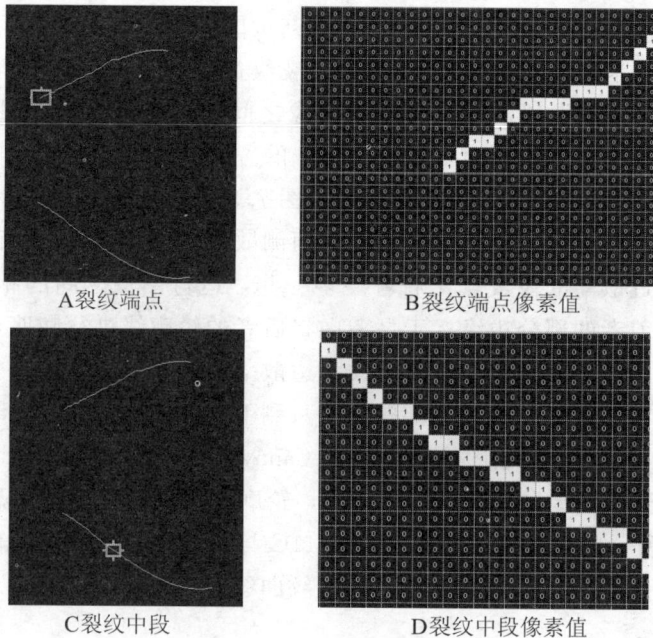

A 裂纹端点　　　　　　　　　B 裂纹端点像素值

C 裂纹中段　　　　　　　　　D 裂纹中段像素值

图 7.3-12　裂纹曲线像素值

7.4　本章小结

本章设计了玉米籽粒裂纹特征识别系统。为了得到更加清晰的图像，采用了体视显微镜和 CMOS 摄像头相结合的图像采集方式，选用 visual basic 作为裂纹特征识别系统的用户图形交互操作界面设计软件，裂纹识别系统的图像处理程序代码使用 MATLAB 软件进行编写。通过原始图像的不同灰度转换，及对其进行 Roberts 算子、Sobel 算子、Prewitt 算子和 Canny 算子的边缘检测，最终发现 Canny 算子的边缘检测最准确。原始图像蓝色分量的 Canny 算子边缘检测能够得到玉米籽粒的轮廓；原始图像常规灰度转换后，经过 db4 小波分解得到近似图像部分，然后再对近似图像部分进行 Canny 算子边缘检测，获得玉米籽粒轮廓和最佳裂纹图像。将两种检测得到的图像进行相减运算得到只含有裂纹曲线的图像。对只含裂纹的二值图像进行连通区域的统计进而得到裂纹的数量。根据裂纹识别系统流程和图像处理算法研究的结果编制裂纹识别系统代码，完成裂纹识别系统的设计。

第 8 章
玉米种子籽粒力学有限元分析

　　玉米种子籽粒在脱粒和装卸、运输过程中会受到挤压、撞击、揉搓等多种机械外力作用，这些外力促使其产生破碎、破损和内部裂纹等损伤。玉米内部裂纹不但直接影响发芽率，而且会加剧运输和储运过程中的破碎，影响安全储藏。为了研究机械作用大小、方式和作用部位与裂纹生成关系，探明内部裂纹形成机理和影响裂纹生成与发展的主要因素，从原理上改进玉米脱粒设备，需要借助有限单元法对玉米种子籽粒内部微观组织结构与力学特性进行研究。

　　应用有限元方法来分析农业物料的研究很多，例如，王荣等（2005）对葡萄的力学性质进行了有限元模拟，史建新等（2005）在有限元分析的基础上对核桃脱壳技术进行了研究，应义斌等（2005）对西瓜进行了有限元建模及应用，王灵军等（2003）对银杏脱壳时的受力进行了有限元分析，宋慧芝等（2005）对梨的动力学特性进行了有限元分析，贾灿纯等对干燥过程中玉米颗粒内部应力进行了有限元分析，美国威斯康星大学 K. Muthukumarappan 等（1994）对玉米籽粒内部各组成部分的水分扩散能力进行了有限元模拟。美国明尼苏达大学 Robert J. Gustafson 等（1979）对玉米籽粒的热应力与湿应力进行了有限元分析等。然而，对遭受外载作用下种子玉米籽粒应力应变分布规律的研究尚未见报道。因此，运用有限单元分析方法对遭受外载作用下的玉米籽粒的应力应变分布规律进行研究，以找出玉米籽粒变形量不大且产生局部裂纹点少、裂纹点不宜扩展的最佳施力方式与施力部位，从而为改进脱粒工艺，减少玉米破碎提供理论依据。

　　有限元法（FEM）作为一种实用性很强的数值模拟方法，在许多工程分析中得到广泛应用，如固体力学中的位移场和应力场分析、电磁学中的电磁场分析、振动特性分析、传热学中的温度场分析、流体力学中的流场分析等。这些问题的共同点是它们都可以归结为在给定边界条件下求解其控制方程(常微分方程或偏微分方程)的问题。有限元法的基本思想是将连续的求解区域离散为一组有限个，且按一定方式相互联结在一起的单元(element)的组合体。由于单元能按不同的联结方式进行组合，且单元本身又可以有不同形状，因此可以模型化几何形状复杂的求解域。有限元法作为数值分析方法的另一个重要特点是利用在每一个单元内假设的近似函数来分片表示全求解域上待求的未知场函数。单元内的近似函数通常由未知场函数及其导数在单元的各个节点的数值和其插值来表达。根据有限元分析方法，未知场函数或及其导数在各点的数值就成为新的未知量(也即自由度)，从而使一个连续的无限自由度问题变成离散的有限自由度问题。一经求解出这些未知量，就可以通过插值函数计算出各个单元内场函数的近似值，从而得到整个求解域上的近似值。显然随着单元数目的增加，也即单元尺寸的缩小，或者随着单元自由度的增加及插值函数精度的提高，解的近似程度将不断改进。如果单元是满足收敛要求的，近似解最后将收敛于精确解。

平面问题的有限元分析方法是对实际结构在特殊情况下的一种简化。在实际问题中，任何一个物体严格来说都是空间物体，其所受的载荷一般都是空间的。但是，如果所考察的物体具有某种特殊的形状，并且承受的载荷具有一定的特点，使得计算结果受着某一方向的变化很小。此时就可忽略这个方向的影响，经过适当的简化和抽象处理，把空间问题简化为平面问题，用二维坐标系来研究。这样处理，分析和计算的工作量大为减少，模型也可大为简化而不失精度。本文采用三角形单元的平面问题有限元分析方法来研究玉米种子籽粒的力学性质。

8.1　建立玉米种子籽粒物理模型

按玉米种子籽粒的粒型分类，可分为马齿形、半马齿形、硬粒形。我国种植面积最大的是马齿形与半马齿形玉米。马齿形玉米种子籽粒扁长，胚乳两侧为角质，中部至顶部都是粉质，籽粒成熟干燥后，顶部粉质胚乳失去水分收缩凹陷。马齿形与半马齿形玉米籽粒结构相似，半马齿形玉米籽粒顶部凹陷深度较马齿形要浅。

本研究课题是以辽宁省东亚种子公司的东单 1 号、富友 1 号和农大 108 为研究对象，玉米种子籽粒的平均尺寸为，长 11.9mm、宽

8.0mm、厚4.1mm，如图8.1-1所示。

从玉米籽粒的结构来看，它显然不是一种均质的物质，也不具有对称性。为了理论分析和计算方便起见，通常把玉米种子籽粒简化为三部分，即角质胚乳、粉质胚乳和种胚，这三部分占玉米种子籽粒质量的95％左右。

为了能形象描述在不同施力部位下，玉米种子籽粒的三个主要成分——粉质胚乳、角质胚乳和种胚之间的应力分布，取玉米种子籽粒腹面方向与侧面方向三者交叉的横截面与纵截面作为研究对象，因为这两个面能够说明在不同施力部位下，粉质胚乳、角质胚乳和种胚之间的应力分布。

首先通过电镜技术获取玉米种子籽粒显微结构图，如图8.1-2所示，而后通过MATLAB软件中的图像处理工具箱从玉米种子籽粒显微结构图中获取玉米种子籽粒的截面轮廓形状。接下来在平面直角坐标系中确定籽粒轮廓上的相应关键点，如图8.1-3所示，然后在ANSYS软件中，由自下向上的方法建模，通过B-Splines(三次样条曲线)功能即可生成所需玉米种子籽粒截面轮廓，从而实现玉米种子籽粒模型的建立。

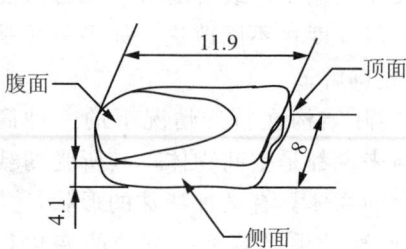

图 8.1-1　玉米籽粒结构尺寸

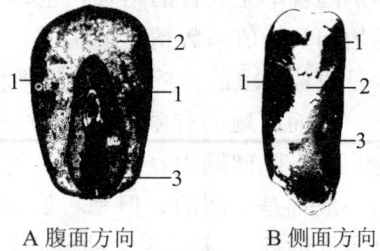

图 8.1-2　玉米籽粒显微结构图

1. 角质胚乳　2. 粉质胚乳　3. 胚

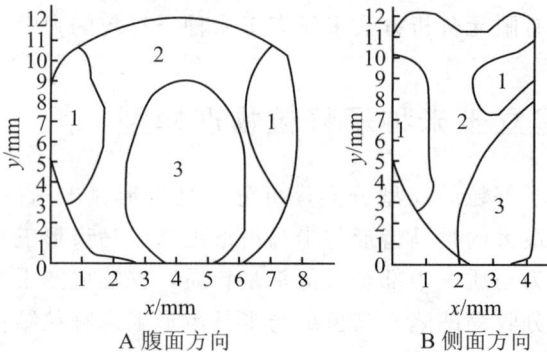

A 腹面方向　　　　　　B 侧面方向

图 8.1-3　玉米籽粒简化截面图

1. 角质胚乳；2. 粉质胚乳；3. 胚

8.2　玉米种子籽粒的有限元计算模型

8.2.1　玉米籽粒的弹性模量

Shele 试验发现：玉米籽粒的角质胚乳、粉质胚乳和胚的弹性模量并不一致，一般角质胚乳的弹性模量是粉质胚乳的 10 余倍，而粉质胚乳和胚的弹性模量比较接近，角质胚乳部分的力变形曲线与玉米籽粒的曲线相似，对于玉米籽粒的机械特性来说，角质胚乳将是最重要的影响因素。因而通常把角质胚乳的弹性模量作为整个籽粒的弹性模量来进行分析。弹性模量与颗粒内部的温度和含水率有关，本文在玉米种子籽粒含水率为 10.4% 的水分级下，取玉米种子籽粒的弹性模量为 5.5×10^9 Pa，泊松比为 0.4（李心平等，2007；曹灿纯等，1996）。

8.2.2　位移函数和形函数

在给定平面上任意取出一个三角形的三节点单元，如图 8.2-1 所示，给定单元节点位移分量为 u_i，v_i，u_j，v_j，u_m，v_m，则节点位移矩阵 $\{\boldsymbol{\delta}\}^e$ 可表示为：

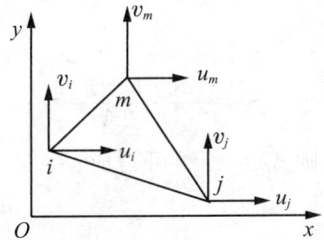

图 8.2-1　节点的位移分量

$$\{\boldsymbol{\delta}\}^e = \{\delta_i \quad \delta_j \quad \delta_m\}^T$$

$$= \{u_i \quad v_i \quad u_j \quad v_j \quad u_m \quad v_m\}^T \quad (8.2\text{-}1)$$

假设单元内的位移分量是坐标的线性函数

$$u = a_1 + a_2 x + a_3 y, \quad v = a_4 + a_5 x + a_6 y \quad (8.2\text{-}2)$$

式中：a_1，…，a_6 为待定常数，可用节点位移表示，将节点坐标代入得：

$$
\begin{aligned}
u_i &= a_1 + a_2 x_i + a_3 y_i, & v_i &= a_4 + a_5 x_i + a_6 y_i \\
u_j &= a_1 + a_2 x_j + a_3 y_j, & v_j &= a_4 + a_5 x_j + a_6 y_j \\
u_m &= a_1 + a_2 x_m + a_3 y_m, & v_m &= a_4 + a_5 x_m + a_6 y_m
\end{aligned}
\quad (8.2\text{-}3)
$$

按照克莱姆法则可解出：

$$
\begin{Bmatrix} a_1 \\ a_2 \\ a_3 \end{Bmatrix} = \frac{1}{(b_i c_j - b_j c_i)}
\begin{bmatrix} a_i & a_j & a_m \\ b_i & b_j & b_m \\ c_i & c_j & c_m \end{bmatrix}
\begin{Bmatrix} u_i \\ u_j \\ u_m \end{Bmatrix}
\quad (8.2\text{-}4)
$$

式中：

$$a_i = x_j y_m - x_m y_j, \quad b_i = y_j - y_m, \quad c_i = x_m - x_j$$
$$a_j = x_m y_i - x_i y_m, \quad b_j = y_m - y_i, \quad c_j = x_i - x_m \quad (8.2\text{-}5)$$
$$a_m = x_i y_j - x_j y_i, \quad b_m = y_i - y_j, \quad c_m = x_j - x_i$$

由于三角形单元面积：

$$A = \frac{1}{2} \begin{vmatrix} 1 & x_i & y_i \\ 1 & y_j & y_j \\ 1 & x_m & y_m \end{vmatrix} = \frac{1}{2}(b_i c_j - b_j c_i) \quad (8.2\text{-}6)$$

则式(8.2-3)可化为：

$$\begin{Bmatrix} a_1 \\ a_2 \\ a_3 \end{Bmatrix} = \frac{1}{2A} \begin{bmatrix} a_i & a_j & a_m \\ b_i & b_j & b_m \\ c_i & c_j & c_m \end{bmatrix} \begin{Bmatrix} u_i \\ u_j \\ u_m \end{Bmatrix} \quad (8.2\text{-}7)$$

把式(8.2-6)，式(8.2-7)代入式(8.2-2)中，整理得：

$$u = \frac{1}{2A} \left[(a_i + b_i x + c_i y) u_i + (a_j + b_j x + c_j y) u_j + (a_m + b_m x + c_m y) u_m \right]$$

同理：$v = \frac{1}{2A} \left[(a_i + b_i x + c_i y) v_i + (a_j + b_j x + c_j y) v_j + (a_m + b_m x + c_m y) v_m \right]$

$$(8.2\text{-}8)$$

令：$S_l = \dfrac{(a_l + b_l x + c_l y)}{2A}, \quad (l = i, \ j, \ m)$

则式(8.2-8)可写成：

$$u = S_i u_i + S_j u_j + S_m u_m$$
$$v = S_i v_i + S_j v_j + S_m v_m \quad (8.2\text{-}9)$$

将(8.2-9)写成矩阵形式为：

$$\begin{Bmatrix} u \\ v \end{Bmatrix} = \begin{bmatrix} S_i & 0 & S_j & 0 & S_m & 0 \\ 0 & S_i & 0 & S_j & 0 & S_m \end{bmatrix} \begin{Bmatrix} u_i \\ v_i \\ u_j \\ v_j \\ u_m \\ v_m \end{Bmatrix} \quad (8.2\text{-}10)$$

8.2.3 应力和应变

对于平面应力问题，物体内任意一点的应变状态可用 3 个独立变量表示：

$$\varepsilon^{\mathrm{T}} = \begin{bmatrix} \varepsilon_{xx} & \varepsilon_{yy} & \gamma_{xy} \end{bmatrix}$$

$$\varepsilon_{xx} = \frac{\partial u}{\partial x}$$

$$\varepsilon_{yy} = \frac{\partial v}{\partial y} \tag{8.2-11}$$

$$\gamma_{xy} = \frac{\partial u}{\partial x} + \frac{\partial v}{\partial y}$$

把式(8.2-11)写成矩阵形式为：

$$\begin{bmatrix} \varepsilon_{xx} \\ \varepsilon_{yy} \\ \gamma_{xy} \end{bmatrix} = \begin{bmatrix} \dfrac{\partial u}{\partial x} & \dfrac{\partial u}{\partial y} & \dfrac{\partial u}{\partial x} + \dfrac{\partial u}{\partial y} \end{bmatrix} = \frac{1}{2A} \begin{bmatrix} \dfrac{\partial S_i}{\partial x} & 0 & \dfrac{\partial S_j}{\partial x} & 0 & \dfrac{\partial S_m}{\partial x} & 0 \\ 0 & \dfrac{\partial S_i}{\partial y} & 0 & \dfrac{\partial S_j}{\partial y} & 0 & \dfrac{\partial S_m}{\partial y} \\ \dfrac{\partial S_i}{\partial y} & \dfrac{\partial S_i}{\partial x} & \dfrac{\partial S_j}{\partial y} & \dfrac{\partial S_j}{\partial x} & \dfrac{\partial S_m}{\partial y} & \dfrac{\partial S_m}{\partial x} \end{bmatrix} \begin{Bmatrix} u_i \\ v_i \\ u_j \\ v_j \\ u_m \\ v_m \end{Bmatrix}$$

$$= \frac{1}{2A} \begin{bmatrix} b_i & 0 & b_j & 0 & b_m & 0 \\ 0 & c_i & 0 & c_j & 0 & c_m \\ c_i & b_i & c_j & b_j & c_m & b_m \end{bmatrix} \{\boldsymbol{\delta}\}^e \tag{8.2-12}$$

把式(8.2-12)表示为：

$$\varepsilon = \begin{bmatrix} \boldsymbol{B} \end{bmatrix} \begin{bmatrix} \boldsymbol{N} \end{bmatrix} \tag{8.2-13}$$

其中：

$$\varepsilon = \begin{bmatrix} \varepsilon_{xx} \\ \varepsilon_{yy} \\ \gamma_{xy} \end{bmatrix}, \quad \begin{bmatrix} \boldsymbol{B} \end{bmatrix} = \frac{1}{2A} \begin{bmatrix} b_i & 0 & b_j & 0 & b_m & 0 \\ 0 & c_i & 0 & c_j & 0 & c_m \\ c_i & b_i & c_j & b_j & c_m & b_m \end{bmatrix}, \quad \begin{bmatrix} \boldsymbol{N} \end{bmatrix} = \{\boldsymbol{\delta}\}^e$$

胡克定律的通用形式为：

$$\begin{bmatrix} \sigma_{xx} \\ \sigma_{yy} \\ \tau_{xy} \end{bmatrix} = \frac{E}{1-\mu^2} \begin{bmatrix} 1 & \mu & 0 \\ \mu & 1 & 0 \\ 0 & 0 & \dfrac{1-\mu}{2} \end{bmatrix} \begin{bmatrix} \varepsilon_{xx} \\ \varepsilon_{yy} \\ \gamma_{xy} \end{bmatrix}$$

把它写成矩阵形式　　　　$$\sigma = \begin{bmatrix} \boldsymbol{D} \end{bmatrix} \varepsilon \tag{8.2-14}$$

其中：

$$\sigma^{\mathrm{T}} = \begin{bmatrix} \sigma_{xx} & \sigma_{yy} & \tau_{xy} \end{bmatrix}$$

$$\begin{bmatrix} \boldsymbol{D} \end{bmatrix} = \frac{E}{1-\mu^2} \begin{bmatrix} 1 & \mu & 0 \\ \mu & 1 & 0 \\ 0 & 0 & \dfrac{1-\mu}{2} \end{bmatrix}$$

$$\varepsilon^{\mathrm{T}} = \begin{bmatrix} \varepsilon_{xx} & \varepsilon_{yy} & \gamma_{xy} \end{bmatrix}$$

把式(8.2-13)代入式(8.2-14)中，得

$$\sigma = [D][B][N] \qquad (8.2\text{-}15)$$

8.2.4 节点力和刚度矩阵

对于平面三角形单元，应用最小总势能原理：施加在物体(弹性体，图 8.2-2)上的外力将使物体(弹性体)产生变形，变形期间外力所做的功以弹性能的方式储存在材料(弹性体)内，从而得：

$$\{F\}^e = \frac{1}{2} \int_v \sigma^T \varepsilon z \mathrm{d}A \qquad (8.2\text{-}16)$$

或根据胡克定律：$\sigma = D\varepsilon$，代入式(8.2 16)，可得：

图 8.2-2 节点的力分量

$$\{F\}^e = \frac{1}{2} \int_v \varepsilon^T [D] \varepsilon z \mathrm{d}A \qquad (8.2\text{-}17)$$

把式(8.2-13)代入式(8.2-17)则有：

$$\{F\}^e = \frac{1}{2} \int_v \varepsilon^T [D] \varepsilon z \mathrm{d}A = \frac{1}{2} \int_v [N]^T [B]^T [D][B][N] z \mathrm{d}A$$

求关于节点位移的微分，有：

$$\frac{\partial \{F\}^e}{\partial N_m} = \frac{\partial}{\partial N_m} \left(\frac{1}{2} \int_v [N]^T [B]^T [D][B][N] z \mathrm{d}A \right)$$
$$m = 1, 2, 3, 4, 5, 6 \qquad (8.2\text{-}18)$$

运算方程(8.2-18)，将会得到：$[K]^e[N]$的表达式。这样，刚度矩阵的表达式为：

$$[K]^e = \int_v [B]^T [D][B] z \mathrm{d}A = zA [B]^T [D][B]$$

式中外力 $\{F\}^e = \{U_i \quad V_i \quad U_j \quad V_j \quad U_m \quad V_m\}^T$
式中：z 是单元的厚度，A 是单元面积。

8.2.5 各单元的应力

通过单元刚度矩阵的组合计算出总刚度矩阵，而后通过：

$$[K]\{\delta\} = \{F\} \qquad (8.2\text{-}19)$$

式中：$[K]$——总体坐标系下的刚度矩阵；
$\{\delta\}$——总体坐标系下的位移；
$\{F\}$——总体坐标系下力的列向量。

得出各单元节点的位移，根据节点位移求出各单元中的应力。

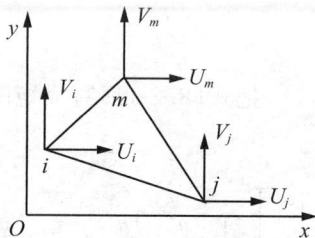

8.2.6　边界条件与载荷

直接在有限元模型上施加载荷，这样载荷可以直接施加在主节点上，因此可以简单地选择所有需要的节点，并直接指定约束条件，如图8.2-3 所示，籽粒宽度（8 mm）与籽粒厚度（4.1 mm）已知的情况下，在施力面的对面施加固定位移。施加的压力载荷大小由实验得出，在这样的加载力下籽粒刚好不破裂。籽粒顶部施加的分布力范围为 2 mm，分布力为 118.5 N·mm^{-1}；侧面施加的分布力范围为 6 mm，分布力为46 N·mm^{-1}，腹面施加的分布力范围为10 mm，分布力为 51 N·mm^{-1}，这与实际加载情况吻合。

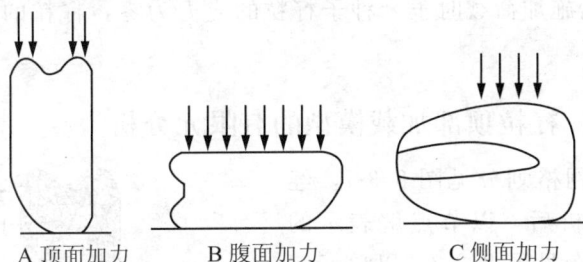

A 顶面加力　　　　B 腹面加力　　　　C 侧面加力

图 8.2-3　加载方式

8.2.7　强度准则

根据材料力学理论，强调失效的主要形式有两种，既断裂和屈服。相应的强度理论也可分为两类：一类是解释断裂失效的，其中有最大拉应力理论和最大线应变理论；另一类是解释屈服失效的，其中有最大剪应力理论和形状改变比能理论。

通过玉米种子籽粒力学特性试验中发现，玉米种子籽粒在试验中表现为脆性材料，因而玉米种子籽粒可能的破坏方式表现为脆性破坏。玉米籽粒的宏观破坏可能是由于微观破坏（内部裂纹）引起，可能是由于玉米种子籽粒心部产生裂纹，而后从心部逐渐向外扩展，最终玉米种子的破裂可能是内部某结构物破裂后，导致种皮在拉应力作用下断裂。大多数材料的抗压强度远大于其抗拉强度，因此认为玉米种子籽粒内部产生的裂纹可能是由拉应力造成的。Balastreire *et. al.*（1982）通过光学显微镜发现，应力裂纹在玉米籽粒表皮附近变窄，由此得出结论：外部载荷所产生的裂纹表面与由于应力产生的裂纹表面相似，应力裂纹产生在玉米籽粒的中心，而后向种皮扩展。Gustafson *et. al.*（1979）进行玉米籽粒有限元分析时得出，最大拉应力位置和观测到的裂纹位置密切相关。根据以上研究结论，可以认为拉应力是引起玉米种子裂纹的主要原因，故破坏准则采用最大拉应力理论来进行强度判别更为合适。

8.3 有限元分析

在对有限元受力模型进行分析时提出如下假设：

（1）玉米籽粒内部由角质胚乳、粉质胚乳和胚三部分组成，忽略玉米种子籽粒种皮的影响；

（2）各部分均为各向同性的线弹性体；

（3）开始施加荷载时玉米种子籽粒的应力为零，籽粒的含水量和温度无变化。

8.3.1 籽粒顶部加载模型的有限元分析

有限元网格划分见图 8.3-1，经过有限元分析后，以节点解表示的等效应力分布见图 8.3-2，以单元解表示的等效应力分布见图 8.3-3，以节点解表示的第一主应力分布见图 8.3-4，以单元解表示的第一主应力分布见图 8.3-5，以节点解表示的等效应变分布见图 8.3-6，以节点解表示的总位移见图 8.3-2。

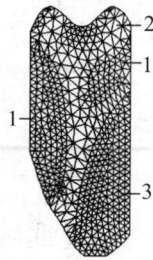

图 8.3-1 顶面加力模型的网格划分

1. 角质胚乳；2. 粉质胚乳；3 胚

从图 8.3-2、图 8.3-3 等效应力分布图可以看出，等效应力的最大值在胚内并靠近果柄处有两处高应力区域，高应力区有明确的方向性，胚内的高应力区沿胚乳与胚的共生部，其余部位应力迅速衰减。

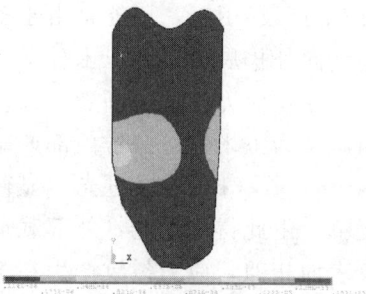

图 8.3-2 显示节点解的等效应力

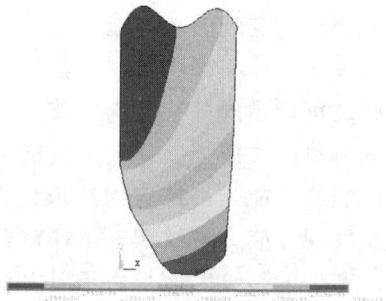

图 8.3-3 显示单元解的等效应力

从图 8.3-4、图 8.3-5 第一主应力（拉应力）分布图可以看出，玉米种子籽粒内部各部分的组织形态在不同的区域显示出不同的变化趋势，主应力的最大值出现在籽粒顶部接近凹陷处的粉质胚乳与接近果柄区域的胚内。在胚内有两个高应力区，高应力区有明确的方向性，由胚内高应力区向外，在靠近粉质胚乳区域沿胚乳与胚的共生部，应力迅速衰减。在接近凹陷处的粉质胚乳内高应力区相对胚内两高应力区小，该高应力区也有明确的方向性，由凹陷处高应力区向粉质胚乳中部方向，应力也是迅速衰减，因而在三高应力区裂纹的产生和发展有很强的方向性。

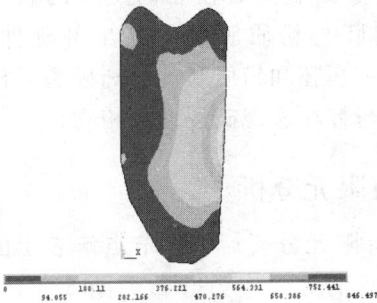

图 8.3-4　显示节点解的第一主应力　　图 8.3-5　显示单元解的第一主应力

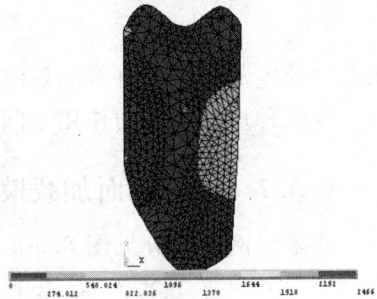

从图 8.3-6 可以看出，等效应变与等效应力相对应，等效应变的最大值也在胚内，靠近果柄处并有明确的方向性，有一个近似半椭圆形的区域。

从图 8.3-7 可以看出，加载处的位移最大并有一较大的位移区。

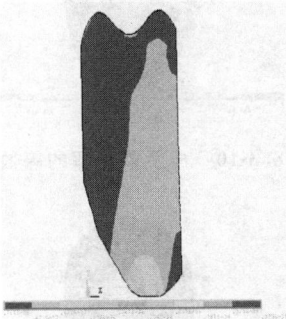

图 8.3-6　显示节点解等效应变　　图 8.3-7　显示节点解的总位移

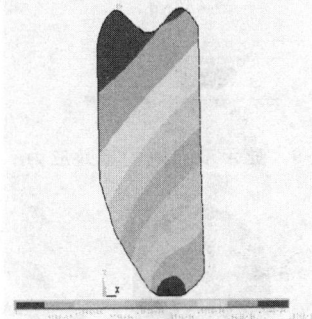

从以上分析可以看出，籽粒顶面在压缩载荷下，最大拉应力的位置是在籽粒顶部接近凹陷处的粉质胚乳与胚内。根据强度准则，大多数材料的抗压强度远大于其抗拉强度，而玉米种子籽粒内部产生的裂纹是由

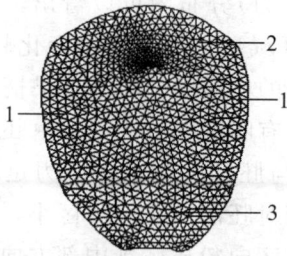

图 8.3-8　侧面加力模型网格划分
1. 角质胚乳；2. 粉质胚乳；3. 胚

拉应力造成，应力裂纹在胚内部和籽粒顶部接近凹陷处的粉质胚乳内生成，这是因为粉质胚乳是淀粉颗粒聚集体，承受力值不大，胚的抗破性也很弱，主要由硬质胚乳承担载荷。在粉质胚乳内生成的裂纹向籽粒边界扩张，扩张的极限位于籽粒顶部凹陷处，籽粒的最终破裂则是在拉应力作用下使凹陷处种皮断裂。而在胚内生成的裂纹首先向胚与粉质胚乳的共生部延伸，而后沿共生部扩展，籽粒的最终破裂则是在胚和粉质胚乳分离破裂后出现，导致种皮在拉应力作用下断裂，这与籽粒宏观破裂现象相吻合。

8.3.2　籽粒侧面加载模型的有限元分析

有限元网格划分见图 8.3-8，经过有限元分析后，以节点解表示的等效应力分布见图 8.3-9，以单元解表示的等效应力分布见图 8.3-10，以节点解表示的第一主应力分布见图 8.3-11，以单元解表示的第一主应力分布见图 8.3-12，以节点解表示的等效应变分布见图 8.3-13，以节点解表示的总位移见图 8.3-14。

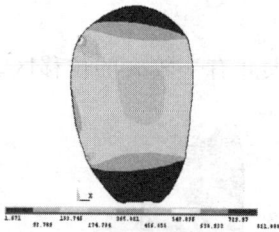

图 8.3-9　显示节点解的等效应力

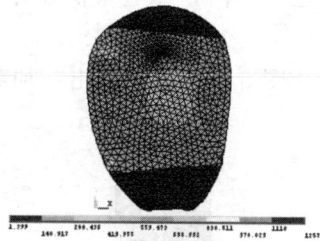

图 8.3-10　显示单元解的等效应力

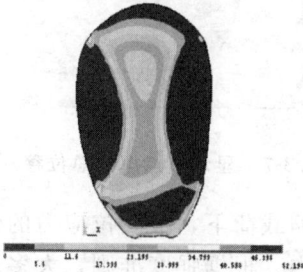

图 8.3-11　显示节点解的第一主应力

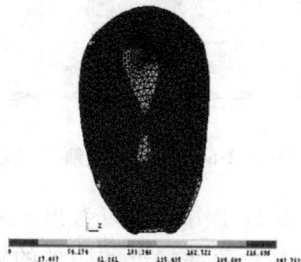

图 8.3-12　显示单元解的第一主应力

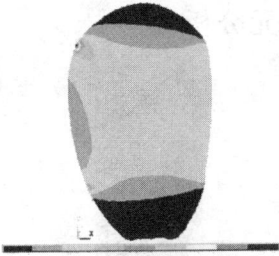

图 8.3-13　显示节点解的等效应变　　　图 8.3-14　显示节点解的总位移

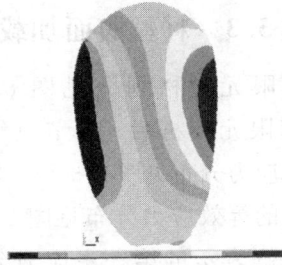

　　从图 8.3-9、图 8.3-10 等效应力分布图可以看出，等效应力的最大值在角质胚乳与粉质胚乳交界处，在此界面上有两个高应力区域且有明确的方向性，两个高应力区域组成一个长方形区域。如果把 x 方向看做是长方形的长度方向，那么该长方形从角质胚乳与粉质胚乳相交的两最大应力处出发，沿 x 方向，经过胚最高点与粉质胚乳的交点，横贯整个籽粒腹面。对于整个长方形区域来说，应力走向很规则，即从两最大应力处开始，应力逐渐减小。

　　从图 8.3-11、图 8.3-12 第一主应力（拉应力）分布图可以看出，主应力的最大值出现在角质胚乳与粉质胚乳的两交界处，在此界面上有两个高应力区域且有明确的方向性，由高应力区向内，应力迅速衰减。在腹面中部还有一个次应力区，胚部有一较大区域处于该次应力区内。在该应力区内有明确的方向性，从胚最高点开始向邻近区域，应力递减。在角质胚乳下面，沿着籽粒底部边缘还有一个高应力区，在该应力区内没有明确的方向性，因而在该区裂纹的产生有很大随机性。

　　从图 8.3-13 可以看出，等效应变与等效应力相对应，等效应变的最大值也在角质胚乳与粉质胚乳的两交界处，在此界面上有两个高应力区域，高应力区有明确的方向性，两个高应力区域组成一个长方形区域。

　　从图 8.3-14 可以看出，加载处的位移最大，有一较大区域处在大的位移区。

　　从以上分析可以看出，籽粒侧面在压缩载荷下，最大拉应力的位置是角质胚乳与粉质胚乳交界处与籽粒底部边缘处。由于籽粒底部边缘高应力区内没有明确的方向性，裂纹的产生有很大随机性，因而裂纹最可能首先在角质胚乳与粉质胚乳交界处的两高应力区生成，而后向籽粒边界扩张，扩张的极限区靠近种皮，最终籽粒的破裂则是在拉应力作用下使种皮断裂。

8.3.3 籽粒腹面加载模型的有限元分析

有限元网格划分见图 8.3-15，经过有限元分析后，以节点解表示的等效应力分布见图 8.3-16，以单元解表示的等效应力分布见图 8.3-17，以节点解表示的第一主应力分布见图 8.3-18，以单元解表示的第一主应力分布见图 8.3-19，以节点解表示的等效应变分布见图 8.3-20，以节点解表示的总位移见图 8.3-21。

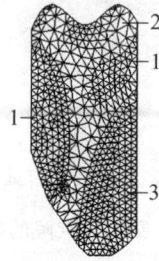

图 8.3-15　顶面加力模型网格划分
1. 角质胚乳；2. 粉质胚乳；3. 胚

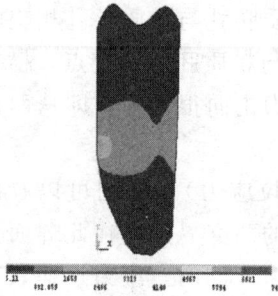

图 8.3-16　显示节点解的等效应力

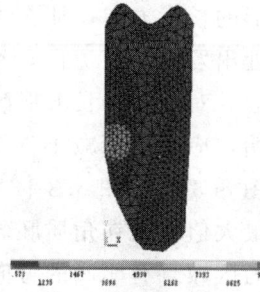

图 8.3-17　显示单元解的等效应力

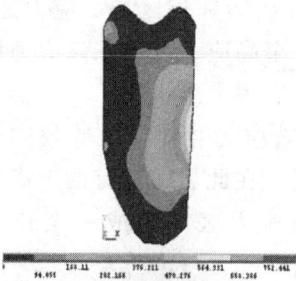

图 8.3-18　显示节点解的第一主应力

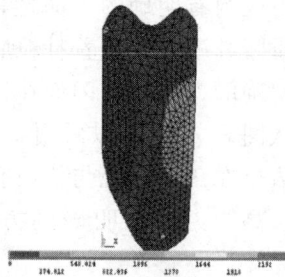

图 8.3-19　显示单元解的第一主应力

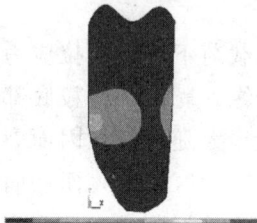

图 8.3-20　显示节点解的等效应变

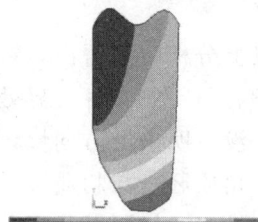

图 8.3-21　显示节点解的总位移

从等效应力分布图(图 8.3-16、图 8.3-17)可以看出，等效应力的最大值在角质胚乳内，应力最大区域构成一个近似半椭圆的区域，在该高应力区有明确的方向性，沿 x 轴方向，应力迅速衰减。

从图 8.3-18 和图 8.3-19 可以看出，主应力的最大值出现在胚内，胚部分有一较大区域处于该高应力区内。高应力区就像一个以分布力作用边为长边的长方形区域，如果把长方形的短边方向看做 x 轴方向，那么沿 x 轴负方向的主应力递减，整个应力区有明确的方向性。在角质胚乳内还有一高应力区，不过该应力区很小，也没有明确的方向性。

从图 8.3-20 可以看出，等效应变与等效应力相对应，等效应变的最大值也在角质胚乳内，该应力区有明确的方向性，有一个近似半椭圆形的区域。

从图 8.3-21 可看出，胚内底部的位移最大，胚内有一较大区域处在大的位移区。

从以上分析可以得知，籽粒腹面在压缩载荷下的最大拉应力位置在胚与角质胚乳内。由于胚的抗破性很弱，角质胚乳是淀粉颗粒聚集体，淀粉粒之间充满蛋白质和胶体状态的碳水化合物，故胚乳组织紧密、承受力值大，因而裂纹最可能首先在角胚内高应力区生成，然后沿胚与粉质胚乳的共生部扩展。籽粒产生一定压缩变形后，由于胚和粉质胚乳的共生部位强度较低而首先破坏，胚与胚乳分离，种皮在拉应力作用下断裂。

8.3.4　三种加载方式下的有限元分析对比

综合上述不同加载方式下有限元模型的等效应力、等效应变、总位移、主应力的分析结果可知，玉米籽粒侧面加载的变形量不大且胚内不产生高应力区与应变区，籽粒其他部位有很小面积处于高应力与高应变区，高应力区与应变区虽有明确的方向性，但由高应力区与应变区向内应力迅速衰减，因而胚内产生裂纹点的可能性小，其他部位的裂纹点也不易扩展。而玉米籽粒顶面加载的变形量大且胚内产生高应力区与应变区多，籽粒的其他部位也有高应力与高应变区，高应力区与应变区均有明确的方向性，因而胚内产生裂纹点的可能性大，并且裂纹点也易扩展。玉米籽粒腹面加载的变形量虽不大，但胚内有很大区域处于高应力区与应变区，籽粒的其他部位也有高应力与高应变区，高应力区与应变区也有明确的方向性，因而胚内产生裂纹点的可能性极大，产生裂纹区域也很大，裂纹点也极易扩展。

第 9 章
玉米种子籽粒实体模型建立及有限元分析

通过研究玉米种子籽粒内部机械裂纹特征发现，玉米籽粒损伤大多集中在籽粒的冠部，冠部受到机械作用而出现冲击区，从冠部冲击区产生的长裂纹向种胚延伸、扩展。

应用有限元法来分析玉米籽粒在外载荷作用下的微观力学性质，能够直观地看到玉米籽粒应力场的分布，而且有助于改进玉米种子的脱粒工艺，为降低玉米种子机械损伤提供理论依据。

9.1　玉米籽粒实体模型的建立

9.1.1　建立玉米种子实体模型的原始数据

玉米籽粒个体间的结构尺寸差异较大、形状各异，虽然第 4 章已经对三个玉米种子的长、宽、厚进行了统计分析，但为了找到更能代表机械脱粒损伤玉米籽粒的结构尺寸，将脱粒后有机械损伤的玉米种子结构尺寸进行分析（表 9.1-1），将筛选出的有机械裂纹籽粒的三轴尺寸进行概率统计，如图 9.1-1 所示。

通过对机械脱粒后有机械损伤的玉米种子籽粒结构尺寸进行的统计分析发现，盛单 216 玉米品种脱粒损伤的玉米种子长、宽、厚分别集中在 8.4～9.5 mm、7.5～8.4 mm 和 5～7 mm 区间。从表 9.1-1 可以看出，机械裂纹数量较大的玉米籽粒的结构尺寸除个别情况外均在这三个区间内。因此，选取长、宽、厚在此区间的玉米籽粒作为三维实体模型建立的原型。

表 9.1-1　盛单 216 机械损伤籽粒结构尺寸

编号	长/mm	宽/mm	厚/mm	腹面/条	背面/条	冠部/条	侧面/条	编号	长/mm	宽/mm	厚/mm	腹面/条	背面/条	冠部/条	侧面/条
1	8.1	6.9	5.8	1	3	9	5	55	8.0	7.5	6.0	3	6	7	6
4	6.2	7.1	6.9	0	2	6	0	57	6.5	7.5	6.5	2	3	11	5
5	8.9	8.2	4.2	0	1	0	0	62	9.0	8.5	4.0	1	2	1	3
8	8.0	6.9	5.1	0	0	1	0	63	7.0	9.5	6.0	2	3	7	6
11	7.2	8.0	6.9	0	6	7	2	66	7.0	8.0	6.0	0	0	1	0
15	6.0	7.1	6.1	1	5	17	8	67	8.0	8.0	5.0	0	0	1	0
21	7.0	7.1	6.0	0	0	10	6	69	7.0	8.0	5.0	1	3	3	0
24	8.0	7.9	5.0	0	1	1	2	72	7.5	7.5	5.0	0	0	1	0
28	7.0	8.0	7.0	0	0	5	0	78	8.0	8.2	6.5	0	0	1	0
29	8.1	7.7	5.0	0	1	0	0	83	7.4	8.8	7.4	0	3	13	6
33	6.5	9.0	7.0	0	6	9	6	85	6.9	7.0	7.7	1	3	17	7
34	8.0	8.0	4.5	0	0	3	0	87	9.0	8.7	4.4	2	4	0	6
37	7.0	7.0	7.0	0	3	13	6	89	8.0	8.4	5.4	0	3	0	0
40	7.5	9.0	8.5	2	3	11	8	92	7.5	8.1	4.7	0	0	1	0
42	7.0	7.5	4.0	4	3	9	0	93	8.0	7.5	5.0	0	1	0	0
44	7.5	9.5	6.5	1	3	14	5	94	8.0	8.5	5.5	0	0	2	0
47	8.0	7.5	6.5	0	3	1	0	95	8.0	7.5	4.5	4	5	9	6
48	8.5	8.0	5.0	0	0	1	0	96	6.5	8.2	5.7	0	0	1	0
50	7.0	8.0	6.5	0	0	1	0	97	9.0	9.0	4.3	2	2	0	3
53	8.0	9.5	7.0	0	0	11	3	98	5.5	7.8	7.0	0	0	1	0
54	7.0	6.5	5.0	0	0	1	0								

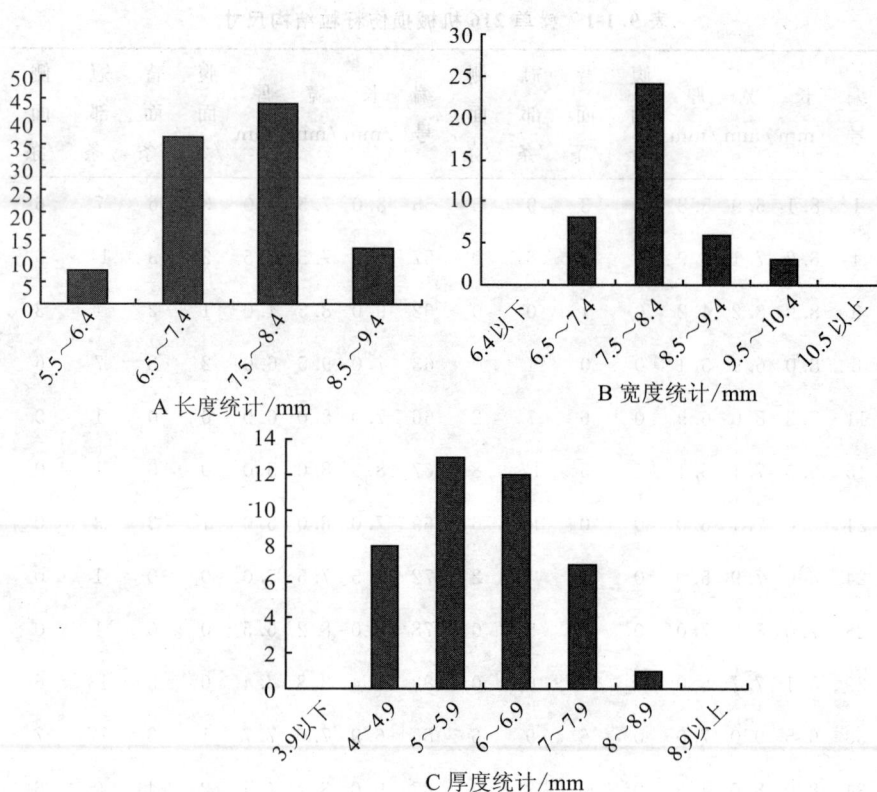

图 9.1-1　机械损伤玉米籽粒结构尺寸统计

9.1.2　玉米籽粒实体模型数据的采集

选取符合要求的玉米籽粒，再将其进行切片，每片的厚度大约为 1 mm，如果玉米籽粒含水率低、质地硬，可以将玉米籽粒浸泡，待吸水变软后进行切片。为了能在绘图软件中对玉米籽粒切片图像进行准确构建，需要使用数码相机对玉米籽粒的切片进行图像采集，记录切片的外形轮廓和籽粒各部分的分界线。为了用相机能够真实地记录切片的尺寸，在拍照前需要对玉米籽粒的切片进行标定。在一张白纸上绘制一个边长为 10 mm 的正方形，将玉米籽粒切片放置在白纸的正方形内，用数码相机垂直于玉米切片进行图像采集。将拍摄到的玉米籽粒切片图片导入 Photoshop 软件，对图片进行裁剪，只保留白纸上 10mm 正方形区域的图片，再将图片进行微调，使图片中正方形的 4 条边等长，并且正好是 2 条水平、2 条竖直，结果如图 9.1-2 所示。

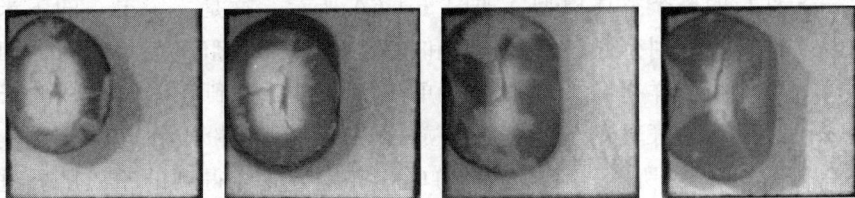

图 9.1-2　调整后图片

　　将在 Photoshop 中处理好的图片保存，此时的图片是一个正方形图片。从图中可以清晰地看到玉米籽粒的胚、角质胚乳和粉质胚乳，而且三者之间的界限也比较清晰，在 AutoCAD 软件中绘制一个边长为 10 mm 的正方形，分别将图片以光栅形式插入到 AutoCAD 图层中，插入的基点是所绘制的正方形左下角顶点（图 9.1-3）。图片插入到 Auto-CAD 后，并没有与 10 mm 的正方形相重合，需要将光栅图片的大小调整到 AutoCAD 系统中的 10 mm，如图 9.1-4 所示。玉米籽粒切片在 AutoCAD 系统中就恢复到了实际尺寸大小，使用 AutoCAD 的样条曲线命令，沿着玉米切片的轮廓、各部分的分界线绘制样条曲线，然后保存绘制好的样条曲线为 dwg 格式文件。重复以上操作，将整个玉米籽粒的每个切片的特征线条都描绘出来，分别保存为 dwg 格式文件。

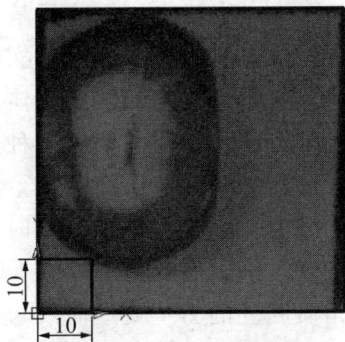

图 9.1-3　AutoCAD 光栅图像

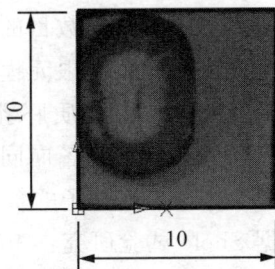

图 9.1-4　实际尺寸图片

9.1.3　玉米籽粒实体模型

　　在 SolidWorks 中建立间距为 1 mm 的基准面，将绘制的 dwg 文件按照玉米籽粒切片自顶向下的顺序逐个插入到对应的基准面上。根据各邻近的草图上对应点将各个基准面上的草图进行对齐，所有截面导入后的效果如图 9.1-5 所示。通过截面最外围的轮廓曲线进行放样，可以得到玉米籽粒的一个整体模型，如图 9.1-6A 所示。这是一个单一的玉米籽粒实体，没有划分胚、角质胚乳和粉质胚乳。根据胚的轮廓进行曲面放样，用曲线放样得到的曲面分割单一实体即可得到胚，如图 9.1-6B 所示。运用粉质胚乳的轮廓线进行放样，就得到了粉质胚乳的三维实体，如图 9.1-6C 所示。将减去胚的单一实体与放样得到的粉质胚乳进行布尔运算，分别得到玉米籽粒的角质胚乳和粉质胚乳，然后再将得到的胚、粉质胚乳和角质胚乳进行组合得到完整的玉米籽粒三维模型，包含胚、粉质胚乳和角质胚乳三个部分，如图 9.1-6D 所示。

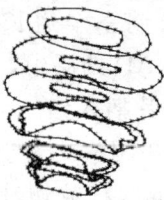

图 9.1-5　截面轮廓

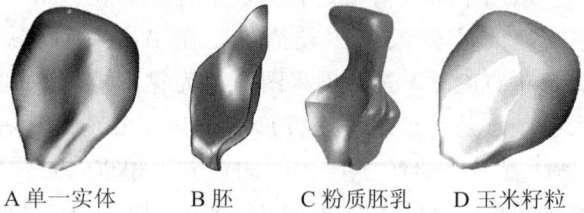

A 单一实体　　B 胚　　C 粉质胚乳　　D 玉米籽粒

图 9.1-6　玉米籽粒三维模型

9.2　玉米籽粒有限元模型的建立

玉米籽粒的实体模型已经在 SolidWorks 中建立，但这只是玉米籽粒的几何模型，还不能用于有限元分析，必须对几何模型进行实体网格划分，使其离散为有限数目的规则单元(四面体或六面体)组合体。

在建立玉米籽粒有限元模型时进行以下假设：①忽略玉米种皮的影响，假定玉米种子由角质胚乳、粉质胚乳和胚三部分组成。②角质胚乳、粉质胚乳和胚均为各向同性的线弹性体。③开始施加荷载时玉米种子的应力为零，玉米种子的含水率和温度均不发生变化。

根据 Shele 试验研究：玉米种子角质胚乳的力—变形曲线与玉米种子籽粒的力—变形曲线相似，玉米籽粒角质胚乳决定着玉米种子的力学特性，所以把角质胚乳的弹性模量作为整个种子籽粒的弹性模量来进行分析。不同含水率下角质胚乳的弹性模量也不同，此处取含水率为 10% 时玉米种子角质胚乳的弹性模量 5.5×10^9 Pa，作为玉米籽粒的弹性模量，玉米种子泊松比为 0.4(李心平等，2007；曹灿纯与曹崇文，1996)。

玉米籽粒的实体模型可以使用 SolidWorks 提供的 COSMOSWorks 插件进行有限元模型的建立，也可以将 SolidWorks 中的模型转存为 IG-

ES 格式的 ＊.igs 文件，或是 Parasolid 格式的 ＊.x＿t 文件，然后再将转存的 ＊.igs 文件或 ＊.x＿t文件导入专业的前后处理软件 Hypermesh 中，经过几何清理之后，进行高质量、快速的网格划分，创建有限元模型。如图 9.2-1 所示为玉米籽粒的实体模型导入 Hypermesh 之后，划分网格的结果。利用 Hypermesh 划分好有限元网格后，根据不同的问题，可以直接把计算模型转化成不同

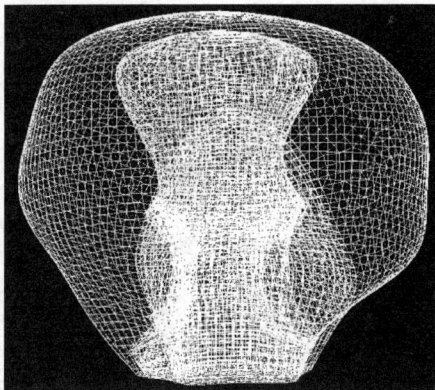

图 9.2-1　有限元模型

的求解器文件格式，使用对应的求解器进行求解。

　　COSMOSWorks 是无缝集成于 SolidWorks 软件中的，使用时只需在 SolidWorks 主菜单的插件选项直接加载即可。COSMOSWorks 能够直接对 SolidWorks 建立的实体模型进行计算求解，而不需要任何的格式转换。在 COSMOSWorks 中，可以建立静态、频率、扭曲、热力、跌落测试、疲劳、优化、非线性、线性动力、压力容器设计共 10 种有限元分析模型。

　　脱粒前的玉米籽粒，冠部暴露在玉米果穗的最外面，在脱粒、装卸和运输过程中最容易受到挤压、冲击而损伤。通过对机械脱粒玉米种子损伤情况的统计可知，玉米果穗在脱粒喂入过程中暴露在最外面的籽粒冠部最容易受到脱粒部件的机械作用，因而在冠部也最容易产生机械裂纹。于是在 COSMOSWorks 建立了玉米籽粒冠部的静态压缩有限元模型。

　　在 COSMOSWorks 中创建一个静态算例，设置玉米籽粒的材料属性：弹性模量 5.5×10^9 Pa，泊松比为 0.4，玉米种子的种脐为固定约束，玉米籽粒的顶端加载均布载荷，如图 9.2-2 所示。由于籽粒的冠部并不是平面，当籽粒冠部受到机械作用时，只是冠部的一个小区域来承受载荷。通过体现显微镜观察，机械脱粒后的玉米籽粒冠部产生一冲击区域，估测都在半径为 1mm 的圆内，于是选取籽粒冠部的均布载荷作用区域为半径为 1mm 的圆在籽粒冠部的投影面，如图 9.2-3 所示，载荷分布面积为 3.17 mm^2。施加的载荷由试验得出为 200 N，使种子在该力作用下刚好不破裂（李心平等，2007）。

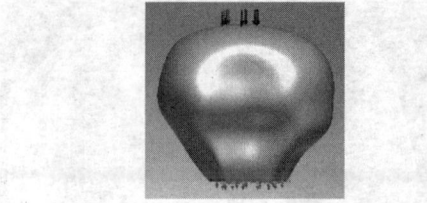

图 9.2-2　约束与载荷

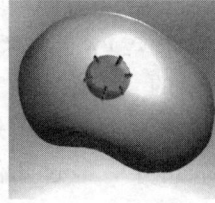

图 9.2-3　载荷区域

在 SolidWorks 中创建的玉米籽粒实体模型包含了角质胚乳、粉质胚乳和胚三个独立的实体，在 COSMOSWorks 中需要对三个实体间建立约束，使三者成为一个有机的整体。在 COSMOSWorks 中应用接触/缝隙选项，定义角质胚乳、粉质胚乳和胚三者之间相接处的面为接合，可以对玉米籽粒进行实体网格的划分，网格整体大小为 0.31 mm，公差为 0.015 mm，划分完网格后的效果如图 9.2-4 所示。此玉米籽粒有限元模型由 85 812 个节点和 56 067 个单元组成。

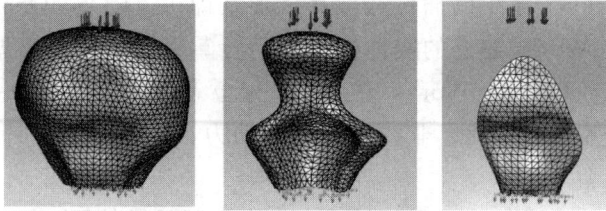

图 9.2-4　划分网格后籽粒

玉米籽粒的实体模型划分完网格之后转变为有限元模型，此时可以运用 COSMOSWorks 的输出命令，将建立的玉米籽粒的有限元模型输出为：能导入 Cosmos 软件的 *.geo 文件、Ansys 软件的 *.ans 文件、Abaqus 软件的 *.inp 文件、Patran Neutral 软件的 *.neu 文件、Ideas Universal 软件的 *.unv 文件和 Exodus 软件的 *.txt 文件，从而在这些任意一款有限元软件中进行有限元的后处理工作。在 COSMO-SWorks 中进行有限元的后处理工作，只需运行算例即可得到玉米籽粒有限元模型的处理结果。

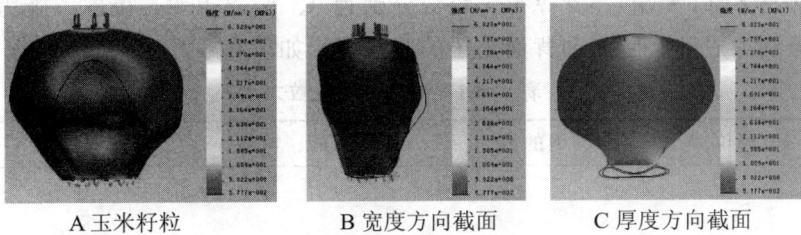

A 玉米籽粒   B 宽度方向截面   C 厚度方向截面

图 9.2-5 应力图解

图 9.2-5A 是玉米籽粒冠部静态压缩算例运算后的应力强度分布图解，可以看出玉米籽粒冠部的机械作用区域和籽粒种脐部位应力强度较大，应力的最大值出现在了玉米籽粒的种脐部位，最小值在玉米籽粒的两侧。在 COSMOSWorks 中还可以观察籽粒内部的应力强度，如图 9.2-5B、C 所示即为沿籽粒宽度方向和厚度方向两个截面上的应力强度图解，可以看到籽粒内部应力的变化趋势是从籽粒冠部向下逐渐降低，快到籽粒种脐的部位时，又逐渐增强，最大值就出现在种脐的两侧的某一部位。

玉米籽粒在受到机械作用而产生裂纹时，由于种胚处的种皮较厚，且透光性很差，很难观察到籽粒胚处的损伤，应用玉米籽粒有限元模型可以将玉米籽粒的角质胚乳和粉质胚乳隐藏，从而只观察玉米籽粒的胚。图 9.2-6 是胚的应力强度图解。从图中可以看出，除了胚的最下端应力在逐渐增加，其他部位的应力强度都很低。从玉米籽粒的构造可知，玉米籽粒的种脐部位胚占了绝大比例，角质胚乳和粉质胚乳

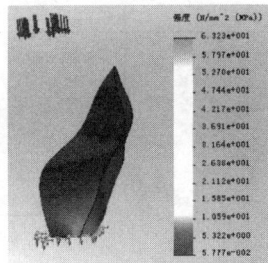

图 9.2-6 胚的应力图解

已经几乎没有，其余的就是种皮，从而导致了玉米籽粒在脱粒过程中易出现种脐脱落的情况。

9.3 玉米种子机械脱粒最佳施力方式的有限元分析

接鑫等(2009)在进行的玉米种子机械脱粒最佳施力方式的试验中，选取玉米种子脱粒的施力作用部位、作用力方向、脱粒约束形式——脱粒时的支撑行、粒数 3 个因素，将玉米籽粒脱下时的最小作用力——脱粒力的大小作为试验指标，脱粒施力作用部位分别为果穗上部(小端)、

中部、下部(大端);支撑行、粒数分别为 0、1、2 和 3,得到了施力方向分别为冠部、侧面和背面正压的脱粒力,如表 9.3-1 所示。

表 9.3-1 玉米种子脱粒力

穗位	力的方向	支撑行、粒数	施力均值／N
玉米果穗上部 (小端)	冠部压力	0	3.040
		1	3.620
		2	4.868
		3	5.798
	背部压力	0	0.240
		1	1.148
		2	2.148
		3	2.720
	侧面压力	0	0.560
		1	1.333
		2	2.125
		3	3.000
玉米果穗中部	冠部压力	0	2.448
		1	3.548
		2	4.100
		3	4.900
	背部压力	0	0.208
		1	1.063
		2	1.740
		3	2.238
	侧面压力	0	0.480
		1	1.275
		2	1.978
		3	2.738

续表

穗位	力的方向	支撑行、粒数	施力均值 / N
玉米果穗下部 （大端）	冠部压力	0	1.820
		1	3.405
		2	3.865
		3	4.688
	背部压力	0	0.178
		1	1.028
		2	1.135
		3	1.538
	侧面压力	0	0.400
		1	1.188
		2	1.543
		3	2.393

从试验结果可以看出，冠部施压所需要的力是最大的，腹部和侧面加压所需要的力要小得多，为了更进一步找到玉米脱粒的最佳施力方式，现以玉米果穗中部籽粒的脱粒力为依据，对玉米籽粒有限元模型进行背部和侧面施以正压力、20°和40°的恒定大小的载荷 0.5N，获取籽粒内部应力分布图解，以找到最佳的施力方式。

如图 9.3-1 所示，为玉米籽粒侧面施加载荷求解的应力和应变图解。侧面施加正应力（与籽粒横截面平行）载荷时，在玉米籽粒的种脐处产生了最大的应力和应变，分别为 3.334×10^6 N/m²、0.434 mm（如图 9-3.1A、B 所示）；当施加的力与籽粒横截面成 20°时，最大应力和应变同样出现在籽粒的种脐部位，分别为 2.6×10^6 N/m²、0.334 mm；当施加的力与籽粒横截面成 40°时，最大应力和应变依旧出现在籽粒的种脐部位，分别为 1.651×10^6 N/m²、0.212 mm。通过对三种施力方式作用效果的比较可以发现，随着角度的增加，相同载荷的力在玉米籽粒种脐部位产生的脱粒效果是有显著差异的。随着角度的增加，脱粒效果显著降低，正压力在种脐处产生的应力和应变最大，脱粒效果最佳。

如图 9.3-2 所示，为玉米籽粒背面施加载荷求解的应力和应变图解。背面施加正应力（与籽粒纵截面平行）载荷时，在玉米籽粒的种脐处产生了最大的应力和应变，分别为 5.181×10^6 N/m²、0.61 mm（如

图 9-3.2A、B 所示）；当施加的力与籽粒纵截面成 20°时，应力和应变的峰值也出现在籽粒的种脐部位，分别为 4.09×10^6 N/m²、0.493 mm；当施加的力与籽粒纵截面成 40°时，最大应力和应变同样出现在籽粒的种脐部位，分别为 2.506×10^6 N/m²、0.316 mm。通过对背面施加的三个方向的力的作用效果比较可知，随着角度的增加在种脐部位产生的脱粒效果有显著差异。随着角度的增加，脱粒效果显著降低，正压力在种脐处产生的应力和应变最大，脱粒效果最佳。

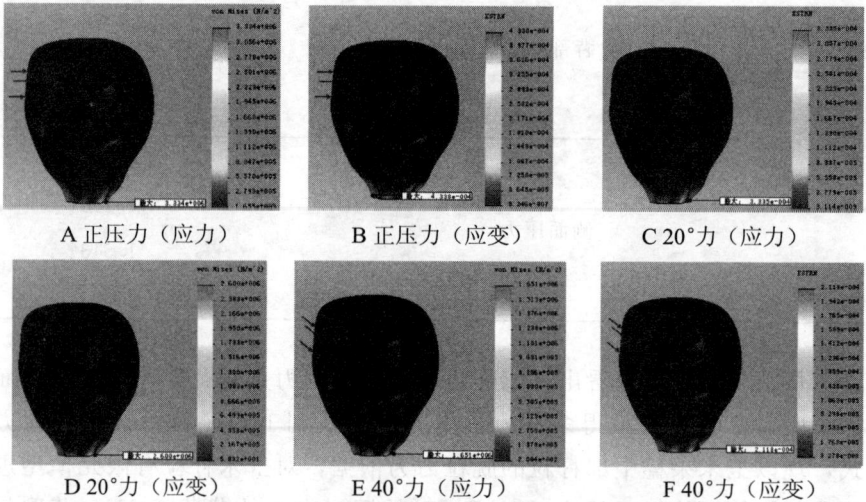

A 正压力（应力）　　B 正压力（应变）　　C 20°力（应力）

D 20°力（应变）　　E 40°力（应力）　　F 40°力（应变）

图 9.3-1　侧面施载应力、应变图解

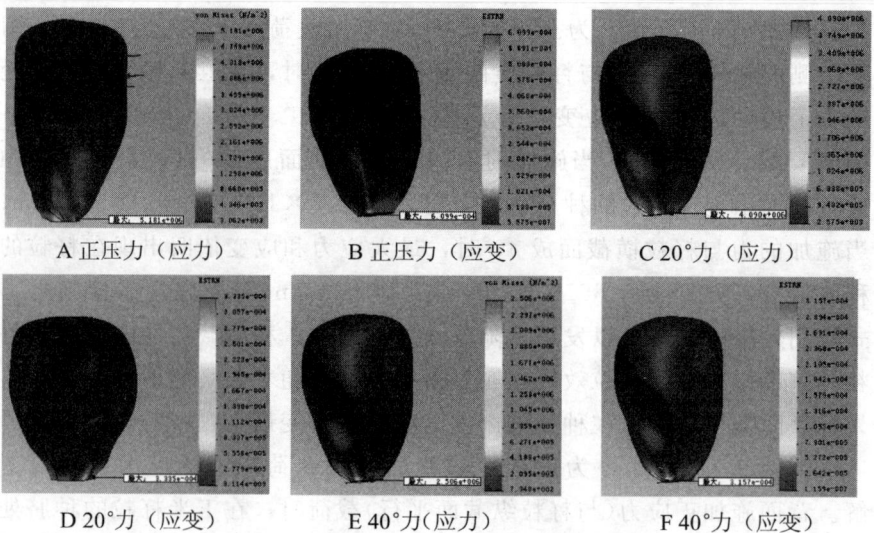

A 正压力（应力）　　B 正压力（应变）　　C 20°力（应力）

D 20°力（应变）　　E 40°力（应力）　　F 40°力（应变）

图 9.3-2　背面施载应力、应变图解

比较侧面施加载荷与背面施加载荷的应力和应变图解可知，背面施加载荷在种脐处的应力大于侧面施加载荷的应力，说明背面施加载荷要比侧面施加载荷对玉米籽粒的脱粒效果更佳，这刚好验证了玉米种子机械脱粒最佳施力方式试验得出的结论：种子玉米脱粒时的最佳施力方式为籽粒背面施加正压力。

9.4　本章小结

对机械脱粒损伤的玉米籽粒结构尺寸进行了统计，得到容易损伤籽粒的结构尺寸区间，为选取建立玉米籽粒三维模型提供了依据；对选取的玉米籽粒进行切片和对切片进行尺寸标定后进行图像采集，在 Photoshop 中调整籽粒的像素，使其与玉米的实物成一定比例。在 AutoCAD 导入处理好的图片，并调整图片的大小为实际大小，绘制切片上不同组成的轮廓线；再将数据导入到 SolidWorks 中进行三维建模的方法；将三维模型在 COSMOSWorks 中建立玉米籽粒的有限元模型，之后对玉米籽粒的有限元模型进行冠部加载的静压缩分析，并给出了冠部施加静载荷后的应力分布并对应力的变化趋势进行了分析；进行了玉米籽粒机械脱粒最佳施力方式的有限元分析，进一步验证了玉米种子脱粒时的最佳施力方式为籽粒背面施加正压力的结论。

第 10 章
玉米种子冲击脱粒特性试验研究

玉米种子在脱粒过程中的损伤主要与脱粒部件的机械作用有关，冲击力是主要因素。籽粒从玉米芯上脱下需要一个适当的力的作用，在含水率等因素一定情况下，这个作用力的大小取决于脱粒方法，方法的适当应用可减小损伤。因而，有必要通过玉米果穗冲击试验，对比分析玉米果穗的不同部位脱粒特性以及籽粒损伤情况，为后续的脱粒机设计提供理论指导。

10.1　试验材料与方法

玉米种穗脱粒特性的冲击试验于 2005 年 12 月在沈阳农业大学工程学院完成。试验所用玉米种穗为东单 1 号和农大 108，人工收获，试验时利用悬挂的重锤(做弧形运动)下落产生的冲击力来撞击玉米种穗(如图 10.1-1)。考虑到本试验主要研究玉米种子脱粒的难易程度及损伤程度，因而选取冲击功、脱下籽粒数与籽粒破损率作为指标。

冲击力所做功的计算公式：

$$W = mgh_1 - mgh_2 = mgl(\cos\theta_1 - \cos\theta_2) \qquad (10.1\text{-}1)$$

式中：h_1—重锤释放点距其最低点的垂直高度，m；h_2—重锤打击玉米种穗后上升到最高点距其最低点的垂直高度，m；g—重力加速度，9.8 N/kg；m—重锤的质量，kg；l—重锤摆线长度，m；θ_1，θ_2—重锤下落角度，上升角度，°。

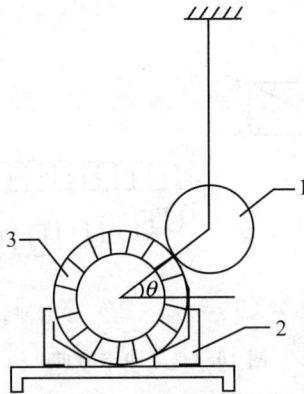

图 10.1-1　玉米果穗冲击试验示意图

1. 重锤；2. 实验台；3. 玉米果穗

重锤冲击到玉米果穗前的速度 v：

$$mgh_1 = \frac{1}{2}mv_1^2$$

$$v = \sqrt{2gh_1} \tag{10.1-2}$$

式中：h_1—重锤距地面初始高度，m。

玉米种穗与重锤的参数特征见表 10.1-1、表 10.1-2。

表 10.1-1　玉米种穗的平均参数特征

品种	玉米平均穗长/mm	玉米果穗大端平均直径/mm	玉米果穗小端平均直径/mm
东单 1 号	230	50	37
农大 108	180	40	27

表 10.1-2　重锤的参数特征

材料	质量/kg	旋转半径/mm	形状	圆球半径/mm	作用角(θ)/°
铸铁锤	5	1 000	圆球	50	60

选取玉米种子品种、冲击方向、冲击部位、含水率四个因素，玉米籽粒脱下时所用的冲击功、脱下籽粒数和破损率作为试验指标，采用四因素随机区组试验。

玉米种子品种选用东单 1 号与农大 108，冲击方向取重锤冲击力的水平分力(重锤运动水平分速度)方向与玉米种穗平行、垂直两个方向，如图 10.1-2 所示。冲击部位取玉米种穗的上部、中部、下部三个部位。

含水率取 5 个水分级。

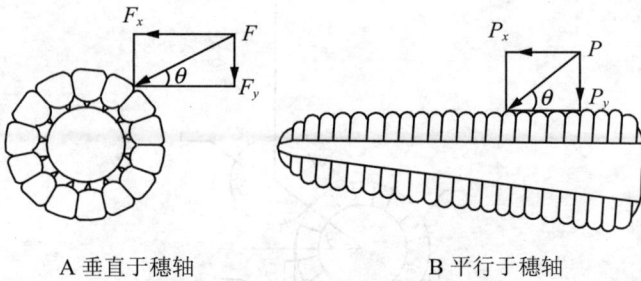

A 垂直于穗轴   B 平行于穗轴

图 10.1-2 冲击方向

试验中，重锤下落高度不变，$h_1 = 0.357$m，冲击前速度为定值，即 $v_1 = 2.645$ m/s。下落时，重锤偏离中心的角度为 $50°$。

为了测定各因素水平变化对试验指标的影响以及影响的显著性水平，应用 SAS 统计分析软件分别对玉米果穗冲击试验结果进行方差分析，根据方差分析结果判断各因素对冲击功、脱下籽粒数、破损率影响的显著性。

玉米籽粒损伤判别采用墨汁着色法进行，即将每次脱下的全部玉米种子籽粒浸泡在 0.2% 的墨汁中 4 min，用水冲走多余墨汁并干燥 24 h 后观察籽粒损伤情况，凡有折断、开裂、削损、果皮有细小碰伤和细裂纹的，以及用灯箱法测试籽粒内部如果有一条以上裂纹的，均视为受损伤籽粒。墨汁将给籽粒损伤部分着色，减轻了检查任务。

破损率的计算公式：

$$d = \frac{w}{W} \times 100\% \qquad\qquad (10.1\text{-}3)$$

式中：d—每次试验中脱下的损伤籽粒的百分比；w—每次试验中脱下的损伤籽粒的数量；W—每次试验中脱下的全部籽粒总数。

东单 1 号和农大 108 玉米种子冲击试验结果见表 10.1-3、表 10.1-4。

表 10.1-3 东单 1 号玉米种穗冲击试验处理与结果

品种	冲击方向	冲击部位	含水率/%	冲击功/N·m 平均值	脱下籽粒数平均值	破损率/% 平均值
东单1号	垂直	上部	10.7	2.73	125	14.97
			12.5	8.12	107	9.03
			16.2	12.90	64	7.27
			18.6	14.90	40	7.52
			22.1	16.59	19	19.13
		中部	10.7	7.79	107	13
			12.5	10.93	87	8.8
			16.2	14.62	55	6.63
			18.6	16.59	39	6.73
			22.1	17.22	14	14
		下部	10.7	6.02	81	7.8
			12.5	9.11	73	6.87
			16.2	13.71	44	5.9
			18.6	15.97	24	6
			22.1	16.93	10	13.4
	平行	上部	10.7	11.74	120	20.53
			12.5	13.48	103	10.03
			16.2	15.72	67	8.2
			18.6	17	36	8.33
			22.1	17.42	15	19.93
		中部	10.7	14.82	43	33.1
			12.5	16.09	31	18.17
			16.2	16.93	21	17.43
			18.6	17.37	7	14.03
			22.1	17.46	2	33.33
		下部	10.7	12.65	77	8.63
			12.5	14.82	63	7.93
			16.2	15.76	43	6.2
			18.6	110.15	25	5.47
			22.1	17.43	8	13.1

表 10.1-4 农大 108 玉米种穗冲击试验处理与结果

品种	冲击方向	冲击部位	含水率/%	冲击功/N·m 平均值	脱下籽粒数平均值	破损率/% 平均值
农大108	垂直	上部	10.7	3.677	112	14.87
			12.5	9.277	91	8.83
			16.2	14.52	63	7.4
			18.6	15.32	37	7.27
			22.1	16.93	17	19.63
		中部	10.7	8.46	99	13.13
			12.5	11.74	83	8.75
			16.2	15.26	56	6.43
			18.6	16.84	31	6.5
			22.1	110.12	11	14.97
		下部	10.7	5.49	74	7.67
			12.5	9.56	60	6.13
			16.2	14.52	39	5.13
			18.6	15.92	19	5.4
			22.1	17.09	8	15.87
	平行	上部	10.7	12.90	107	20.47
			12.5	14.52	83	10.07
			16.2	15.85	57	8.13
			18.6	17.09	29	8.1
			22.1	17.46	14	19
		中部	10.7	15.08	27	37
			12.5	16.53	24	18.17
			16.2	16.997	13	17.47
			18.6	17.4	5	21.7
			22.1	17.48	1	33.33
		下部	10.7	13.67	72	8.8
			12.5	15.43	51	7.693
			16.2	16.16	38	7
			18.6	110.19	21	6.8
			22.1	17.47	6	17

10.2 冲击功影响因素分析

各因素对玉米脱粒冲击功影响的显著性检验结果见表 10.2-1、表 10.2-2和表 10.2-3。

表 10.2-1 玉米果穗冲击功方差分析模型显著性检验表

方差来源	自由度	平方和	均方	F 值	尾概率 $Pr>F$
模型	61	2 470.133	40.494	76.87	<0.000 1
误差	118	62.159	0.527		
总变异	179	2 532.291			

表 10.2-2 玉米果穗冲击功方差分析表

方差来源	自由度	平方和	均方	F 值	尾概率 $Pr>F$
a(品种)	1	8.398	8.398	15.94	0.000 1
b(冲击方向)	1	512.139	512.139	972.23	<0.000 1
c(冲击部位)	2	90.892	45.446	86.27	<0.000 1
d(含水率)	4	1 442.585	360.646	684.64	<0.000 1
$b \cdot c$	2	5.626	2.813	5.34	0.006 0
$b \cdot d$	4	342.769	85.692	162.68	<0.000 1
$c \cdot d$	8	48.109	6.1368	11.42	<0.000 1

表 10.2-3 各主效应不同水平下的冲击功均值及标准误差

主效应	水平	观察次数	冲击功(N·m) 均值	冲击功(N·m) 标准误差
a(品种)	a_1(东单1号)	90	13.999	3.825
	a_2(农大108)	90	14.431	3.705
b(冲击方向)	b_1(垂直)	90	12.528	4.458
	b_2(平行)	90	15.902	1.680
c(冲击部位)	c_1(上部)	60	13.407	4.306
	c_2(中部)	60	15.137	2.974
	c_3(下部)	60	14.102	3.741

续表

主效应	水平	观察次数	冲击功(N·m)	
			均值	标准误差
	d_1(10.7)	36	9.584	4.447
	d_2(12.5)	36	12.468	2.987
d(含水率)	d_3(16.2)	36	15.246	1.271
	d_4(18.6)	36	16.561	0.858
	d_5(22.1)	36	17.217	0.291

由表 10.2-1、表 10.2-2 和表 10.2-3 可知，玉米果穗冲击功方差分析结果极显著，显著水平小于 0.000 1，决定系数 R^2 为 0.975 5。a(品种)、b(冲击方向)、c(冲击部位)、d(含水率)、b 与 c 交互作用相、b 与 d 交互作用相，c 与 d 交互作用相均显著，显著性水平小于 0.000 1，其他不显著交互相已剔除。从表 10.2-3 的均值上看，主效应 a(品种)中，a_2 对玉米果穗冲击功的影响程度大于 a_1。主效应 b(冲击方向)中，b_2 对玉米果穗冲击功的影响程度大于 b_1，b_1 对玉米果穗冲击功的影响程度最小。主效应 c(冲击部位)中，c_2 对玉米果穗冲击功的影响程度大于 c_3，c_1 的影响程度最小。主效应 d(含水率)中，d_1 对玉米果穗冲击功的影响程度最小，以后递增，d_5 最大。

为研究不同品种、不同冲击方向、不同冲击部位下含水率与玉米种穗冲击功的相关关系，以玉米各品种为母体，以含水率为因素用 SAS 软件对表 10.2-3 进行回归分析，得出含水率与玉米种穗冲击功平均值的相关关系，对所测得的数据曲线进行拟合。回归拟合后得到各品种籽粒含水率与其玉米种穗冲击功的对应函数关系，结果见表 10.2-4。

表 10.2-4　不同品种不同冲击方向不同冲击部位下含水率与冲击功的回归处理结果

品种	冲击方向	冲击部位	回归模型	决定系数 R^2
		上部	$Y=-0.106x^2+4.621x-34.015$	0.988 9
	垂直	中部	$Y=-0.076x^2+3.295x-18.702$	0.997 7
东单		下部	$Y=-0.085x^2+3.734x-24.219$	0.998 8
1号		上部	$Y=-0.036x^2+1.713x-2.379$	0.998 5
	平行	中部	$Y=-0.027x^2+1.101x+6.284$	0.977 5
		下部	$Y=-0.034x^2+1.504x+0.744$	0.957 0

续表

品种	冲击方向	冲击部位	回归模型	决定系数 R^2
农大 108	垂直	上部	$Y=-0.123x^2+5.118x-36.351$	0.981 2
		中部	$Y=-0.084x^2+3.495\,x-19.150$	0.997 0
		下部	$Y=-0.099x^2+4.239\,x-28.258$	0.996 0
	平行	上部	$Y=-0.029x^2+1.356\,x+1.892$	0.985 9
		中部	$Y=-0.025x^2+1.015\,x+7.374$	0.925 4
		下部	$Y=-0.027x^2+1.181x+4.341$	0.955 1

回归关系中设 Y—玉米种穗冲击功，N·m；x—籽粒的含水率，%。

由表 10.2-4 可以看出：含水率对玉米种穗指标冲击功影响很大，经回归处理得出的回归关系，回归拟合的决定系数 R^2 均在 0.92 以上，经过对回归方程的显著性及回归系数的显著性检验，其检验结果均为显著或极显著。

(1)含水率对冲击功的影响

如图 10.2-1～图 10.2-8 所示，在各种品种、各种冲击方向和各种冲击部位情况下，籽粒含水率变化对冲击功的影响均很大，冲击功随含水率的增加而增大，含水率越高，冲击功越大，含水率越低，冲击功越小，这是因为当含水率较大时，果柄断裂困难，玉米果穗变得难以脱粒，分离籽粒与玉米芯所需的能量就大，破坏粒穗连接所需的功就多。

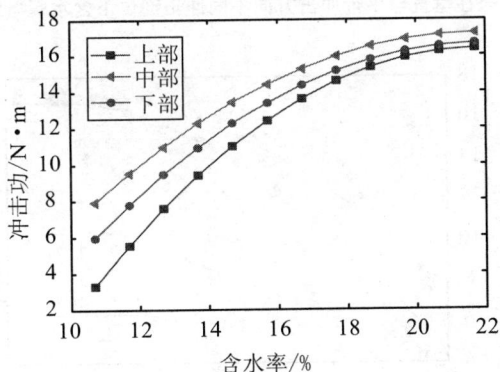

图 10.2-1　东单 1 号在垂直冲击方向不同冲击部位下含水率与冲击功的关系

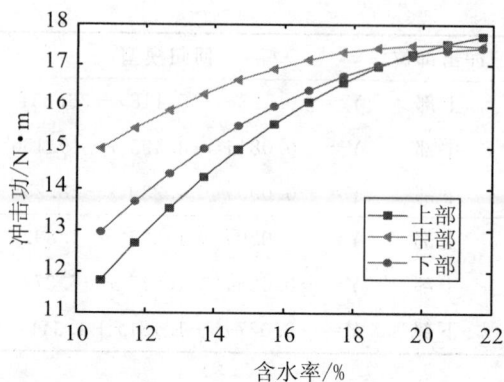

图 10.2-2 东单 1 号在平行冲击方向不同冲击部位下含水率与玉米冲击功的关系

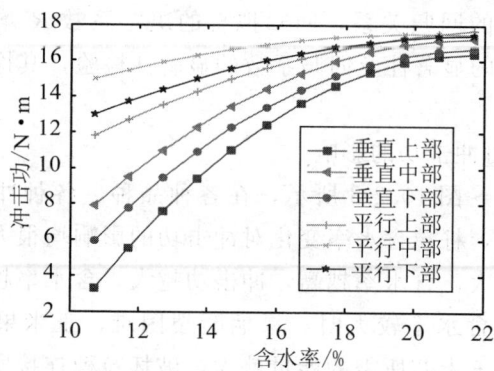

图 10.2-3 东单 1 号在垂直与平行冲击方向不同冲击部位下含水率与玉米冲击功的关系

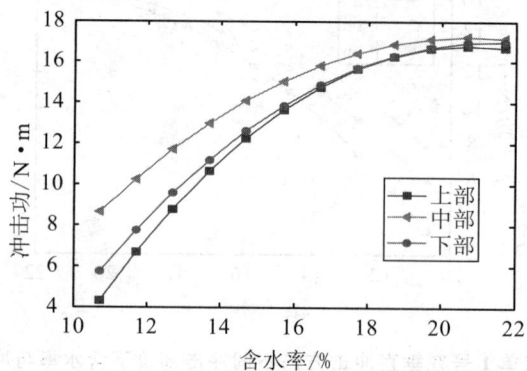

图 10.2-4 农大 108 在垂直冲击方向不同冲击部位下含水率与冲击功的关系

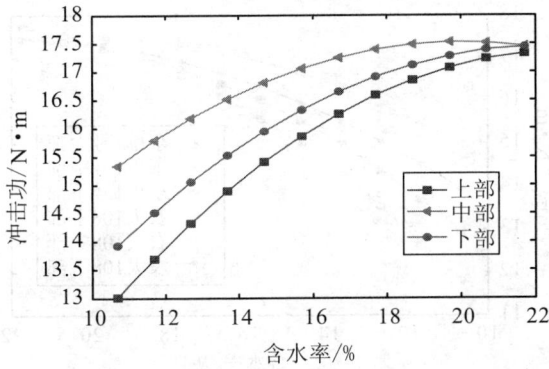

图 10.2-5　农大 108 在平行冲击方向不同冲击部位下含水率与玉米冲击功的关系

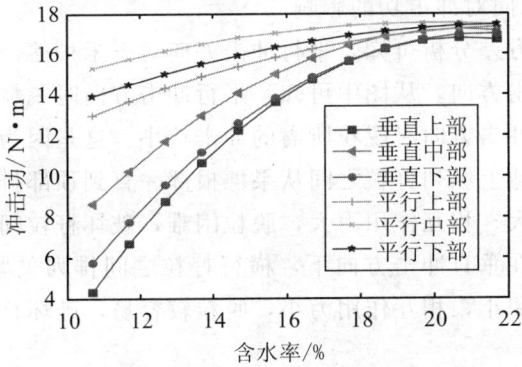

图 10.2-6　农大 108 在垂直与平行冲击方向不同冲击部位下含水率与玉米冲击功的关系

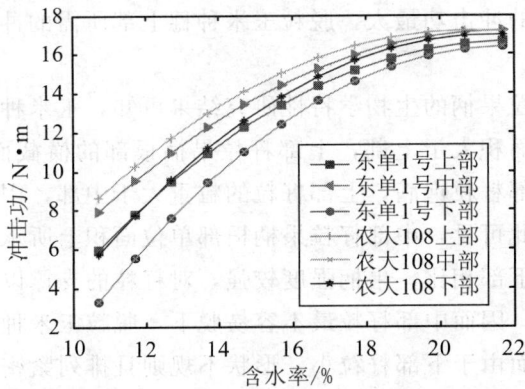

图 10.2-7　两品种在垂直冲击方向不同冲击部位下含水率与玉米冲击功的关系

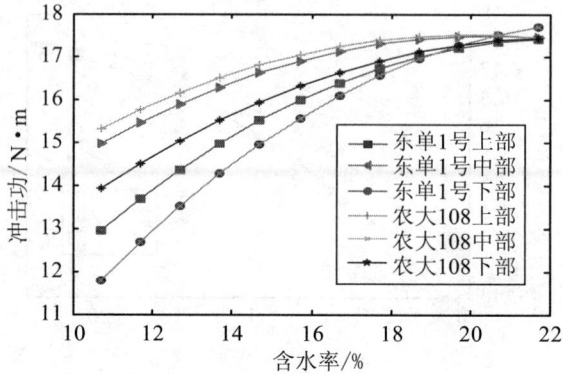

图 10.2-8 两品种在平行冲击方向不同冲击部位下含水率与玉米冲击功的关系

（2）冲击方向对冲击功的影响

由冲击功方差分析可知，平行冲击方向对玉米种穗冲击功的影响程度大于垂直冲击方向。从图中可知，平行冲击方向时脱粒所需的冲击功大，相反垂直冲击方向时脱粒所需的冲击功小。这是因为在平行冲击方向下，玉米种穗上纵列籽粒之间从果穗根部一直到顶部排列紧密，籽粒之间接触面积大、相互作用力大，脱粒困难，破坏籽粒间作用力所需的功就多；相反在垂直冲击方向下，横行籽粒之间排列欠紧密或不接触，籽粒间接触面积小，相互作用力小，脱粒较容易，破坏籽粒间作用力所需的功就小。

（3）冲击部位对玉米种穗冲击功的影响

从图中可知，两品种在平行冲击方向与垂直冲击方向下，脱粒玉米种穗中部所需的冲击功最大，脱粒玉米种穗上部所需的冲击功最小，下部居中。

由玉米籽粒果柄的生物学特性研究结果可知，玉米种穗中部籽粒果柄根部的横截面积大于上部，上部籽粒果柄根部的横截面积大于下部，而玉米果穗上部籽粒饱满，上部籽粒的粒重大于中部，中部籽粒的粒重大于下部，由此可见，中部籽粒果柄根部单位面积上所承受籽粒自重最小，与上部、下部相比，果柄强度较强，对籽粒的支撑以及防止振动等方面都比较强，因而中部籽粒最不容易脱下，脱粒玉米种穗中部所需的冲击功最大。而由于下部籽粒小，形状不规则且排列紧密，往往还受到一粒或数粒干瘪未成熟籽粒的影响，与上部相比，籽粒更不容易脱下，脱粒所需的冲击功大于上部籽粒，因而上部籽粒脱粒所需的冲击功最小（李心平，2007）。

（4）品种对玉米种穗冲击功的影响

由表 10.2-3 各主效应不同水平下的冲击功均值及标准误差可知，农大 108 对玉米种穗冲击功的影响大于东单 1 号。从图中可知，两品种在平行冲击方向与垂直冲击方向下，农大 108 脱粒玉米种穗三个部位所需的冲击功大于东单 1 号。

这是因为东单 1 号属于马齿形玉米，而农大 108 属于半马齿形玉米，与东单 1 号相比，农大 108 的籽粒与籽粒之间排列更紧密，因而籽粒与籽粒之间相互作用力就更大，脱粒困难，破坏籽粒间作用力所需的功就多。

10.3　脱粒粒数的影响因素分析

各因素对脱下籽粒数影响的显著性检验结果见表 10.3-1、表 10.3-2 和表 10.3-3。

表 10.3-1　玉米种穗脱下籽粒数方差分析模型显著性检验表

方差来源	自由度	平方和	均方	F 值	尾概率 $Pr>F$
模型	61	209 998.872	3 442.605	136.07	<0.000 1
误差	118	2 985.456	25.301		
总变异	179	212 984.328			

表 10.3-2　玉米种穗脱下籽粒数方差分析表

方差来源	自由度	平方和	均方	F 值	尾概率 $Pr>F$
a（品种）	1	1 862.450	1 862.450	73.61	<0.000 1
b（冲击方向）	1	11 956.050	11 956.050	472.56	<0.000 1
c（冲击部位）	2	25 255.244	12 627.622	499.11	<0.000 1
d（含水率）	4	142 450.856	35 612.714	1 407.59	<0.000 1
$a \cdot d$	4	688.856	172.214	6.81	<0.000 1
$b \cdot c$	2	13 738.133	6 869.067	271.50	<0.000 1
$b \cdot d$	4	2 699.367	674.842	26.67	<0.000 1
$c \cdot d$	8	6 996.644	874.581	34.57	<0.000 1
$b \cdot c \cdot d$	8	3 724.867	456.608	18.40	<0.000 1

表 10.3-3　各主效应不同水平下的脱下籽粒数均值及标准误差

主效应	水平	观察次数	脱下籽粒数	
			均值	标准误差
a(品种)	a_1(东单 1 号)	90	51.378	35.890
	a_2(农大 108)	90	44.944	32.925
b(冲击方向)	b_1(垂直)	90	56.311	34.516
	b_2(平行)	90	40.011	32.671
c(冲击部位)	c_1(上部)	60	64.750	37.839
	c_2(中部)	60	37.850	33.023
	c_3(下部)	60	41.883	25.681
d(含水率)	d_1(10.7)	36	87.027 8	29.952
	d_2(12.5)	36	71.028	25.670
	d_3(16.2)	36	46.333	16.874
	d_4(18.6)	36	26.139	11.813
	d_5(22.1)	36	10.278	5.907

由表 10.3-1、表 10.3-2 和表 10.3-3 可知，玉米种子果穗上脱下的籽粒数方差分析模型是极显著的，显著水平小于 0.000 1，决定系数 R^2 为 0.985 9。a(品种)、b(冲击方向)、c(冲击部位)、d(含水率)、a 与 d 交互作用相、b 与 c 交互作用相、b 与 d 交互作用相，c 与 d 交互作用相、b 与 c 与 d 交互作用相均显著，显著性水平小于 0.000 1，其他不显著交互相已剔除。从表 10.3-3 的均值上看，主效应 a(品种)中，a_1 对玉米种穗脱下籽粒数的影响程度大于 a_2。主效应 b(冲击方向)中，b_1 对玉米种穗脱下籽粒数的影响程度大于 b_2。主效应 c(冲击部位)中，c_1 对玉米种穗脱下籽粒数的影响程度大于 c_3，c_2 的影响程度最小。主效应 d(含水率)中，d_1 对玉米种穗脱下籽粒数的影响程度最大，以后递减，d_5 最小。

为研究不同品种、不同冲击方向和不同冲击部位下含水率与玉米种穗脱下籽粒数的相关关系，以玉米各品种为母体，以含水率为因素用 SAS 软件对表 10.1-3、表 10.1-4 进行回归分析，得出含水率与玉米种穗脱下籽粒数平均值的相关关系，对所测得的数据曲线进行拟合，回归拟合后得到各品种籽粒含水率与其玉米种穗脱下籽粒数的对应函数关系，结果见表 10.3-4。

回归关系中设 Y—玉米种穗脱下籽粒数；x—籽粒的含水率，%。

表 10.3-4　不同品种不同冲击方向不同冲击部位下含水率与
脱下籽粒数的回归处理结果

品种	冲击方向	冲击部位	回归模型	决定系数 R^2
东单1号	垂直	上部	$Y=-9.623x+225.022$	0.985 5
		中部	$Y=-8.094x+190.201$	0.993 2
		下部	$Y=-6.620x+152.512$	0.986 9
	平行	上部	$Y=-9.416x+2110.112$	0.986 8
		中部	$Y=-3.638x+79.140$	0.962 8
		下部	$Y=-6.087x+140.786$	0.995 7
农大108	垂直	上部	$Y=-8.390x+198.270$	0.989 0
		中部	$Y=-7.860x+182.057$	0.993 4
		下部	$Y=-5.892x+134.395$	0.980 2
	平行	上部	$Y=-8.204x+189.430$	0.970 5
		中部	$Y=-2.426x+52.737$	0.973 0
		下部	$Y=-5.517x+126.176$	0.974 0

由表 10.3-4 可以看出：含水率对玉米种穗指标脱下籽粒数影响很大，经回归处理得出最为贴切的回归关系，回归拟合的决定系数 R^2 均在 0.96 以上，经过对回归方程的显著性及回归系数的显著性检验，其检验结果均为显著或极显著。

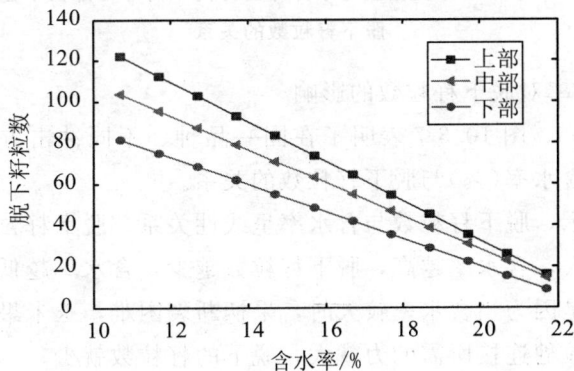

图 10.3-1　东单 1 号在垂直冲击方向不同冲击部位下含水率与脱下籽粒数的关系

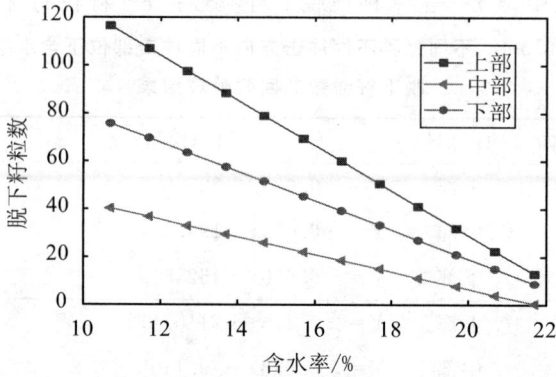

图 10.3-2　东单 1 号在平行冲击方向不同冲击部位下含水率与脱下籽粒数的关系

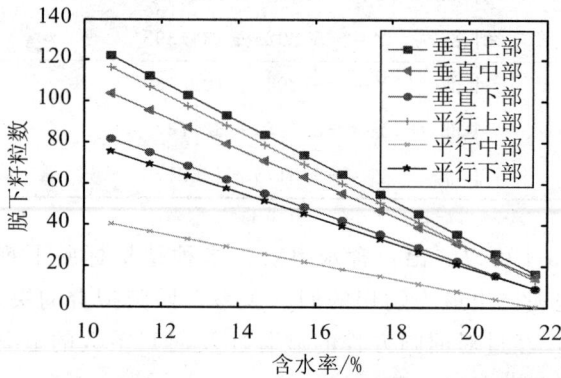

图 10.3-3　东单 1 号在垂直与平行冲击方向不同冲击部位下含水率与脱下籽粒数的关系

（1）含水率对脱下籽粒数的影响

图 10.3-3、图 10.3-7 表明了在同一品种、不同冲击方向、不同冲击部位下，含水率（%）与脱下籽粒数的关系。

如图所示，脱下籽粒数与含水率呈线性关系，脱下籽粒数随含水率的增加而增大，含水率越高，脱下籽粒数越少，含水率越低，脱下籽粒数越多，这是因为当含水率较大时，果柄断裂困难，玉米果穗变得难以脱粒，破坏粒穗连接所需的力就大，脱下的籽粒数就少。

（2）冲击方向对脱下籽粒数的影响

图 10.3-3、图 10.3-7 表明了在含水率不同、品种和冲击部位相同的情况下，冲击方向与脱下籽粒数的关系。

　　由脱下籽粒数方差分析可知，平行冲击方向对玉米种穗脱下籽粒数的影响程度大于垂直冲击方向。

　　在平行冲击方向时，玉米种穗的三个部位上脱下籽粒数都少于垂直冲击方向玉米种穗上脱下籽粒数。这是因为在冲击力的水平分力方向与玉米种穗轴线平行的情况下，由于玉米种穗上纵列籽粒与籽粒之间的接触面积大，从果柄以上一直到顶帽排列紧密，相邻籽粒上均布反作用力的合力 F 就大(图 10.3-4B)。相反冲击力的水平分力方向与玉米种穗轴线垂直时，横行上籽粒与籽粒之间的接触面积小，排列欠紧密或不接触，相邻籽粒上均布反作用力的合力 F' 就小(图 10.3-4A)，即 $F > F'$。在相同冲击力($P = F$)的情况下，$P_x - F < F_x - F'$；在不伤害玉米籽粒的情况下，冲击力的水平分力方向与玉米果穗轴线垂直时 $F_x - F'$ 的合力使籽粒和穗柄之间产生横向相对位移，籽粒果柄所遭受的剪切力大。而通常籽粒与穗轴的抗剪力是较弱的，上述相对位移就形成了剪切破坏其连接力，同时 $P_y = F_y$，这个力使籽粒向玉米果穗内部运动而产生"楔形力"，也给周围籽粒一个推挤力，使得相邻籽粒在这两个力的作用下沿冲击力的水平分力方向脱下来，冲击力直接作用的籽粒也在其两分力的作用下脱下来。而在不伤害玉米籽粒的情况下，冲击力的水平分力方向与玉米种穗轴线平行时，P_x 与 F 的合力使籽粒和穗柄之间产生的横向相对位移剪切力小，不能破坏果柄的抗剪力，籽粒不能脱下，但可损伤籽粒顶冠(李心平，2007)。

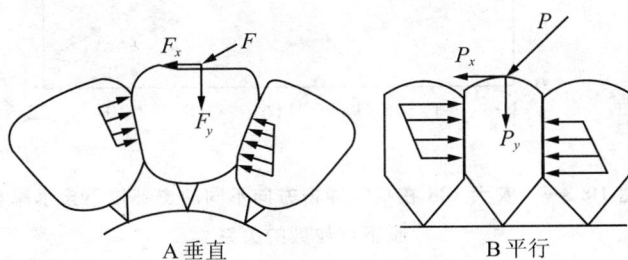

图 10.3-4　在两种冲击方向下玉米果穗的冲击示意图

　　(3)冲击部位对玉米种穗脱下籽粒数的影响

　　图 10.3-1、图 10.3-2、图 10.3-5、图 10.3-6 表明了在含水率各水平、品种和冲击方向相同的情况下，冲击部位与脱下籽粒数的关系。

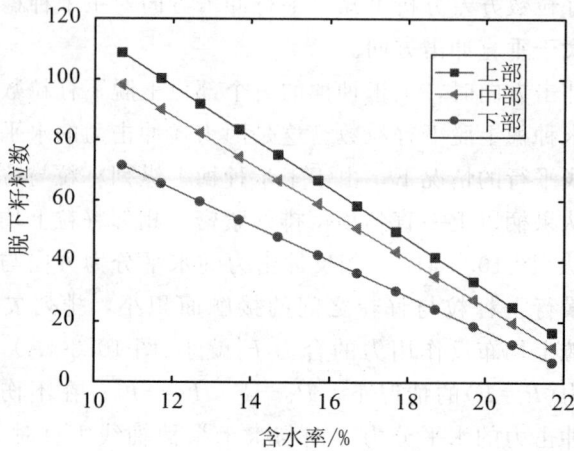

**图 10.3-5 农大 108 在垂直冲击方向不同冲击部位下含水率与
脱下籽粒数的关系**

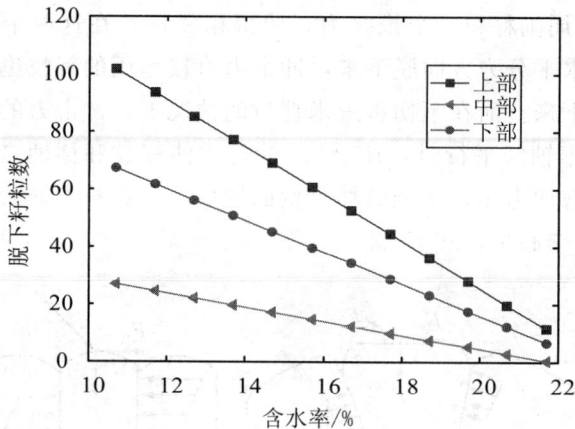

**图 10.3-6 农大 108 在平行冲击方向不同冲击部位下含水率与
脱下籽粒数的关系**

从图中可知，在含水率一定时，在垂直冲击方向下，玉米种穗上部脱下籽粒数最多，下部最少，中部居中。而在平行冲击方向下，玉米种穗上部脱下籽粒数最多，中部最少，下部居中。

从玉米籽粒果柄的生物学特性分析可知，在垂直冲击方向下，上部籽粒果柄根部单位面积上所承受籽粒自重最大，对籽粒的支撑以及防止振动等方面都比较弱，因而上部籽粒最容易脱下，脱下籽粒数也最多。虽然中部籽粒果柄根部单位面积上所承受籽粒自重小于下部，但由于下部籽粒小，形状不规则，且排列紧密，往往还受到一粒或数粒干瘪未成熟籽粒的影响，与中部相比脱粒更困难，脱下籽粒数小于中部，因而下部脱下籽粒数最少。而在平行冲击方向下，除以上原因外，玉米果穗上纵列籽粒与籽粒之间的接触面积大，从果柄以上一直到顶帽排列紧密，中部籽粒与籽粒之间相互作用力最大，加大了脱粒难度，因而脱下籽粒数最少。

（4）品种对玉米种穗脱下籽粒数的影响

图 10.3-8、图 10.3-9 表明了含水率、冲击方向、冲击部位、品种与脱下籽粒数的关系。

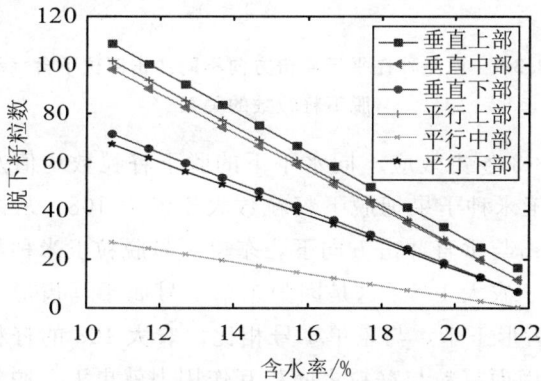

图 10.3-7　农大 108 在垂直与平行冲击方向不同冲击部位下含水率与
脱下籽粒数的关系

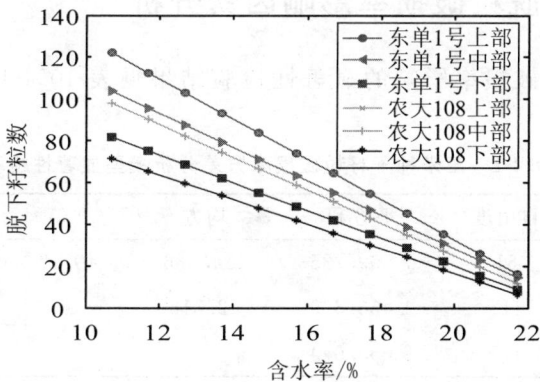

图 10.3-8　两品种在垂直冲击方向不同冲击部位下含水率
与脱下籽粒数的关系

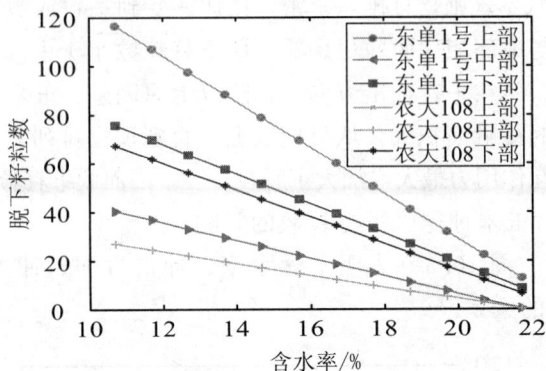

图 10.3-9 两品种在平行冲击方向不同冲击部位下含水率与脱下籽粒数的关系

由表 10.3-3 各主效应不同水平下的脱下籽粒数均值及标准误差可知，东单 1 号玉米种子果穗脱下籽粒数大于农大 108。从图中可知，两品种在平行冲击与垂直冲击方向下，东单 1 号脱粒玉米种穗三个部位所脱下籽粒数大于农大 108。这是因为东单 1 号属于马齿形玉米，而农大 108 属于半马齿形玉米，与东单 1 号相比，农大 108 的籽粒与籽粒之间排列更紧密，因而籽粒与籽粒之间相互作用力就更大，脱粒困难，脱下籽粒数就少。

10.4 脱粒破损率影响因素分析

各因素对破损率影响的显著性检验结果见表 10.4-1、表 10.4-2、表 10.4-3。

表 10.4-1 玉米种子籽粒破损率方差分析模型显著性检验表

方差来源	自由度	平方和	均方	F 值	尾概率 $Pr>F$
模型	61	7 599.735	124.586	10.12	<0.000 1
误差	118	1 453.309	12.316		
总变异	179	9 053.044			

表 10.4-2 玉米种子籽粒破损率方差分析表

方差来源	自由度	平方和	均方	F 值	尾概率 $Pr>F$
a（品种）	1	23.270	23.270	1.89	0.171 9

续表

方差来源	自由度	平方和	均方	F 值	尾概率 $Pr > F$
b(冲击方向)	1	734.957	734.957	59.67	<0.000 1
c(冲击部位)	2	1201.333	600.667	48.77	<0.000 1
d(含水率)	4	2 134.327	533.582	43.32	<0.000 1
$b \cdot c$	2	696.856	348.428	28.29	<0.000 1
$b \cdot d$	4	567.227	141.807	11.51	<0.000 1
$c \cdot d$	8	1 407.542	175.943	14.29	<0.000 1
$b \cdot c \cdot d$	8	659.741	82.468	6.70	<0.000 1

表 10.4-3　各主效应不同水平下的破损率均值及标准误差

主效应	水平	观察次数	破损率（%）	
			均值	标准误差
a(品种)	a_1(东单 1 号)	90	11.494	6.506
	a_2(农大 108)	90	12.213	7.689
b(冲击方向)	b_1(垂直)	90	9.833	4.416
	b_2(平行)	90	13.874	8.600
c(冲击部位)	c_1(上部)	60	12.434	5.437
	c_2(中部)	60	14.688	9.402
	c_3(下部)	60	8.440	3.887
d(含水率)	d_1(10.7)	36	16.664	9.584
	d_2(12.5)	36	10.040	3.955
	d_3(16.2)	36	8.600	4.186
	d_4(18.6)	36	8.648	4.868
	d_5(22.1)	36	15.317	6.997

　　由表 10.4-1、表 10.4-2、表 10.4-3 可知，玉米种子籽粒破损率方差分析模型是极显著的，显著水平小于 0.000 1，决定系数 R^2 为 0.839 5。a(品种)不显著，显著性水平仅为 0.171 9，而 b(冲击方向)、c(冲击部位)、d(含水率)、b 与 c 交互作用相，b 与 d 交互作用相，c 与 d 交互作用相，b 与 c 与 d 交互作用相均显著，显著性水平小于 0.000 1，其他不显著交互作用相已剔除。从表 10.4-3 的均值上看，主效应 a(品种)中，a_1 与 a_2 对玉米种子籽粒破损率的影响程度相差不大。

主效应 b(冲击方向)中，b_2 对玉米种穗冲击功的影响程度大于 b_1。主效应 c(冲击部位)中，c_2 对玉米种子籽粒破损率的影响程度大于 c_1，c_3 的影响程度最小。主效应 d(含水率)中，d_1 对玉米种子籽粒破损率的影响程度最大，d_5 次之，d_2 第三，d_4 第四，d_3 最小。

为研究不同品种不同冲击方向不同冲击部位下含水率与玉米种子籽粒破损率的相关关系。以玉米种子各品种为母体，以含水率为因素用 SAS 软件对表 10.4-3 进行回归分析，得出含水率与玉米种穗破损率平均值的相关关系，对所测得的数据曲线进行拟合，回归拟合后得到各品种籽粒含水率与其玉米种子籽粒破损率的对应函数关系，结果见表 10.4-4。

回归关系中设：Y—玉米种子籽粒破损率，%；x—籽粒的含水率，%。

表 10.4-4　不同品种不同冲击方向不同冲击部位下含水率与破损率的回归处理结果

品种	冲击方向	冲击部位	回归模型	决定系数 R^2
东单1号	垂直	上部	$Y=0.329x^2-10.436x+88.677$	0.972 7
		中部	$Y=0.227x^2-7.371x+65.730$	0.982 4
		下部	$Y=0.163x^2-4.916x+42.294$	0.940 7
	平行	上部	$Y=0.401x^2-13.093x+113.363$	0.935 8
		中部	$Y=0.578x^2-18.818x+166.633$	0.890 5
		下部	$Y=0.169x^2-5.247x+46.222$	0.8749
农大108	垂直	上部	$Y=0.339x^2-10.634x+90.370$	0.962 0
		中部	$Y=0.254x^2-8.179x+71.552$	0.980 0
		下部	$Y=0.229x^2-6.891x+55.764$	0.950 5
	平行	上部	$Y=0.388x^2-12.711x+110.800$	0.932 4
		中部	$Y=0.541x^2-17.643x+160.078$	0.821 6
		下部	$Y=0.211x^2-6.308x+52.798$	0.929 9

由表 10.4-4 可以看出：含水率对玉米种子籽粒指标破损率影响很大，经回归处理得出最为贴切的回归关系，回归拟合的决定系数 R^2 均在 0.82 以上，经过对回归方程的显著性及回归系数的显著性检验，其检验结果均为显著或极显著。

(1)冲击部位对玉米种子籽粒破损率的影响

图 10.4-1、图 10.4-2、图 10.4-4 和图 10.4-5 表明了在含水率一

定、品种和冲击方向相同的情况下，冲击部位与破损率(%)的关系。

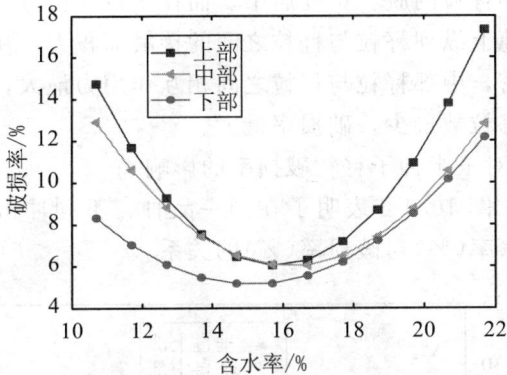

图 10.4-1　东单 1 号在垂直冲击方向不同冲击部位下含水率与破损率的关系

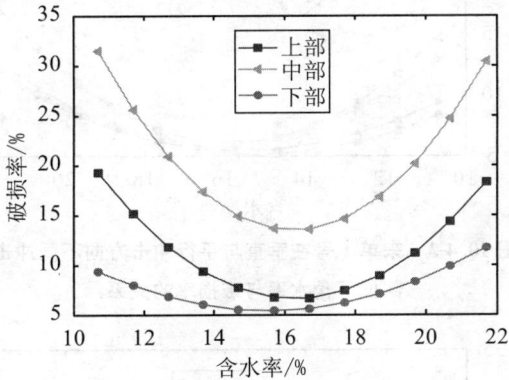

图 10.4-2　东单 1 号在平行冲击方向不同冲击部位下含水率与破损率的关系

从图中可知，两品种在垂直冲击方向下，玉米种穗上部脱下籽粒破损率大，下部最小，中部居中。而在平行冲击方向下，玉米种穗中部脱下籽粒破损率大，下部最小，上部居中。

在垂直冲击方向下，玉米种穗中部籽粒基部果柄的横截面积大于上部，上部籽粒果柄基部的横截面积大于下部，而玉米种穗上部籽粒饱满，上部籽粒的粒重大于中部，中部籽粒的粒重大于下部。由此可见，与中部、下部相比，上部籽粒单位面积果柄所承受籽粒自重最大，对籽粒的支撑以及防止振动等方面都比较弱，因而上部籽粒容易脱下，破损率也最小。下部由于籽粒小，形状不规则且排列紧密，往往还受到一粒或数粒干瘪未成熟籽粒的影响，增大了脱粒难度，最不容易脱下，破损率也最大。中部籽粒的脱粒难度居中。而在平行冲击方向下，除以上原因外，玉米果穗上纵列籽粒与籽粒之间的接触面积大，从果柄以上一直到顶帽排列紧密，中部籽粒与籽粒之间相互作用力最大，加大了脱粒难度，因而脱下籽粒数最少，破损率最大。

（2）含水率对玉米种子籽粒破损率的影响

图 10.4-3、图 10.4-6 表明了在同一品种、不同冲击方向和不同冲击部位下，含水率（％）与破损率（％）的关系。

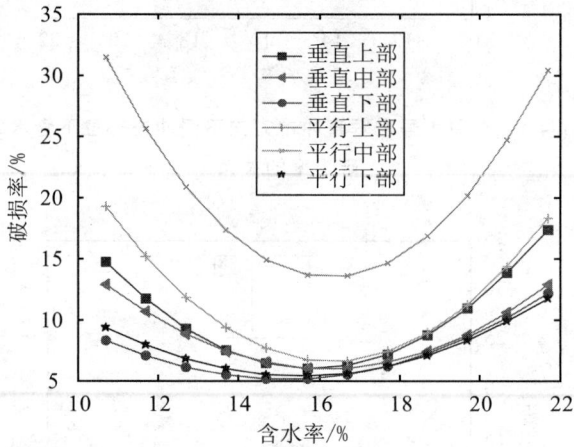

图 10.4-3 东单 1 号在垂直与平行冲击方向不同冲击
部位下含水率与破损率的关系

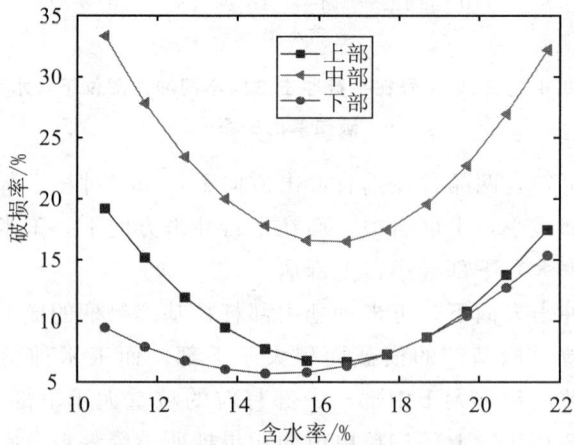

图 10.4-4 农大 108 在垂直冲击方向不同冲击
部位下含水率与破损率的关系

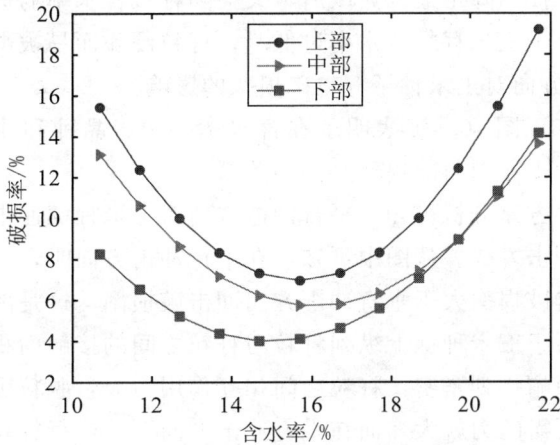

图 10.4-5 农大 108 在平行冲击方向不同冲击部位下含水率与破损率的关系

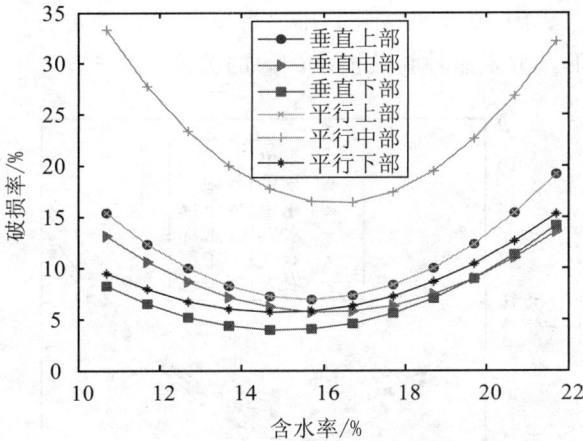

图 10.4-6 农大 108 在垂直与平行冲击方向不同冲击部位下含水率与破损率的关系

从以上各图可知,籽粒含水率变化对破损率的影响是一元二次函数关系、函数有极小值,说明随着籽粒的含水量增加破损率并不一直降低,而是到一定阶段后随含水量增加破损率也增加,变得难以脱粒。试验表明,当籽粒含水率为 16% 时,破损率最低,籽粒含水率过高或过低都会造成较高的破损率。因为当籽粒含水率较高时,玉米种子籽粒饱满而紧密,且较软、表皮柔韧性大,受重锤的冲击易破碎。随着籽粒含水率逐渐下降,籽粒的硬度增加,籽粒松动并产生间隙,破损率会随之降低。但当破损率降至最低点以后，又会随籽粒含水率的进一步下降而升高，这是由于玉米籽粒含水率过低时，籽粒硬脆而易被击碎。

（3）冲击方向对玉米种子籽粒破损率的影响

图 10.4-3、图 10.4-6 表明了在含水率一定、品种和冲击部位相同的情况下，冲击方向与破损率(％)的关系。

由破损率方差分析可知，平行冲击方向对玉米种穗冲击功的影响程度大于垂直冲击方式。从图中可知，在平行冲击方向时，玉米种穗的三个部位上冲击破损率大于垂直冲击方向冲击破损率。这是因为在平行冲击方向下，由于玉米种穗上纵列籽粒与籽粒之间的接触面积大，从果柄以上一直到顶帽排列紧密，籽粒之间相互作用力大，脱粒困难，破坏籽粒间作用力所需的力就大。而在垂直冲击方向下，横行籽粒与籽粒之间的接触面积小，排列欠紧密或不接触，籽粒之间相互作用力小，脱粒较容易，破坏籽粒间作用力所需的力就小。

（4）品种对玉米种子籽粒破损率的影响

图 10.4-7、图 10.4-8 表明了在含水率一定、冲击方向和冲击部位相同的情况下，玉米品种与破损率(％)的关系。

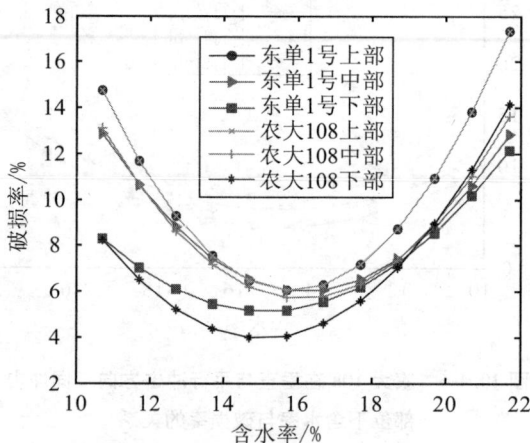

图 10.4-7 两品种在垂直冲击方向不同冲击部位下含水率与破损率的相关关系

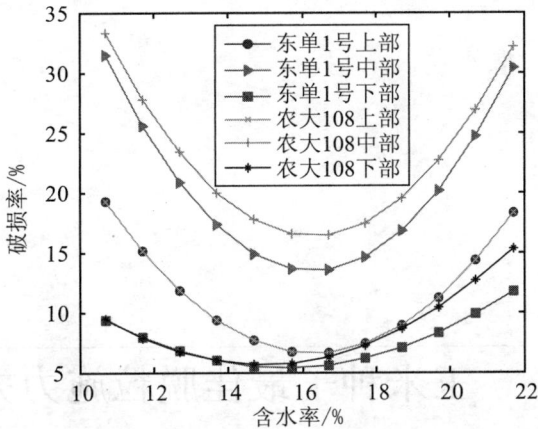

**图 10.4-8　两品种在平行冲击方向不同冲击
部位下含水率与破损率的相关关系**

　　由表 10.4-3 各主效应不同水平下的破损率均值及标准误差可知，农大 108 对玉米种穗冲击功的影响大于东单 1 号。

　　从图中可知，在平行冲击方向与垂直冲击方向下，当含水率低于 16％时，两品种变化幅度相差不大；当含水率大于 18％时，农大 108 的变化幅度明显大于东单 1 号，东单 1 号脱粒玉米果穗三个部位的破损率小于农大 108。

　　这是因为东单 1 号属于马齿形玉米，而农大 108 属于半马齿形玉米，当含水率较大时，与东单 1 号相比，农大 108 的籽粒与籽粒之间排列更紧密，因而籽粒与籽粒之间相互作用力就更大，脱粒困难，脱下籽粒数就少，破损率就大。

第 11 章
玉米种子最佳脱粒施力方式研究

脱粒对玉米种子破碎与内部损伤至关重要，在很大程度上决定了玉米种子的加工质量（周旭，2006；李心平，2007）。玉米种子籽粒损伤形式有破碎、表皮裂纹、内部胚乳裂纹（分为热应力裂纹与机械裂纹）等。玉米籽粒内部机械裂纹因表皮完好而不易被发现，具有极其严重的潜在危害。初步研究表明，玉米籽粒内部机械裂纹对玉米种子的发芽和出苗有显著影响，对玉米生产带来严重的潜在危害（李心平，2007），试验证明：脱粒过程中玉米籽粒的机械损伤产生与玉米果穗在脱粒过程中受力大小和方式有关。因此，本文对玉米种子果穗机械脱粒时的最佳施力方式及玉米籽粒的静力学特性进行了试验研究。

11.1 试验方案与方法

11.1.1 试验材料

试验所用的玉米种子品种为隆迪 401，来自辽宁省大石桥市种子有限公司。试验用玉米平均穗长 240 mm、大端平均直径 50 mm、小端平均直径 37 mm，籽粒含水率为 15.2%。

11.1.2 试验设备

试验所用仪器有 LDS 微机控制电子拉压试验机（图 11.1-1）、1214 谷物品质分析仪（又称近红外快速品质分析仪，可快速测定含水率）、自制试验夹具、量角器、压力弹簧秤、铁钉等。

11.1.3　试验方案设计

本试验将主要探索玉米脱粒施力方向和果穗不同部位的脱粒效果，根据脱粒时可能受到的作用力性质、方向及部位，对玉米种子脱粒作用过程进行以下简化，将玉米种穗施力部位、施力方向以及周围籽粒支撑情况作为主要因素，研究籽粒与玉米芯分离时的最小作用力——即脱粒力最佳施力方式，找出最省功的作用力方向和脱粒过程以及脱粒施力的大小。

图 11.1-1　LDS 微机控制电子拉压机

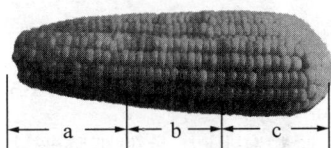

图 11.1-2　玉米种子部位划分
a. 上部；b. 中部；c. 下部

选取玉米种子脱粒施力的作用部位、作用力的方向、脱粒约束形式——脱粒时的支撑行或支撑粒数三个因素，将玉米籽粒脱下时的最小作用力——脱粒力的大小作为试验指标。脱粒施力作用部位分别为果穗的上部、中部、下部（如图 11.1-2 所示）；施力方向分别为对籽粒的压力 F_1、纵向弯曲力 F_2 和侧向弯曲力 F_3；支撑行或支撑粒数分别为 0、1、2 和 3，机械脱粒的作用性质、作用点及约束性质如图 11.1-3所示。

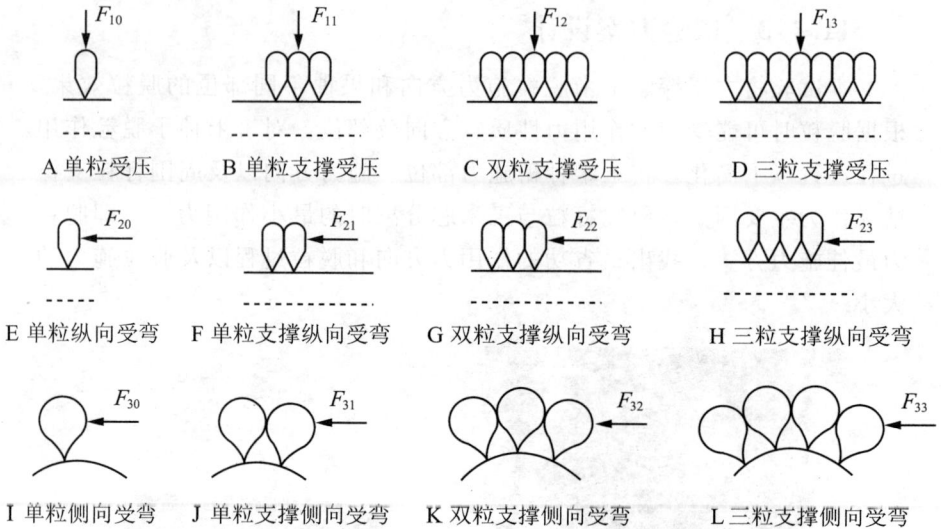

图 11.1-3　玉米籽粒受力示意图

脱粒作用力 F 的矩阵形式为：

$$F_{ijx} = \begin{bmatrix} F_{1jx} \\ F_{2jx} \\ F_{3jx} \end{bmatrix} = \begin{bmatrix} F_{10t} \cdots F_{13t}, & F_{10m} \cdots F_{13m}, & F_{10b} \cdots F_{13b} \\ F_{20t} \cdots F_{23t}, & F_{20m} \cdots F_{23m}, & F_{20b} \cdots F_{23b} \\ F_{30t} \cdots F_{33t}, & F_{30m} \cdots F_{33m}, & F_{30b} \cdots F_{33b} \end{bmatrix} \quad (11.1-1)$$

式中：$i=1$，2，3，分别表示压力，纵向弯曲力，侧向弯曲力；

　　　$j=0$，1，2，3，分别表示支撑行数或粒数；

　　　x 表示玉米果穗作用部位；

　　　t，m，b 分别表示玉米果穗的上部、中部和下部。

11.1.4　试验步骤

随机选取玉米种子果穗并按试验方案分组，手工去除周围的籽粒而留下待测的籽粒及其支撑籽粒，每组制作 50 个样本。试验在 LDS 微机控制电子拉压机上进行，把试验用玉米种子果穗放在试验机下压板的中心位置，试验时上压头以固定速度 $0.1 \text{ mm} \cdot \text{min}^{-1}$ 加载力进行加载。上压缩板的压头接触到玉米籽粒时，电子显示屏开始显示压力数据。当玉米籽粒从果穗上脱下时停止加载，按下"峰值"键，脱粒力峰值通过电子显示屏显示并记录。

在试验中，保证试验机压头与玉米籽粒接触可靠，作用点不滑动。

11.2　试验结果与分析

试验方案与试验结果见表 11.2-1。

表 11.2-1　玉米种子脱粒施力方式试验与处理结果

穗位	力的方向	支撑行或粒数	1	2	3	4	平均值	方差
					施力大小			
	压力 F_{1jt}	0	2.98	11.01	11.12	11.05	11.040	0.003
		1	11.96	11.78	11.82	2.92	11.620	0.168
		2	4.86	4.95	4.78	4.88	4.868	0.004
		3	5.63	5.95	5.78	5.83	5.798	0.013
玉米果穗上部（小端）	纵向弯曲力 F_{2jt}	0	0.31	0.21	0.16	0.28	0.240	0.003
		1	1.05	1.25	1.16	1.13	1.148	0.005
		2	2.13	2.09	2.15	2.22	2.148	0.002
		3	2.77	2.59	2.75	2.77	2.720	0.006
	侧向弯曲力 F_{3jt}	0	0.51	0.64	0.52	0.57	0.560	0.003
		1	1.26	1.29	1.37	1.41	1.333	0.004
		2	2.13	2.15	1.95	2.27	2.125	0.013
		3	2.95	11.09	2.91	11.05	11.000	0.005
	压力 F_{1jm}	0	2.4	2.49	2.38	2.52	2.448	0.003
		1	11.64	11.59	11.47	11.49	11.548	0.005
		2	4.02	4.17	4.09	4.12	4.100	0.003
		3	4.91	4.87	4.87	4.95	4.900	0.001
玉米果穗中部	纵向弯曲力 F_{2jm}	0	0.21	0.21	0.19	0.22	0.208	0.000
		1	1.11	1.15	0.99	1	1.063	0.005
		2	1.83	1.76	1.65	1.72	1.740	0.004
		3	2.23	2.09	2.3	2.33	2.238	0.009
	侧向弯曲力 F_{3jm}	0	0.43	0.5	0.57	0.42	0.480	0.004
		1	1.38	1.25	1.19	1.28	1.275	0.005
		2	2.04	1.96	1.93	1.98	1.978	0.002
		3	2.63	2.82	2.73	2.77	2.738	0.005

穗位	力的方向	支撑行或粒数	施力大小				平均值	方差
			1	2	3	4		
玉米果穗下部（大端）	压力 F_{1jb}	0	1.78	1.83	1.75	1.92	1.820	0.004
		1	11.49	11.32	11.33	11.48	11.405	0.006
		2	11.97	11.87	11.95	11.67	11.865	0.014
		3	4.69	4.59	4.71	4.76	4.688	0.004
	纵向弯曲力 F_{2jb}	0	0.17	0.15	0.19	0.2	0.178	0.0004
		1	1.2	0.97	0.82	1.12	1.028	0.021
		2	1.14	1.15	1.08	1.17	1.135	0.001
		3	1.48	1.58	1.54	1.55	1.538	0.001
	侧向弯曲力 F_{3jb}	0	0.39	0.41	0.42	0.38	0.400	0.000
		1	1.11	1.28	1.07	1.29	1.188	0.010
		2	1.59	1.53	1.57	1.48	1.543	0.002
		3	2.31	2.39	2.41	2.46	2.393	0.003

11.2.1　施力方向对玉米脱粒的影响

如图 11.2-1 所示，玉米种穗同一部位、相同支撑行数或粒数的情况下，玉米籽粒脱粒的最小压力明显大于纵向弯曲力和侧向弯曲力，其中纵向弯曲力最小。如图 11.2-1B 所示，玉米果穗中部 0 行支撑情况下，压力 F_{10m} 大约是纵向弯曲力 F_{20m} 的 12 倍，是侧向弯曲力 F_{30m} 的 5 倍；单籽粒支撑受力的情况下，压力 F_{31m} 大约是纵向弯曲力 F_{21m} 的 11.4 倍，侧向弯曲力 F_{31m} 的 2.8 倍；双粒支撑情况下，压力 F_{12m} 为 4.1 N，约是纵向弯曲力 F_{22m} 的 2.4 倍，是侧向弯曲力 F_{32m} 的 2 倍；三粒支撑的情况下，压力 F_{13m} 大约是纵向弯曲力 F_{23m} 的 2.2 倍，侧向弯曲力 F_{33m} 的 1.8 倍。此外，从图中可以看出，随着支撑行数或粒数的增加，各力以一定的幅度稳步上升。仅是在图 11.2-1C 中，单籽粒支撑下的纵向弯曲力 F_{32b} 为 1.028 N，双籽粒支撑下的侧向弯曲力 F_{31b} 为 1.188 N，F_{32b} 略小于 F_{31b}，两个力的值点比较接近。

A　玉米果穗上部作用力的方向与脱粒力的关系

B　玉米穗中部作用力的方向与脱粒力的关系

C　玉米穗下部作用力的方向与脱粒力的关系

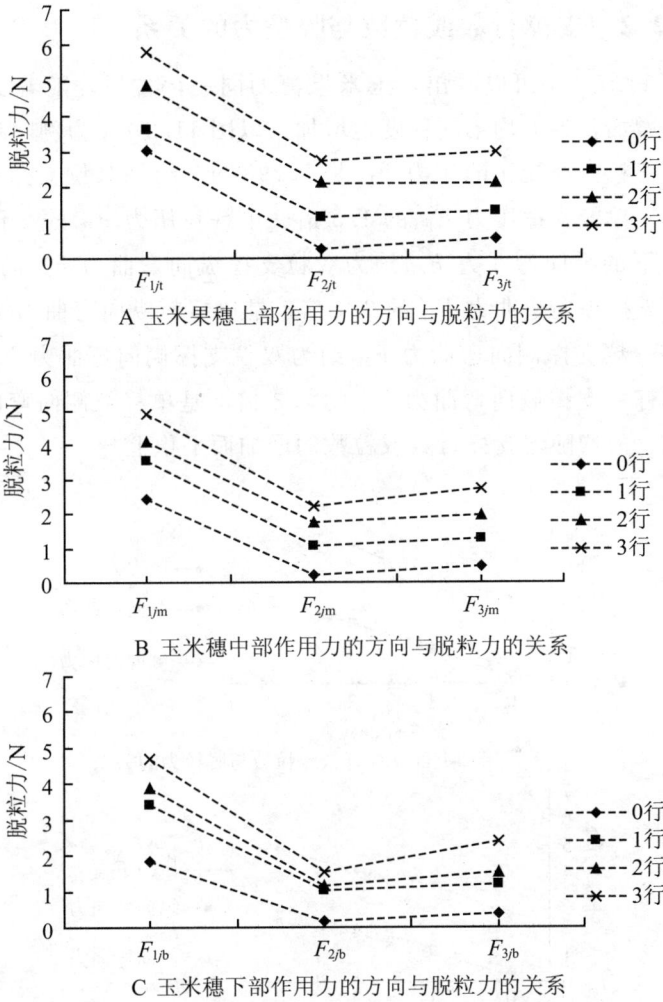

图 11. 2-1　不同部位下作用力方向与脱粒力的关系

　　出现上述情况的原因是：玉米籽粒能够顺利脱粒的主要原因是受到弯矩的作用，F_{1jx} 是作用在籽粒上部的压力，无法产生弯矩，主要是使籽粒果柄和穗芯连接松动，或使果柄碎裂，从而脱粒。此外，籽粒果柄是由一些形成束状的木栓化的细胞组成，其抗压强度远大于抗弯强度，因此，脱粒时需要的压力要远大于弯曲力。另外，由于籽粒果柄横截面近似为椭圆，椭圆短轴沿着玉米果穗轴线，长轴垂直于玉米果穗轴线，因此在脱粒时，沿着玉米果穗轴线的力，即纵向弯曲力要小于侧向弯曲力。

11.2.2 支撑行数或粒数与脱粒力的关系

从图 11.2-2 中可以看出，玉米果穗的同一部位下，随着支撑行数或粒数的增加，各力均不同程度地增加。以图 11.2-2A 为例，在玉米果穗上部，三粒支撑受压的压力 F_{13t} 是 5.798 N，约是双粒支撑压力 F_{12t} 的 1.2 倍、单粒支撑压力 F_{11t} 的 1.5 倍、单籽粒压力 F_{10t} 的 2 倍；三粒支撑情况下的纵向弯曲力 F_{23t} 约为双粒支撑纵向弯曲力 F_{22t} 的 1.3 倍，是单籽粒支撑纵向弯曲力 F_{21t} 的 2.4 倍，是单籽粒纵向弯曲力 F_{20t} 的 11 倍之余；三粒支撑侧向弯曲力 F_{33t} 约为双粒支撑侧向弯曲力 F_{32t} 的 1.5 倍，是单籽粒支撑侧向弯曲力 F_{31t} 的 2.3 倍，是单籽粒侧向弯曲力 F_{30t} 的 5 倍。三力均随着支撑行数或粒数的增加而平稳上升。

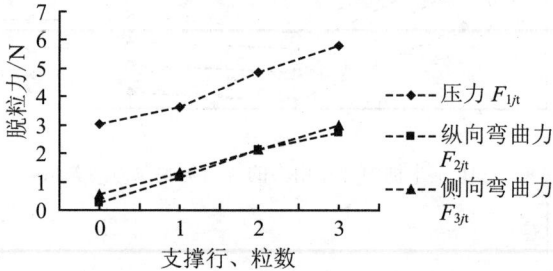

A 玉米穗上部支撑行数或粒数与脱粒力的关系

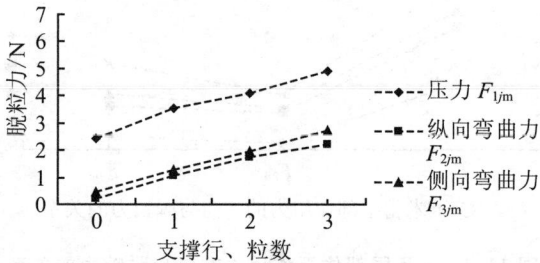

B 玉米穗中部支撑行数或粒数与脱粒力的关系

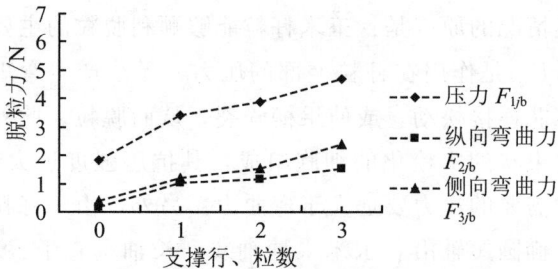

C 玉米穗下部支撑行数或粒数与脱粒力的关系

图 11.2-2　不同部位下支撑行数或粒数与脱粒力的关系

分析出现上述情况的原因认为，玉米果穗上籽粒和籽粒之间排列紧密，相互之间有力的作用。籽粒在受到外力时支撑的行数或粒数越多，排列得越紧密，得到的支持力就越大，因此需要的脱粒力就越大。

11.2.3　作用部位与脱粒力的关系

如图 11.2-3 所示，在力的作用方向、支撑行数或粒数等因素一定的情况下，玉米果穗上部(小端)籽粒的脱粒力要大于中部籽粒，下部(大端)籽粒的脱粒力最小，同时单籽粒和单籽粒支撑情况下，各力下降幅度不明显，而双籽粒支撑和三籽粒支撑情况下各力的下降幅度要大于上两种情况。以图 11.2-3B 为例，单籽粒情况下，玉米果穗上部纵向弯曲力 F_{20t} 为 0.240 N，中部 F_{20m} 为 0.208 N，下部 F_{20b} 为 0.178 N，单籽粒支撑情况下，F_{21t} 为 1.148 N，F_{21m} 为 1.063 N，F_{21b} 为 1.028 N，从图中折线的变化趋势上看，这两种情况下的纵向弯曲力变化不是很明显；但随着支撑行数或粒数的增加，图中折线下降的趋势明显增大。

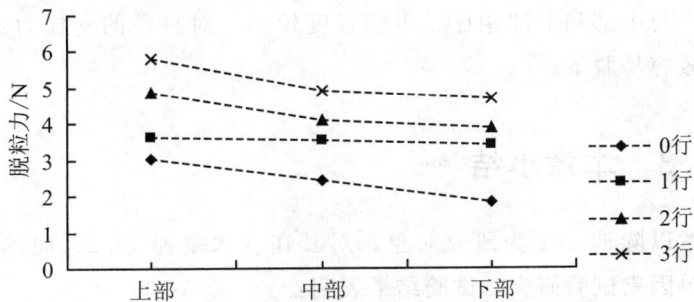

A 压力作用玉米穗不同部位与脱粒力的关系

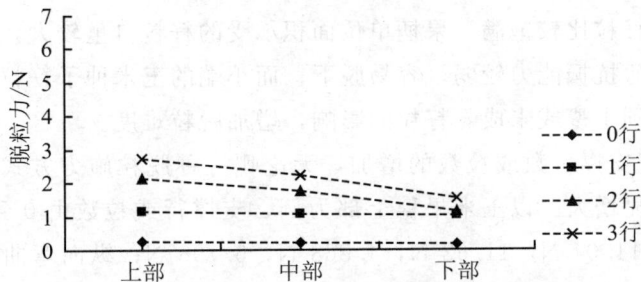

B 纵向弯曲力作用玉米穗不同部位与脱粒力的关系

图 11.2-3　不同受力方式下玉米果穗作用部位与脱粒力的关系

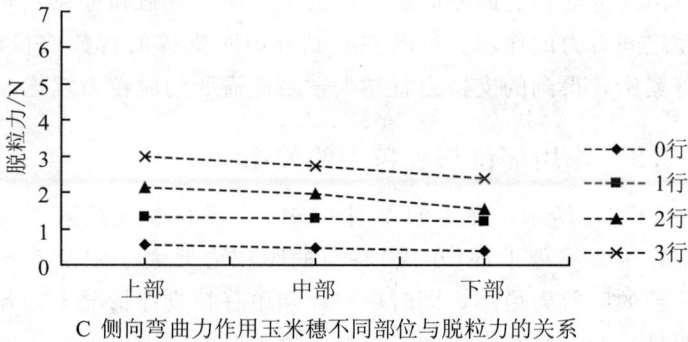

C 侧向弯曲力作用玉米穗不同部位与脱粒力的关系

图 11.2-3   不同受力方式下玉米果穗作用部位与脱粒力的关系(续图)

分析其原因认为,玉米果穗上部(小端)的籽粒较瘦小,形状近似于圆形,并且上部易有干瘪的未成熟籽粒,果柄单位面积承受的籽粒自重小、果柄强度较大,玉米在脱粒时受到这些未成熟籽粒的影响,增加了脱粒难度;玉米果穗大端的籽粒比较饱满,果柄单位面积承受的籽粒自重最大,与中部和上部相比,果柄强度较弱,对籽粒的支撑力比较弱,因而比较容易脱下。

11.3   本章小结

本章以隆迪 401 为研究对象,对其在含水率为 15.2% 时的脱粒力进行了单因素试验研究,试验结果表明:

(1)玉米种穗的两端容易脱粒,而大端更容易脱粒。分析认为玉米果穗大端的籽粒比较饱满,果柄单位面积承受的籽粒自重较大,果柄强度较低,抗弯抗振能力较弱,容易脱下;而小端的玉米种子籽粒相对较小,同时受到干瘪或未成熟籽粒的影响,增加脱粒难度。

(2)随着支撑行数或粒数的增加,无论哪一种脱粒施力方式,脱粒需要的力明显增大。以玉米果穗上部为例,支撑行或粒数由 0 到 3 时,压力分别为 11.04 N,11.62 N,4.868 N,5.798 N;纵向弯曲力分别为 0.24 N,1.148 N,2.148 N,2.72 N;侧向弯曲力分别为 0.56 N,1.333 N,2.125 N,3 N。由此认为,玉米脱粒时应尽量减少籽粒的支撑数目并按一定方向定向喂入,即按穗的大或小端顺序,使脱粒更加容易、减小作用力并减轻玉米种子损伤,提高脱粒效率。

(3)同一条件下,压力脱粒难度大于纵向弯曲及侧向弯曲脱粒,纵向弯曲力小于侧向弯曲力。因此，玉米在脱粒过程中应首先对其施加籽粒纵向弯曲力，使一部分易脱籽粒先脱落下后，顺序地进行脱粒，从而降低脱粒难度，减轻脱粒损伤，提高脱粒效率。

第 12 章

含水率对玉米种子脱粒的影响机理

脱粒效率、脱粒损伤、脱净率和功耗是衡量玉米脱粒机脱粒性能的主要指标，其主要取决于两个方面：一是脱粒机的脱粒原理、关键部件的结构与材料、脱粒机工作参数等，这些因素决定了机械脱粒的施力方式和机械作用强度、物料运动学与动力学规律；二是脱粒对象即玉米果穗及其籽粒的物理机械特性，如玉米品种、果穗形状、含水率、籽粒类型及在穗轴排列规律与籽粒机械强度等，这些因素决定了玉米本身的脱粒及损伤难易程度，从而影响脱粒效率与损伤率。国内外许多学者对上述问题进行了大量、深入研究，取得了许多成果。然而，作为脱粒效率与损伤重要因素的含水率如何影响玉米、特别是种子玉米脱粒难易程度，此类研究尚未见有文献报道。本研究拟从含水率对玉米籽粒破损强度、玉米籽粒果柄强度和籽粒在果穗上的挤靠程度进行试验研究，揭示含水率对玉米脱粒的影响机理，为设计新型玉米种子脱粒机、制定最佳脱粒工艺参数提供理论参考。

12.1　试验材料与方法

1. 试验材料与设备

选用自然干燥的辽宁主栽玉米品种铁丹Ⅰ代一号、铁丹Ⅰ代二号和郁青为试验材料。主要试验设备有 SFY-60 数显式红外线快速水分测定仪、万能生物材料机械性能试验机（Model 3344 Single Column Materials Testing System）（图 12.1-1）、尼康 D90 体视显微镜（变焦范围 0.75×～7.5×）、尼康数码相机、微型计算机、电子天平、游标卡尺等。

图 12. 1-1　万能生物材料机械性能试验机

2. 试验方法与步骤

选取三种玉米品种的 5 个不同含水率水平 11.11％、14.26％、18.26％、23.13％和 30.55％，首先将玉米种子籽粒样品磨碎至粉末状，用 SFY-60 型红外线快速水分测定仪测定其含水率。然后进行玉米籽粒破损强度、玉米籽粒果柄强度和玉米脱粒作用力等试验。

（1）玉米籽粒破损强度试验

以最小破裂力即破损强度为试验指标，按 3 种放置方式（图 12.1-2）在万能生物材料机械性能试验机上进行单因素试验。试验时将玉米籽粒置于压板中心并固定，调整上压头至恰好未接触到玉米籽粒，进入 Bluehil 程序界面，在方法界面中设定试验控制参数：加载速度 0.5 mm・min^{-1}、上限载荷 400 N、上限位移 3 mm；在测试界面中依次点击载荷调零键、开始键、完成键、退出键。试验中得到的载荷-位移曲线最高点载荷大小即为籽粒破裂时的最小载荷。试验重复 10 次，取平均值。

A 立放　　　　　　　B 侧放　　　　　　　C 平放

图 12. 1-2　种子玉米籽粒不同放置方式

（2）玉米种子籽粒果柄强度试验

玉米籽粒果柄强度是指无支撑行和支撑粒的单个玉米籽粒与玉米芯

轴的连接强度,分为抗压强度、纵向抗弯强度和侧向抗弯强度。试验时测定玉米果柄断裂时的抗压力、纵向作用力和侧向作用力(图 12.1-3A、图 12.1-3C 和图 12.1-3E)。

(3)种子玉米脱粒作用力试验

玉米籽粒果柄强度是影响玉米脱粒的因素之一,其反映了单个玉米籽粒脱粒难易程度的一种理想状态。实际脱粒过程中玉米以整个果穗喂入,籽粒受到脱粒部件机械作用的同时,玉米籽粒之间也存在相互挤靠、支撑作用。因此,必须研究有支撑行或支撑粒时的玉米脱粒作用力。本试验参照接鑫、高连兴等(接鑫等,2009)试验方法,以郁青种子玉米为试验对象,以含水率、作用力方向、支撑行数或支撑粒数(籽粒约束形式)为试验因素,以玉米种子脱粒力为试验指标。脱粒施力方向为对籽粒的压力 F_1、沿果穗纵向方向的纵向作用力 F_2 和沿果穗切向方向的侧向作用力 F_3;籽粒约束形式为起到支撑的行或粒数,分别为 $1\sim$ 3(图 12.1-3)。

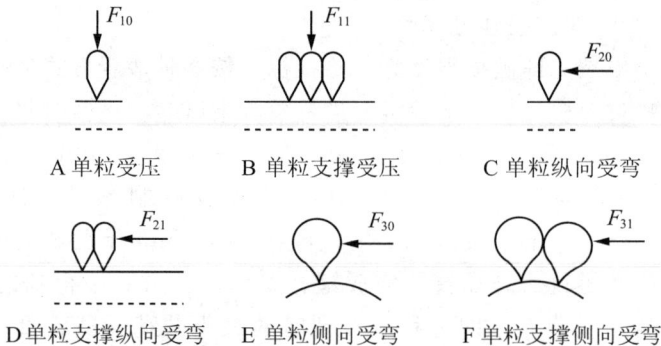

A 单粒受压　　B 单粒支撑受压　　C 单粒纵向受弯

D 单粒支撑纵向受弯　　E 单粒侧向受弯　　F 单粒支撑侧向受弯

图 12.1-3　玉米脱粒施力方式与约束形式示意图

12.2　含水率对玉米籽粒破损强度的影响

图 12.2-1 表明了 5 个不同含水率水平下的铁丹Ⅰ代一号、铁丹Ⅰ代二号和郁青 3 种种子玉米籽粒立放、侧放、平放时破损强度及其变化规律。试验结果表明,3 种玉米籽粒在 3 种放置方式下的破损强度均随含水率下降而显著提高;其中低含水率时破损强度变化较快而高含水率时变化较缓,破损强度由大到小的顺序为平放、侧放、立放。以铁丹Ⅰ代一号(图 12.2-1A)为例,在含水率为 11.11% 情况下,在立放、侧放、

平放时的籽粒破损强度分别为 97.13 N、128.48 N、210.94 N，均大于其含水率为 30.55％时的籽粒破损强度 66.32 N、95.42 N、162.53 N；其中含水率为 11.11％平放时得到最大破损强度 210.94 N，含水率为 30.55％立放时得到最小破损强度 66.32 N。图 12.2-1B、图 12.2-1C 中也显示出相似规律。

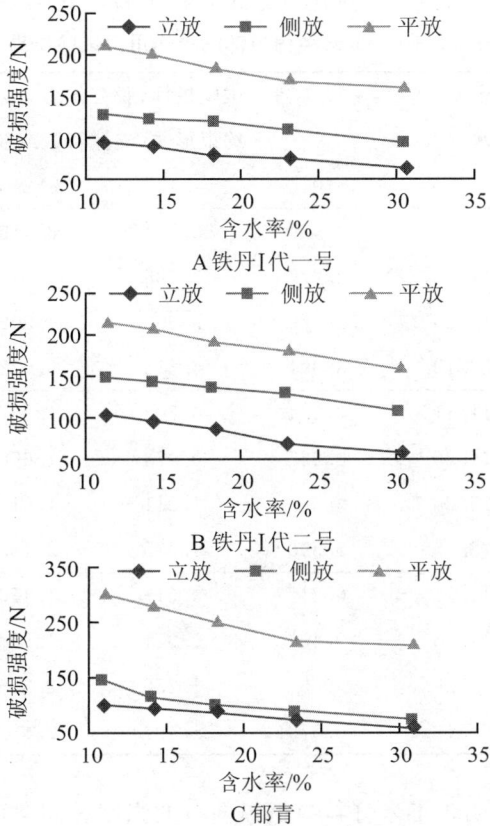

图 12.2-1　破损强度随含水率变化

研究发现，随着含水率的升高玉米种子籽粒破损强度下降并出现一定塑性，尤其立放时载荷作用线通过种胚，产生的塑性变形比较严重。含水率较低时玉米种子籽粒破损强度增大，但呈现脆性变形，易出现内部裂纹。由此可见，含水率直接影响玉米种子籽粒破损强度与变形性质，不同品种玉米种子籽粒破损强度与变形有一定差异，脱粒时需要因品种选择适当的含水率范围。

12.3　含水率对玉米果柄强度的影响

从玉米脱粒作用力定义可知，当支撑行或支撑粒数为 0 时玉米脱粒作用力即为玉米籽粒果柄强度。对郁青种子玉米果穗中部进行 4 种水平含水率、4 种约束形式、3 种施力方式脱粒试验，其结果见表 12.3-1。

表 12.3-1　玉米种穗中部脱粒作用力试验结果

脱粒施力方向	含水率/%	试验指标（脱粒作用力 / N）			
		约束形式（支撑行数或粒数）			
		0	1	2	3
压力 F_{1jm}	11.11	1.929	2.746	3.015	3.158
	14.26	2.277	3.138	3.8	4.219
	18.26	2.679	3.923	4.502	5.205
	23.13	3.391	4.615	5.022	6.124
纵向作用力 F_{2jm}	11.11	0.134	0.702	1.357	1.682
	14.26	0.227	0.973	1.658	1.989
	18.26	0.31	1.211	1.919	2.436
	23.13	0.393	1.425	2.132	2.737
侧向作用力 F_{3jm}	11.11	0.312	0.617	1.476	1.764
	14.26	0.406	0.931	1.998	2.395
	18.26	0.5	1.236	2.315	3.026
	23.13	0.579	1.491	2.631	3.513

试验结果表明，玉米籽粒果柄纵向弯曲强度、侧向弯曲强度和抗压强度均随含水率的增大而提高(图 12.3-1)，即果柄强度增大，意味着脱粒难度有所增大。其中含水率为 11.11% 时最小果柄强度 F_{20m} 为 0.134 N，含水率为 30.55% 时最大果柄强度 F_{10m} 为 3.391 N。分析认为，含水率较低时果柄变细、变脆，机械强度下降；相反，含水率增加时果柄变粗、韧性增强，机械强度增大，故而脱粒难度有所增大。从果柄强度指标来讲，脱粒时玉米含水率不宜过大。

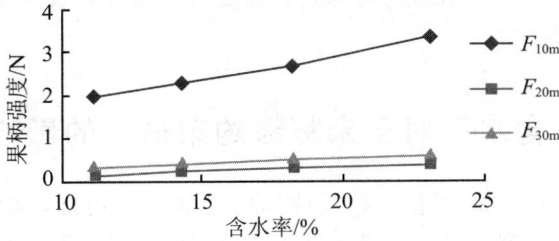

图 12.3-1　玉米种穗中部果柄强度随含水率变化

12.4　含水率对玉米脱粒作用力的影响

试验结果（表 12.3-1）表明，无论施力方式和脱粒约束形式如何，各种脱粒作用力均随着含水率的增加而增大；同一含水率下，脱粒作用力随着支撑行或支撑粒数的增加而明显增大（图 12.4-1）。在含水率为 11.11% 时，不同约束形式下的玉米果穗中部脱粒压力 F_{1jm} 分别为 1.929 N、2.746 N、3.015 N、3.158 N，脱粒纵向作用力 F_{2jm} 分别为 0.134 N、0.702 N、1.357 N、1.682 N，脱粒侧向作用力 F_{3jm} 分别为 0.312 N、0.617 N、1.476 N、1.764 N；远小于含水率为 23.13% 时相对应的 F_{1jm}：3.391 N、4.615 N、5.022 N、6.124 N，F_{2jm}：0.393 N、1.425 N、2.132 N、2.737 N，

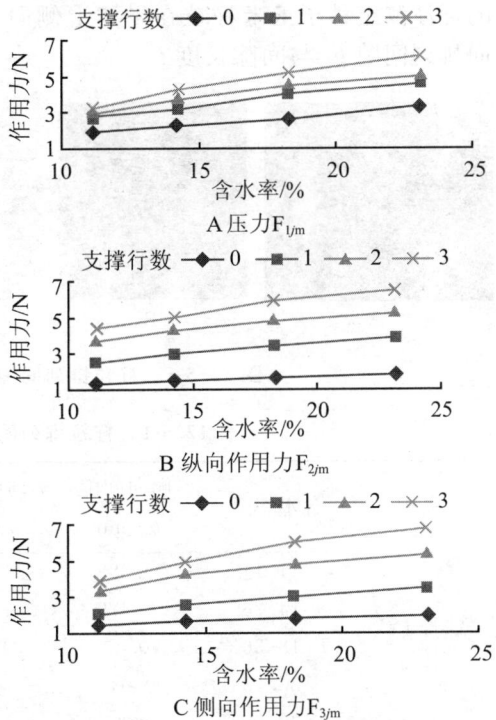

图 12.4-1　玉米种穗中部籽粒果柄强度与脱粒作用力随含水率变化

F_{3jm}：0.579 N、1.491 N、2.631 N、3.513 N。

研究表明，玉米含水率不仅影响玉米籽粒果柄强度，而且对脱粒作用力产生更大影响。分析上述规律认为，含水率在某种程度上改变了玉米籽粒之间的相互作用即约束形式,需要进一步考察含水率对脱粒作用力的影响机理。

12.5 含水率对玉米籽粒约束形式的影响

为了进一步考察含水率对脱粒作用力的影响机理,用尼康 D90 体视显微镜观察、测定了 5 个含水率下三个品种玉米籽粒纵向与侧向间隙(表 12.5-1),并通过图像技术统计缝隙变化规律。

试验步骤如下:用尼康 D90 体视显微镜观察并针对果穗籽粒空隙拍照(图 12.5-1A);对照片进行放大 10 倍处理(图 12.5-1B);应用 MATLAB 软件对图像采用分水岭算法分割处理(图 12.5-1C),处理后的图像附加 0.3 mm×0.3 mm 的栅格(图 12.5-1D);通过 AutoCAD 中的标注测定种子玉米籽粒在果穗上侧向排列间隙 b_1 与间隙长度 l_1、纵向排列间隙 b_2 与间隙长度 l_2。

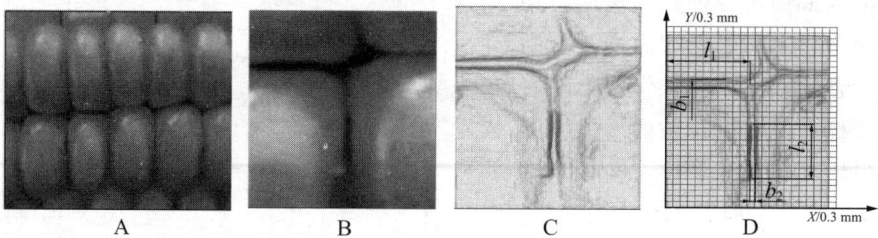

图 12.5-1 籽粒排列间隙图片处理过程

表 12.5-1 籽粒排列间隙测定结果

品种	含水率/%	侧向间隙 b_1/mm	侧向间隙长度 l_1/mm	纵向间隙 b_2/mm	纵向间隙长度 l_2/mm
铁丹 I 代一号	11.11	0.388	3.065	0.118	2.692
	14.26	0.379	3.013	0.112	2.658
	18.26	0.23	1.748	0.07	1.6
	23.13	0.041	0.529	0.014	0.496
	30.55	0	0	0	0
铁丹 I 代二号	11.11	0.317	2.364	0.176	2.22
	14.26	0.309	2.325	0.165	2.196
	18.26	0.18	1.424	0.102	1.253
	23.13	0.035	0.467	0.025	0.438
	30.55	0	0	0	0

续表

品种	含水率/%	侧向间隙 b_1/mm	侧向间隙长度 l_1/mm	纵向间隙 b_2/mm	纵向间隙长度 l_2/mm
	11.11	0.674	4.31	0.362	4.643
	14.26	0.658	4.264	0.341	4.578
郁青	18.26	0.366	2.79	0.218	2.712
	23.13	0.069	1.243	0.039	1.237
	30.55	0	0	0	0

　　试验结果表明，三种玉米种穗上的籽粒侧向间隙、纵向间隙均随含水率下降而增大、随着含水率的升高而减小；当含水率高于 25% 时，籽粒之间相互挤靠，侧向与纵向均没有间隙。以铁丹 I 代一号（图 12.5-2A）为例，含水率由 30.55% 降到 11.11% 时，籽粒侧向间隙 b_1 从 0 增大到 0.388 mm，籽粒纵向间隙 b_2 从 0 增大到 0.118 mm；含水率降到 14.26% 时，籽粒侧向间隙 b_1 增大到 0.379 mm、纵向间隙 b_2 增大到 0.112 mm；含水率低于 14.26% 时，籽粒侧向间

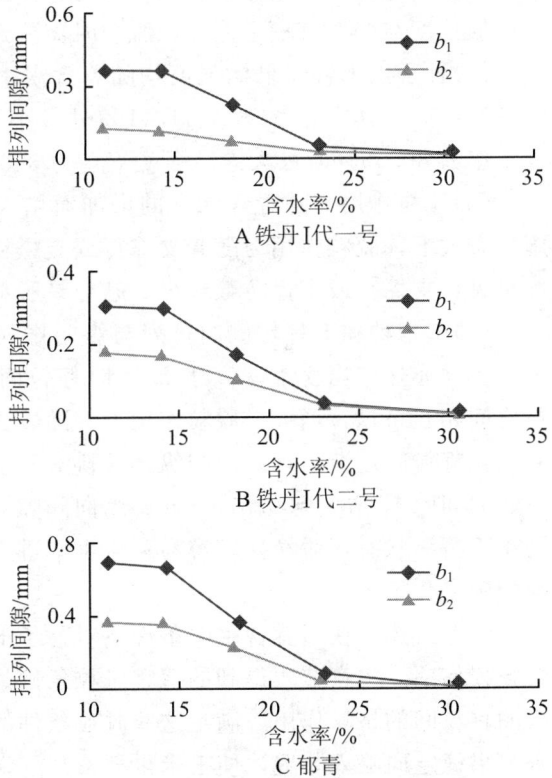

图 12.5-2　籽粒排列间隙宽度随含水率变化关系

隙、纵向间隙均没有显著变化。由此可见，当含水率高时，玉米籽粒纵向、侧向挤靠紧密而形成有力支撑，增大了脱粒作用力；相反，当含水率降低时，玉米芯与籽粒均产生体积收缩，籽粒之间挤靠作用减轻直至

出现间隙，因而籽粒容易松动，玉米脱粒作用力明显下降。

12.6 本章小结

通过对铁丹Ⅰ代一号等 3 个品种玉米种子籽粒不同含水率时的籽粒破损强度、脱粒作用力以及籽粒在果穗上纵向与侧向排列挤压程度的试验研究，揭示了含水率对种子玉米脱粒的影响机理，其具体结论如下：

(1)三种施力方式下的种子玉米籽粒破损强度均随含水率下降而显著提高，其中低含水率时破损强度变化较快而高含水率时变化较缓。含水率直接影响种子玉米籽粒破损强度与变形性质，不同品种种子玉米籽粒破损强度与变形有一定差异，脱粒时需要选择适当的含水率范围。

(2)种子玉米籽粒果柄强度均随着含水率的增大而提高，即脱粒难度有所增大。其中含水率为 11.11% 时最小连接强度 F_{20m} 为 0.134 N，含水率为 30.55% 时最大连结强度 F_{10m} 为 3.391 N。

(3)脱粒作用力随着含水率的增加而增大，同一含水率、任一脱粒施力方式下，脱粒作用力随着支撑行或支撑粒数的增加而明显增大。由此可见，支撑行或支撑粒数越少，越容易脱粒，脱粒损伤就会越小。

(4)玉米种穗上籽粒侧向排列与纵向排列间隙均随含水率下降而增大，反之亦然；当含水率高于 25% 时籽粒间没有侧向与纵向间隙，籽粒之间相互挤靠，增大了脱粒作用力。随着含水率下降，玉米籽粒体积收缩，籽粒间逐渐出现侧向与纵向间隙，当含水率降到 14.26% 时，籽粒侧向间隙 b_1 增大到 0.379 mm、纵向间隙 b_2 增大到 0.112 mm，籽粒处于无挤靠状态，脱粒比较容易；含水率进一步下降时，籽粒侧向与纵向间隙变化不大。

综上所述，在适宜含水率条件下对种子玉米进行脱粒将会有效降低籽粒损伤率。本章节所得到的适宜脱粒条件是：较低的籽粒含水率，较少的籽粒间的挤靠作用。满足这些脱粒条件的脱粒装置必须做到：具有玉米果穗定向喂入装置，使玉米果穗按某一端有顺序地脱粒，从而降低籽粒间挤靠作用。

第 13 章
定向喂入式玉米种子脱粒机研制

　　玉米种子脱粒质量对玉米生产有至关重要的影响，因此对玉米种子脱粒机有更高的要求，特别是要求破损率和损伤率低。

　　在前几章的相关研究基础上，本章将介绍研制的一种新型玉米种子脱粒机，即定向喂入与差速脱粒式玉米种子脱粒装置。

13.1　脱粒方案与脱粒机结构

13.1.1　脱粒方案

　　根据前面几章的研究结论，本脱粒机采用定向喂入与有序脱粒的方法。

　　这种方法不但可克服随机喂入所造成的玉米果穗脱粒时破碎，而且玉米果穗定向（玉米果穗轴线平行与滚筒轴线）喂入脱粒空间后，能按照预先设计的特定脱粒部位、作用力方向有序脱粒。由于在玉米果穗的特定方向上连续均匀施力，因而玉米果穗的各部位受力均匀，籽粒破损率低。该脱粒原理虽然比传统脱粒机效率略低，但脱得净、破损率极低，玉米芯完好，可满足效率适中的玉米种子生产企业需要。

13.1.2　脱粒机结构

　　如图 13.1-1 所示，本脱粒机结构由进料区、脱粒区、排料区、排芯区等部分构成。其中脱粒区为装置的关键部分。

　　玉米种穗通过机盖上方的进料斗喂入，皮带轮带动两个脱粒辊以相

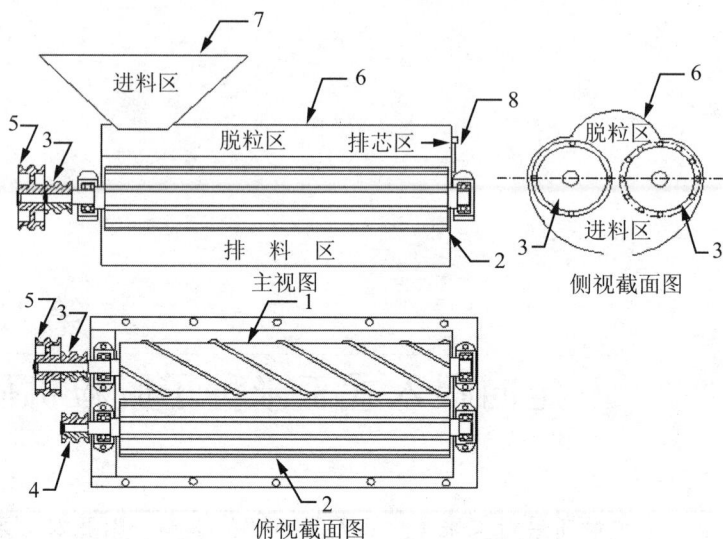

图 13.1-1　定向喂入式玉米脱粒装置结构简图

1. 螺旋辊；2. 直辊；3、4. 小皮带轮；5. 大皮带轮；6. 机盖；
7. 进料斗；8. 排芯口压板

同的速度同方向转动。在脱粒区内，同高度安装在机架上的两个脱粒辊即螺旋辊与直辊组成差速旋转脱粒部件，玉米种穗在脱粒的同时向排芯口运动，脱下的籽粒随同部分破裂玉米芯等杂质从两辊间隙落到排料区，从排料区出来的杂质经筛上的出口排出，玉米籽粒经筛子下方籽粒回收滑板回收。在机盖后方设有排芯口，排芯口上设有压板，根据不同品种玉米种穗的含水率的不同，可调整压板的压力，以保证玉米种穗脱净率，脱净的芯轴经排芯口排出机外，即完成整个脱粒过程。

13.1.3　脱粒机工作原理

脱粒机开始脱粒时，玉米种穗从盖板上的喂入口喂入到由螺旋辊、直辊和机盖组成的脱粒区，螺旋辊与直辊的直径相同、旋转方向相同即都是逆时针旋转，直辊的转速大于螺旋辊的转速。玉米种穗从喂入口喂入后，由于两辊为圆弧表面，在螺旋辊圆弧表面上盘绕有螺旋凸棱，在直辊上焊接有直钢筋凸棱（图 13.1-1、13.1-2），且机盖为梅花型（机盖两侧沿两辊表面包起来，仅留 10 mm 空隙，至两辊正上方，这样可防止死角产生，避免玉米种穗或玉米芯落入两辊与机盖间隙内）。如图 13.1-1 侧视截面图所示，当玉米种穗刚接触两辊时，就在自身重力与辊子反作用力的共同作用下向两辊组成的脱粒区的底层运动。随着两辊的旋转，玉米种穗摆正自身位置（其轴线平行于两辊轴线）之后，由于两辊旋转方向相同，那么在玉米种穗与两辊接触部分（两辊外缘处）的两切向力组成旋转力矩，使玉米种穗绕自身轴线旋转，并且受到螺旋辊外缘法向推力轴向分量的推动，使玉米种穗沿平行于辊轴的方向运动。由于两辊直径相同且直辊的转速大于螺旋辊的转速，那么直辊的外缘切向线速度就大于螺旋辊外缘法向速度在切向上的速度，两辊对玉米种穗形成差速脱粒。在两辊差速作用下，玉米种子籽粒被脱下来。由于玉米种穗的上部直径大，先接触脱粒部件，因而上部籽粒较先脱下来，其作用就如同人工用铁锥子先将玉米种穗上的部分籽粒挤掉，以便后面脱粒顺利。在排芯口安装有一套压板机构（图 13.1-3），根据不同品种、不同含水率的玉米种穗，可适当调整压板的压力，从而调节排芯口大小，来保证玉米种穗的脱净率，待籽粒完全脱粒后，脱净的玉米芯从压板下排出，从而达到脱掉全部籽粒的目的。

图 13.1-2　螺旋辊与直辊配置实物图　　图 13.1-3　排芯口压板实物

13.2　脱粒机工作过程分析

13.2.1　玉米种穗轴向移动速度

　　玉米种穗在脱粒区内受到螺旋辊上的螺旋推力的轴向分量作用，克服了螺旋辊与直辊对玉米种穗摩擦力的作用，玉米种穗绕自身轴线旋转的同时沿轴向移动。当螺旋辊以角速度 ω 旋转时，玉米种穗与螺旋在点 A 接触、与螺旋产生相对滑动，同时在螺旋推力轴向分量的作用下做轴向移动。如图 13.2-1 所示，矢量 $\overrightarrow{AB}$ 表示玉米种穗与螺旋接触点 A 的牵连运动速度，方向沿 A 点回转的切线方向；矢量 $\overrightarrow{BD}$ 表示玉米种穗与螺旋接触点 A 的相对滑动速度，方向与 A 点螺旋线切线方向平行。如不考虑摩擦，则绝对运动速度 $v_{法}$ 应沿螺旋上 A 点的法线方向，用矢量

$\overrightarrow{AD}$表示。而如果考虑摩擦，则绝对运动速度 $v_{法}$ 应偏转一角度 ρ，偏转后的速度用 $v_{合}$ 表示，$v_{合}$ 可分解为玉米种穗轴向运动速度 $v_{轴}$ 和干扰玉米种穗输送的切向速度 $v_{切}$。根据以上分析，可知：

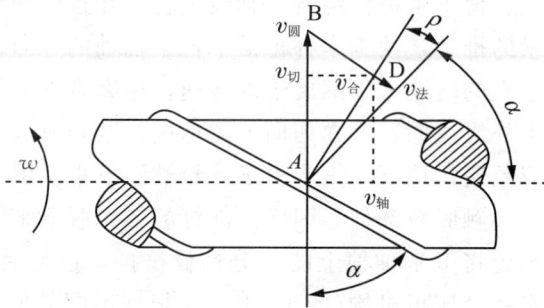

图 13.2-1　玉米种穗轴向位移速度图解

$$v_{合} \cos \rho = v_{圆} \sin \alpha$$

$$v_{圆} = \frac{2\pi n}{60} \cdot \frac{S}{2\pi \tan \alpha} = \frac{Sn}{60 \tan \alpha}$$

所以

$$v_{合} = \frac{Sn}{60} \frac{\cos a}{\cos \rho}$$

$$v_{轴} = v_{合} \cos(\alpha + \rho) = \frac{Sn}{60} \cos \alpha (\cos \alpha - \tan \rho \sin \alpha) \qquad (13.2\text{-}1)$$

把摩擦系数 $\mu = \tan \rho$ 代入式（13.2-1）中，可得玉米种穗轴向移动速度为：

$$v_{轴} = \frac{Sn}{60} \cos^2 \alpha (1 - \mu \tan \alpha) \qquad (13.2\text{-}2)$$

式中：S—螺旋的螺距（对于水平螺旋输送体，$S=0.8D$，D 为螺旋直径），mm；n—螺旋辊的转速，$r \cdot min^{-1}$；μ—玉米种穗与螺旋的摩擦系数（玉米与钢的摩擦系数为 $0.3\sim0.6$，$\mu = \tan \rho$）；ρ—玉米种穗与螺旋体的摩擦角；α—螺旋升角，即螺旋与玉米种穗接触点的法线与螺旋辊轴线间夹角。

如果不考虑玉米种穗轴向阻滞的影响，被输送玉米种穗的输送速度 $v_{输}$ 一般用下式表示：

$$v_{输} = \frac{Sn}{60} \qquad (13.2\text{-}3)$$

13.2.2　玉米种穗自转速度

由于直辊对玉米种穗的切向速度大于螺旋辊对玉米种穗的切向速

度，因而产生差速脱粒。由此可知，在忽略直辊、螺旋辊与玉米种穗切向方向的相对滑动时，玉米种穗自转圆周速度近似等于玉米种穗与螺旋在接触点 A 的切向速度 $v_{切}$。

根据图 13.2-1 可计算出：

$$v_{穗} = v_{切} = \frac{Sn}{60} \sin^2 \alpha \left(1 + \mu \frac{1}{\tan \alpha} \right) \tag{13.2-4}$$

13.2.3　玉米种穗轴向位移条件

如图 13.2-2 所示，当螺旋辊以角速度 w 旋转时，玉米种穗与螺旋在点 A 接触，此处的合力为 $P_{合}$。由于摩擦的原因，$P_{合}$ 的方向与螺旋线的法线方向偏离了 ϕ 角，ϕ 角是玉米种穗对螺旋的摩擦角。

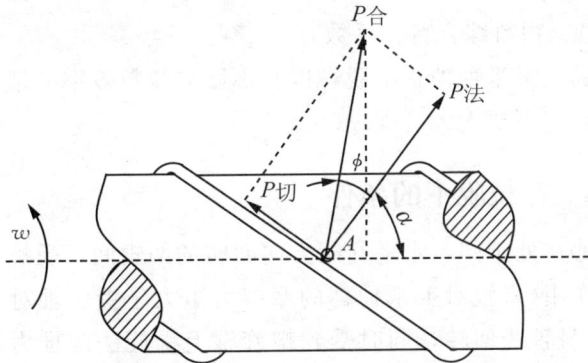

图 13.2-2　螺旋面上玉米种穗的受力图解

根据螺旋面上玉米种穗的受力分析，玉米种穗轴向方向上的作用力为：

$$P_{轴} = P_{合} \cos (\alpha + \phi)$$

为了使 $P_{轴} > 0$，则必须满足：

$$\alpha < \frac{\pi}{2} - \phi \tag{13.2-5}$$

式中：α——螺旋的升角。

在一定的转速内，螺旋对玉米种穗运动的影响并不显著，但是当超过一定的转速时，玉米种穗受到过大的切向力而被抛弃，开始产生垂直于输送方向的跳跃和翻滚，从而降低玉米种穗的脱粒效率，增大籽粒破损。玉米种穗不产生垂直于输送方向的径向运动条件是它所受的离心力的最大值小于其自身重量。

$$m\omega_{\max}^2 R \leqslant mg$$

即：
$$\frac{2\pi n_{\max}}{60}R \leqslant \sqrt{gR}$$

$$\frac{2\pi n_{\max}}{60}R = A'\sqrt{gR}，\quad (A' \leqslant 1)$$

$$n_{\max} = \frac{30A'\sqrt{g}}{\pi\sqrt{R}} = \frac{30A'\sqrt{2g}}{\pi\sqrt{D}} \tag{13.2-6}$$

式中：A'—物料综合系数；D—螺旋辊的直径，m；g—重力加速度，$\mathrm{m \cdot s^{-2}}$；$n_{\max}$—螺旋辊的最大转速，即临界转速，$\mathrm{r \cdot min^{-1}}$。

令 $A = \dfrac{30A'\sqrt{2g}}{\pi}$，则上式转化为

$$n_{\max} = \frac{A}{\sqrt{D}} \tag{13.2-7}$$

式中：A—物料综合特性系数。

因而在满足玉米种穗正常脱粒以及不影响脱粒效率的情况下，尽可能使螺旋辊转速不要太大，即 $n \leqslant n_{\max}$。

13.2.4　籽粒脱下的条件

玉米种穗在处于同一水平并同方向回转的两辊间，受螺旋辊与直辊摩擦力矩的作用（直辊对玉米种穗的摩擦力矩大于螺旋辊对玉米种穗的摩擦力）绕自身轴线回转，同时受到螺旋辊上螺旋法向推力轴向分量的作用，沿两辊工作表面轴向滑动。如图 13.2-4 所示，在自重 Q 的作用下，玉米种穗受到直辊与螺旋辊对其的法向支反力 N_1、N_2。直辊与螺旋辊对玉米种穗的切向摩擦力分别是 $T_1 = \mu_1 N_1$，$T_2 = \mu_2 N_2$，轴向摩擦力分别是 $T_3 = \mu_3 N_1$，$T_4 = \mu_4 N_2$，μ_1、μ_3 和 μ_2、μ_4 分别是直辊与螺旋辊对玉米种穗的摩擦系数。本研究中螺旋辊与直辊为相同钢材料，因而对玉米种穗的摩擦系数 $\mu_1 = \mu_2 = \mu_3 = \mu_4 = \mu$。如图 13.2-3 所示，籽粒在 A 点受到 F_1，F_2 的共同作用，其合力为 F，F_1 为螺旋对玉米种穗轴向方向上的作用力 $P_{轴}$ 与轴向摩擦力 T_3，T_4 的合力；F_2 为直辊与螺旋辊对玉米种穗的切向摩擦力 T_1，T_2 的合力，要脱下玉米种穗上的籽粒，必须满足下述两条件：

条件一：
$$F > f_连 \tag{13.2-8}$$
其中，$f_连$—籽粒果柄连接力，N。

条件二：
$$T_1 \cos\theta > N_1 \sin\theta$$
代入 $T_1 = \mu_1 N_1$，可得

$$\tan \theta < \mu$$

即
$$\theta < \arctan \mu \qquad\qquad (13.2\text{-}9)$$

式中：θ—直辊对玉米种穗法向支反力与过该辊中心水平线的夹角。

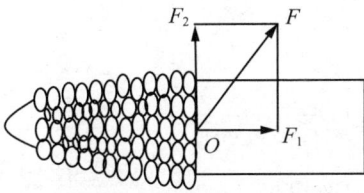

图 13.2-3　玉米种穗的受力图解　　图 13.2-4　脱粒时玉米种穗的受力简图

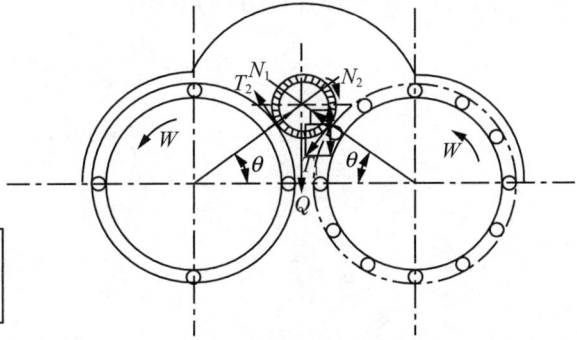

13.2.5　籽粒运动轨迹分析

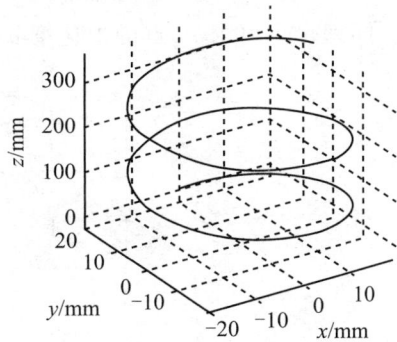

如图 13.2-5 所示，设直角坐标系的坐标原点 O_1、O_2 是玉米种穗的回转轴线，Z 轴与玉米种穗的中心轴线重合，方向与玉米种穗运动方向相同。A_1 为籽粒运动的初始点，A_2 为籽粒运动 t 秒后的位置，Z 轴与 $X_1O_1Y_1$ 平面和 $X_2O_2Y_2$ 平面垂直，$X_1O_1Y_1$ 平面为籽粒运动初始点所在平面，$X_2O_2Y_2$ 平面为籽粒运动 t 秒后 A_2 所在的位置。

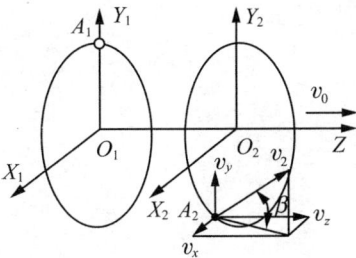

图 13.2-5　籽粒运动分析图　　图 13.2-6　玉米种穗上籽粒的运动轨迹

任意时刻籽粒 A_2 点的坐标为：

$$\begin{cases} X = r\sin \omega t \\ Y = r\cos \omega t \\ Z = v_{轴}\, t \end{cases} \qquad (13.2\text{-}10)$$

式中：r—玉米种穗的回转半径，mm；ω—玉米种穗的自转角速度，rad $\cdot$ s^{-1}；$v_{轴}$—玉米种穗的轴向移动速度，m $\cdot$ s^{-1}。

A_2 点的运动轨迹为圆柱螺旋曲线，如图 13.2-6 所示。

A_2 点的速度和速度方向角为：

$$\begin{cases} v_x = \dfrac{\mathrm{d}x}{\mathrm{d}t} = r\omega\cos\omega t \\[2mm] v_y = \dfrac{\mathrm{d}y}{\mathrm{d}t} = r\omega\sin\omega t \\[2mm] v_z = \dfrac{\mathrm{d}z}{\mathrm{d}t} = v_{轴} \end{cases} \tag{13.2-11}$$

$$\begin{cases} v_2 = \vec{v}_x + \vec{v}_y + \vec{v}_z \qquad |v_2| = \sqrt{r^2\omega^2 + v_{轴}^2} \\[3mm] \beta = \arctan\dfrac{\vec{v}_y}{\vec{v}_x + \vec{v}_z} = \arctan\dfrac{r\omega\sin\omega t}{\sqrt{v_{轴}^2 + \omega^2 r^2\cos^2\omega t}} \end{cases} \tag{13.2-12}$$

对于脱粒中的玉米种穗，其籽粒的运动速度与方向随时间的变化而相应地变化着。脱粒后，籽粒的运动过程复杂，受到众多因素的影响，刚脱下来的运动籽粒并不都是按照图 13.2-5 所示的以初速为 v_2 的方向运动。直接受到打击脱下的籽粒与间接受到打击脱下的籽粒，其运动轨迹可能不一样，籽粒以初速为 v_2 的方向运动是一种理想化的状态。这就要求根据具体情况来更深入全面地研究脱粒装置和玉米种穗的结构参数和运动参数，以求得到较为合理的籽粒运动轨迹以及速度和相应的方向。

同理，也可求 A_2 点的加速度 a_2 和加速度方向角 φ 为：

$$\begin{cases} a_x = \dfrac{\mathrm{d}v_x}{\mathrm{d}t} = -r\omega^2\sin\omega t \\[2mm] a_y = \dfrac{\mathrm{d}v_y}{\mathrm{d}t} = r\omega^2\cos\omega t \\[2mm] a_z = \dfrac{\mathrm{d}v_z}{\mathrm{d}t} = 0 \end{cases} \tag{13.2-13}$$

$$\begin{cases} a_2 = \vec{a}_x + \vec{a}_y + \vec{a}_z, \qquad |a_2| = r\omega^2 \\[3mm] \tan\varphi = \dfrac{\vec{a}_y}{\vec{a}_z + \vec{a}_x} = \tan\omega t, \qquad \varphi = \omega t \end{cases} \tag{13.2-14}$$

13.3　主要部件设计

13.3.1　直辊与螺旋辊的设计

1. 直辊与螺旋辊的直径

脱粒辊的直径直接影响到玉米种穗的脱粒质量与脱粒数量。在转速与喂入量相同情况下，脱粒辊直径都较大时，脱粒辊外缘对玉米种穗的作用较强，玉米种穗轴向移动加速度大，脱粒时间短，脱净率差，脱粒辊之间的脱粒空间也小，脱粒速度低，造成的随机脱粒比率大。相反，脱粒辊的直径都较小时，脱粒辊外缘对玉米种穗的作用较弱，玉米种穗轴向移动加速度小，脱粒时间长，脱净率好，脱粒辊之间的脱粒空间也大，脱粒快，造成的随机脱粒比率小。脱粒辊的直径太大，虽然能得到较好的脱粒效果，但相应的其他设备也需加大。

如果在同水平高度的脱粒辊直径大小不相等，就容易产生玉米种穗拥向一边，出现一边超载的现象，进而影响脱粒效果，因此，脱粒辊直径大小应尽可能相等。本装置中脱粒辊直径都取 168 mm，其上凸棱（直辊上直钢筋高度与螺旋辊上螺旋高度）高度取 10 mm。

2. 直辊与螺旋辊的转速

脱粒辊转速是影响玉米种穗脱粒质量与脱粒效率的重要因素。在脱粒辊直径一定的情况下，转速越大，脱得越净，生产效率也越高，但易造成籽粒破碎，加大功率消耗。脱粒辊转速由脱粒辊外缘（凸棱顶部）线速度决定，脱粒辊线速度是以保证不伤害玉米种子籽粒为前提条件。用籽粒含水率为 11.5%（因为籽粒含水率较低，脆性大，相对容易破裂）的玉米种穗做试验，将其从一定高度自由放落，籽粒下落并撞击到钢板上，相当于辊子打击玉米种穗。经过多次试验测得，超过 0.7 m 高度下落，就能使籽粒产生裂纹；低于 0.7 m 则籽粒一般不会产生裂纹。可根据下式计算脱粒辊外缘线速度。

$$v = gt$$
$$t = \sqrt{\frac{2S}{g}} \tag{13.3-1}$$

式中：S—玉米种穗下落高度，m；g—重力加速度，$\mathrm{m \cdot s^{-2}}$；t—下落时间，s；v—撞击钢板时的瞬时速度，$\mathrm{m \cdot s^{-1}}$。

$$n'_{\max} = \frac{60v}{\pi D} \tag{13.3-2}$$

由式(13.3-1)与式(13.3-2)可得 $n'_{max} = 421$ r·min^{-1}。

因而在满足玉米种穗正常脱粒以及不影响脱粒效率的情况下，尽可能使两辊转速不要太大，即 $n \leqslant n'_{max}$。

根据式(13.3-2)可知，螺旋辊的转速还必须满足：

$$n_{螺} < n_{max} = \frac{A}{\sqrt{D}} \tag{13.3-3}$$

3. 螺旋辊的螺旋

螺距的大小直接影响着玉米种穗输送过程，当螺距增加时，轴向输送玉米种穗的速度增大，但圆周速度会出现不合理的现象；相反，当螺距减小时，圆周速度情况较好，但轴向输送玉米种穗的速度很小，输送能力就会减弱。因此，确定最大螺距时，应使玉米种穗具有尽可能的轴向输送速度，同时又使螺旋上各点的轴向速度大于圆周速度。螺旋辊设计参数见图 13.3-1。

为增强螺旋对玉米种穗轴向的输送能力，并使玉米种穗运动稳定，受力均匀。本螺旋辊采用多螺旋线头等距离分布排列，螺线头数取 4，螺旋升角 α 取30°，螺旋线间距离 h 取 116 mm(玉米种穗平均穗长为110~220 mm)，对于水平单螺旋线头输送体，根据下式可计算出螺距。

$$S = 0.8D, \tag{13.3-4}$$

式中：D—螺旋辊直径，mm。

由式(13.3-4)可得水平单螺旋线头输送体螺距 $S = 134$ mm，由于本装置为四螺旋线头，因而每条螺旋螺距 $S_1 = 4S = 536$ mm。

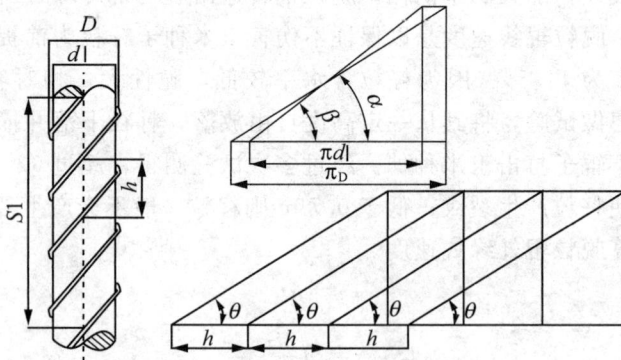

图 13.3-1　螺旋辊表面展开图

4. 脱粒辊长度

脱粒辊长度是决定脱粒质量的重要参数。脱粒辊过短，影响脱净率；脱粒辊过长，会使脱粒干净的玉米芯被打碎，进入清选机构的杂质增多，增大功率消耗，并且脱粒辊过长，也会增加制造成本。由试验数据总结分析，本装置中脱粒辊长度取 820 mm。

5. 脱粒辊间隙

脱粒辊间隙对脱粒工作影响很大，间隙大，增大了脱粒空间，可提高工作效率，玉米种穗脱得干净；但间隙太大会使脱粒干净的小玉米芯从间隙漏下，进入清选机构的杂质增多，增大功率消耗。脱粒辊间隙小，会减小脱粒空间，降低工作效率；太小会影响籽粒的通过性，易造成堵塞。两辊间隙是由玉米种穗的小头直径尺寸、玉米芯小头直径尺寸、籽粒的结构尺寸以及脱粒量等因素决定，在工作中必须根据实际情况调整。调整原则是在保证玉米种穗能脱净、玉米芯通不过间隙以及籽粒能顺利通过间隙的条件下，尽可能采用大间隙。这样既能保证工作质量，又能提高生产率。

经过试验，在本装置中脱粒辊间隙的取值范围为：10~20 mm。

13.3.2　机盖的设计

机盖是脱粒装置的重要组成部分，它合抱两辊形成一个封闭的脱粒空间，玉米种穗在其中作复合运动，即绕自身轴线回转，同时沿两辊轴线方向移动。顶盖的中心高度 H 决定着脱粒区的大小，H 增大时，可增加喂入量，但同时也降低了脱粒效果；H 减小时，降低了喂入量，却提高了脱粒效果。

如图 13.3-2 所示，BC 之间的距离 h 也是影响玉米种穗脱粒质量与脱粒效率的重要因素。增大 h，可增大脱粒区，但会造成一边超载的现象，降低了脱粒效果；h 减小时，减小了脱粒区，进而降低了脱粒效果。

经过试验，本装置 H 取 200 mm，B，C 两点在过两辊中心的纵垂线上。

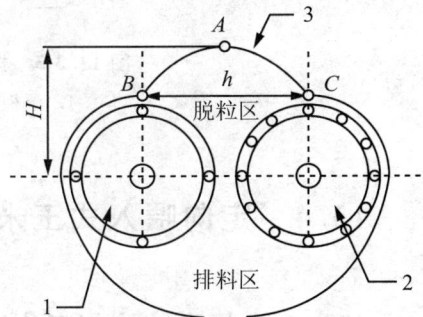

图 13.3-2　机盖简图
1. 螺旋辊；2. 直辊；3. 机盖

13.3.3 进料斗的设计

为保证玉米果穗沿两辊轴向方向有序喂入，进料斗底板应有一定的倾斜度。本机采用进料斗底板的倾斜度为30°，经试验效果良好。进料斗的入口应偏向直辊一侧，以防籽粒飞溅与提高喂入性能，本机进料斗入口偏离中心轴线 50 mm。

13.3.4 排芯口压板的设计

如图 13.1-3 所示排芯口压板实物与图 13.3-3 排芯口压板简图所示，在排芯口安装一套压板机构，压板的作用在于控制玉米种穗的脱净率，脱净的玉米芯从压板下排出，根据不同品种、不同含水率的玉米种穗，可适当调整压板的压力，从而调节排芯口大小。当玉米种穗含水率较高，较难脱粒时，可通过加大压板上弹簧的弹力来减小压板张开的角度，即增加玉米种穗从排芯口排出的难度，增加玉米种穗在脱粒区的脱粒时间，从而提高脱净率；反之，若玉米种穗含水率较低，较易脱粒时，可通过减小压板上弹簧的弹力来增加压板张开的角度，从而让脱净的玉米芯能迅速排出。

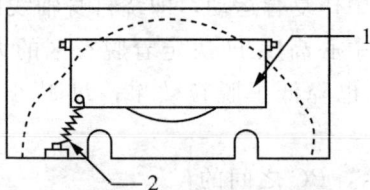

图 13.3-3　排芯口压板简图
1. 压板；2. 弹簧

13.4　定向喂入式玉米种子脱粒机结构与参数

13.4.1　机型结构与工作过程

定向喂入式玉米种子脱粒机由机架部分、进料部分、脱粒部分、风机筛子清选机构及籽粒回收机构等部分构成(见图 13.4-1)。

喂入部分由进料斗及挡料板组成(如果由四轮拖拉机提供动力，可装配输送槽)，进料斗与机盖相连，已剥皮的玉米种穗由此进入，流入脱粒空间进行脱粒。

脱粒部分由直辊、螺旋辊、机盖、排芯压板机构等几部分组成。在脱粒空间内，玉米种穗在脱粒辊的差速作用下进行有序脱粒，已脱下的籽粒由脱粒辊间隙漏下，进入风机筛子清选机构。脱净的玉米芯借助螺旋辊法向推进力的轴向分力及脱粒辊的导向作用，经排芯压板口排出。

风筛清选机构由网孔振动筛 9、风机 1 和风机 11 等部分组成（风机与机盖连接处装有调节板，可调节风量大小）。风机 11 依靠气流产生的负压把杂质从脱粒空间吸出，在杂物下落到筛子的过程中，把飘浮性能较强的夹杂物吸走，而飘浮性能较弱、尺寸又较大的夹杂物靠筛子清除，经风机 11、筛子清除不净的剩余细小杂物由负压风机 1 吸出。

籽粒回收机构由籽粒回收滑板、籽粒收集箱、螺旋升运器等部分组成。从籽粒回收滑板滑下的籽粒进入籽粒收集箱后，经螺旋升运器机构输送到出粮口，可直接装袋。整机结构见图 13.4-2。

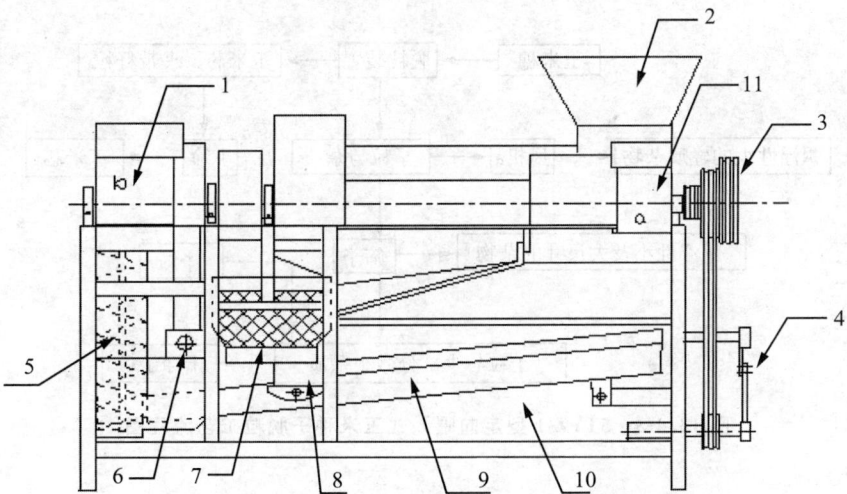

图 13.4-1　定向喂入式玉米种子脱粒机结构示意图

1. 风机；2. 进料口；3. 大皮带轮；4. 筛子调节板；5. 籽粒回收螺旋升运器；
6. 吸口；7. 排芯口；8. 排杂口；9. 筛子；10. 籽粒回收滑板；11. 风机

13.4.2　脱粒工艺流程

玉米种子的脱粒采用有序喂入、有序差速脱粒、籽粒自动回收、负压风选与筛选相结合的作业形式，该种作业形式具有破损率低、含杂率低及未脱净率低的特点。其整体工艺如图 13.4-3 所示。

图 13.4-2 5TYZ-1 型定向喂入式玉米种子脱粒样机照片

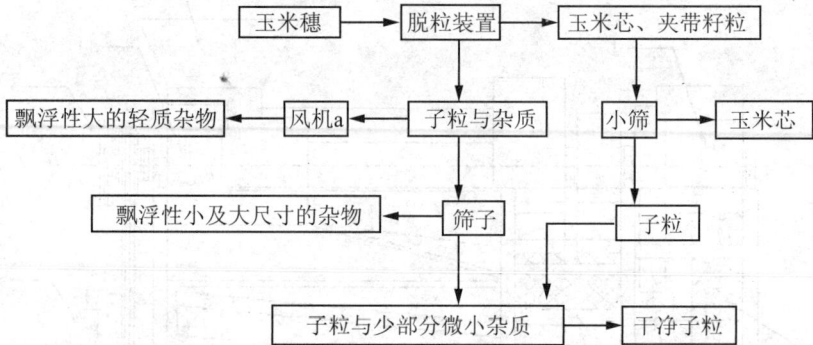

图 13.4-3 5TYZ-1 型定向喂入式玉米种子脱粒工艺流程图

13.4.3 工作原理

玉米种穗通过进料斗进入脱粒区，在脱粒辊的差速作用下进行有序脱粒，脱下的籽粒及细小混杂物依靠自重和风机 11 产生的负压共同作用下，经两辊间隙落下。在杂物下落到筛子的过程中，由负压风机 a 把飘浮性能较强的夹杂物通过风管吸入风机，由风机口排出机外，而飘浮性能较弱、尺寸又较大的夹杂物靠筛子清除，经风机 a、筛子清除不净的剩余细小杂物在进入籽粒收集箱前，由负压风机 11 吸出。清选后的干净籽粒由筛孔漏下进入籽粒回收滑板，从籽粒回收滑板滑下的籽粒进入籽粒收集箱后，经螺旋升运器机构输送到出粮口。在螺旋辊法向推进力的轴向分力及脱粒辊的导向作用下，玉米种穗一边绕自身轴线旋转，一边沿脱粒辊轴向移动，得到不断脱粒。玉米种穗移到排芯压板处时，已被脱粒干净，经排芯压板口排出，进入排芯区的筛板上，玉米芯夹带的籽粒经筛孔漏下进入籽粒回收滑板，干净玉米芯由排芯口排出机外。当玉米芯上的玉米籽粒未脱净时，可以调节排芯压板口的开度，减小玉米芯通过的截面积，使玉米芯在脱粒机内的停留时间延长，得到充分完全的脱离。反之，调大玉米芯通过的截面积，可以增加本机的脱粒速度，提高脱粒效率。

13.4.4　整机清选系统的设计

为提高玉米种子脱粒质量，脱粒过程中的碎芯等混杂物必须及时进行清选、分级。种子清选和分级通常利用种子籽粒及混杂物的物理特性的差异，通过设备来完成。普遍应用的有种子籽粒的外形等。玉米种子籽粒有三个尺寸，即长度 $a>$ 宽度 $b>$ 厚度 c（按照规定，长度大于宽度，宽度大于厚度）。用筛子来分选种子和混杂物时，只能按一个尺寸来进行，我们通过统计，得到玉米种子籽粒的平均宽度为 8.2 mm。由于玉米脱粒的混杂物是比玉米种子籽粒更厚更宽的混杂物，所以采用筛子和籽粒回收板相互结合的机构。重叠配置筛子时，上筛具有大于玉米种子籽粒的筛孔，清除大混杂物，种子通过筛孔落到籽粒回收板面上。籽粒回收板的方形孔比玉米种子籽粒尺寸小，只能筛落小于籽粒的混杂物。本方案中，上筛格设计为正方形，边长为 12 mm，籽粒回收板的方格边长 4 mm。筛子的倾角为 15°。本机中上筛和籽粒回收板的运动通过曲柄机构实现。

在实际生产中，筛选系统常常和气流清选结合。本机是选用两个负压风扇（见图 13.4-4），根据玉米种子籽粒和混杂物的空气动力学特征——悬浮性能的不同来进行清选的。本机在工作过程中，由于受到负压风机吸力作用，较轻的，也就是飘浮性大的杂质漂浮升起被清除出去，而质量大的杂质和从玉米种穗上脱落的籽粒，直接掉到滚筒下部的上筛里，通过上筛的清选，直径大的杂质也被筛选出去，籽粒和直径小的杂质从上筛掉到籽粒回收板，并同时沿籽粒回收板向籽粒回收箱运动。在运动过程中，在第二个负压风机的吸力作用下，籽粒中混杂的杂质被二次清选，以保证籽粒的清洁度。

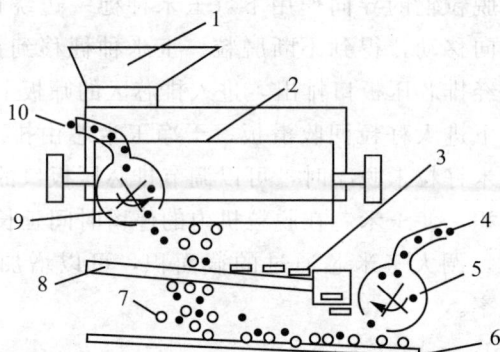

图 13.4-4　玉米种子脱粒机的清选系统
1. 喂入口；2. 螺旋辊；3. 大杂余；4. 小杂余；5. 风机；
6. 籽粒回收板；7. 玉米种子籽粒；8. 上筛；9. 风机；10. 小杂余

13.4.5　籽粒回收螺旋的选用

籽粒回收螺旋的设计方便了玉米种子籽粒回收的工作，减轻了工人的劳动强度，改善了劳动环境，但回收螺旋的自身参数也影响籽粒的破损。因而，为保证脱粒系统最后一个环节对玉米种子籽粒的破损降到最低，选用籽粒回收螺旋时，需要考虑螺旋叶片的倾角和直径。当倾角过小时，籽粒沿螺旋斜面上升的摩擦力变大，对籽粒造成的损伤增大。当直径过大时，增加了功的消耗；当直径过小时，籽粒不能及时地输送到机外，降低了工作效率。

籽粒回收螺旋有三种形式：水平籽粒回收螺旋、垂直籽粒回收螺旋、倾斜籽粒回收螺旋。其中，垂直籽粒回收螺旋和籽粒之间产生的摩擦和破损最小，但消耗的功最多；而水平籽粒回收螺旋产生的破坏最大；倾斜回收螺旋居中。因此，本机采用倾斜籽粒回收螺旋。

13.4.6　设备主要结构参数

外型尺寸	1 540/mm×1 000/mm×	清选方式	负压气流清选
（长×宽×高）	1 450/mm		与筛选
整机质量	450/kg(不含电机)	风机数量	2
直辊长度	820/mm	风机叶片类型	径向直叶片
直辊直径	168/mm	风机叶轮直径	150/mm

续表

直辊转速	< 421/(r · min⁻¹)	风机转速	>400/(r · min⁻¹)
螺旋辊长度	820/mm	风机叶片宽度	100/mm
螺旋辊直径	168/mm	风机叶片数量	6
螺线头数	4	配套动力	3/kW
螺旋辊上单螺旋螺距	537/mm	籽粒回收螺旋升运器类型	垂直螺旋输送升运器
螺旋辊上单螺旋升角	30/°	螺旋升运器叶片形式	满面式
螺旋辊转速	< 270/(r · min⁻¹)	螺旋升运器螺旋体外径	100/mm
直辊与螺旋辊上凸棱高度	10/mm	螺旋升运器螺旋轴外径	45/mm
筛子类型	平面网孔筛	螺旋升运器螺旋螺距	100/mm
筛子尺寸(长×宽)	800 /mm×470 /mm	螺旋升运器螺旋升角	30/°

第 14 章
定向喂入式玉米种子脱粒机试验

14.1 脱粒过程的高速摄影分析

玉米种子脱粒过程属于高速运动，使用普通记录设备和试验方法很难记录或观察脱粒的全过程。本章借助高速摄影技术对差速式玉米种子脱粒机上的脱粒过程进行了在线拍摄，通过对拍摄的图片反复观察，进一步揭示了玉米种子脱粒过程中的基本规律，掌握了籽粒、果穗的运动情况，为优化该脱粒系统相关参数、进而降低玉米种子在脱粒过程中的损伤提供参考。

14.1.1 高速摄影系统组成

高速摄影系统主要由高速图像采集仪、图像采集卡、光源、计算机操作系统和脱粒装置等组成。高速摄影应用于玉米种子脱粒装置试验系统流程图见图 14.1-1。其中，高速图像采集仪为加拿大 MREL 公司生产的 MotionMeter 1140-0002 500 单色图像采集仪，最高帧数可达 500 帧·秒$^{-1}$。本试验是在图 13.4-2 所示的脱粒装置上进行，采用碘钨灯照明，拍摄频率 125 帧·秒$^{-1}$，高速摄影系统直接安装在脱粒装置上，直接拍摄工作区域，如图 14.1-2 所示。

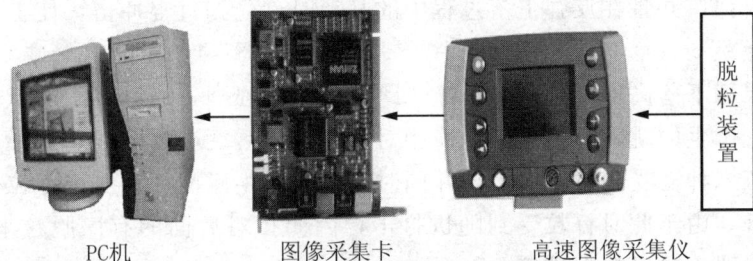

PC机　　　　　　　图像采集卡　　　　　高速图像采集仪

图 14.1-1　高速摄影系统流程图

14.1.2　试验材料和方法

试验采用单穗喂入方式以便对单个籽粒和整体运动过程进行观察和分析。试验材料由辽宁东亚种业有限公司提供，品种为辽白 371，手工采摘，在籽粒含水率为 15.8%，直辊转速 420 r·min^{-1} 条件下进行试验。拍摄位置如图 14.1-2 所示，主要观察玉米种穗的喂入、脱粒过程的运动情况以及籽粒的运动规律。

图 14.1-2　高速摄影系统拍摄位置

14.1.3　试验结果与分析

1. 玉米种穗喂入过程

为真实反映玉米种穗喂入过程中运动状态的变化，选取高速摄影拍摄的 10 帧图片进行再现观察分析，图片时间间隔为 0.016 s。

图 14.1-3 记录的是玉米种穗进入脱粒区起 0.024～0.168 s 内，玉米种穗的随机喂入过程。图片再现观察得出，当玉米种穗从喂入口进入脱粒空间时，由于下落过程自身位置是随机的，与两辊接触的部位也是随机的，玉米种穗头部位首先与螺旋辊接触，如图 14.1-3(0.056 s)所示，螺旋辊对玉米种穗头部位产生冲击回带作用，使得玉米种穗沿螺旋辊圆周方向被抛起，如图 14.1-3(0.072 s)所示，在抛起过程中伴随有自转、偏转现象，因具有较大的抛起速度，玉米种穗与机盖发生了碰

撞、反弹，并且在反弹下落过程中的某一时刻受到直辊冲击，使玉米种穗产生跳动、摇摆，如图 14.1-3(0.104～0.168 s)所示。开始喂入时，玉米果穗下落高度大，产生碰撞、跳动，自转强烈，而第二次的下落高度小，产生的跳动、摇摆、碰撞相对减小，以后逐渐减弱。在这个过程中，玉米种穗受到两辊撞击，并同时与机盖发生碰撞，有少许籽粒被击落下来，由于此时籽粒受到随机打击，因而相对后面的有序脱粒来说，在开始喂入阶段籽粒破碎可能很大。

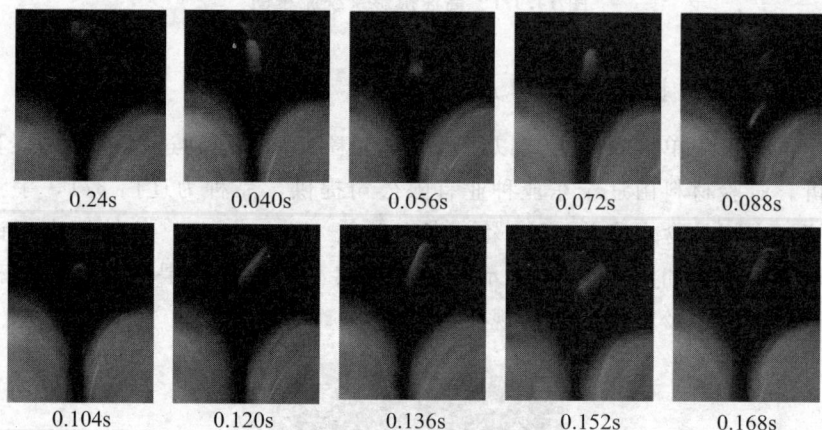

| 0.24s | 0.040s | 0.056s | 0.072s | 0.088s |
| 0.104s | 0.120s | 0.136s | 0.152s | 0.168s |

图 14.1-3　玉米种穗喂入过程的系列图片

2. 玉米种穗脱粒过程

图 14.1-4 记录了玉米种穗从摆正自身位置开始起，遭受差速脱粒的起始过程。图中记录显示，玉米种穗在自身重力作用下向两辊组成的脱粒区底部运动(图 14.1-4B)，在与两辊接触的瞬间，玉米种穗头部位首先受到直辊与螺旋辊的差速作用而脱下大部分籽粒，遭受直接作用而脱下的籽粒沿直辊近似切线方向飞出，从图 14.1-4C 可以看出。

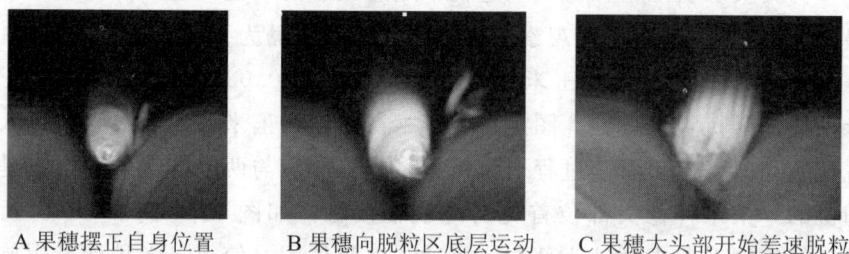

A 果穗摆正自身位置　　　B 果穗向脱粒区底层运动　　　C 果穗大头部开始差速脱粒

图 14.1-4　玉米种穗起始脱粒

　　同时，由于玉米种穗受到螺旋辊的回带作用而又跳起来（图 14.1-5A），玉米种穗遭受间歇打击，但果柄已经断裂的籽粒在此刻也由于玉米的自转、晃动、偏转而脱粒下来，向下四处飞溅。由于玉米种穗在跳动过程中伴随有自转、晃动、偏转，这使得玉米种穗轴线偏离了两辊轴线方向，下落过程中与直辊接触的玉米种穗小头部位，受到直辊的冲击作用也脱下部分籽粒（图 14.1-5A、图 14.1-5B、图 14.1-5C、图 14.1-5D）。

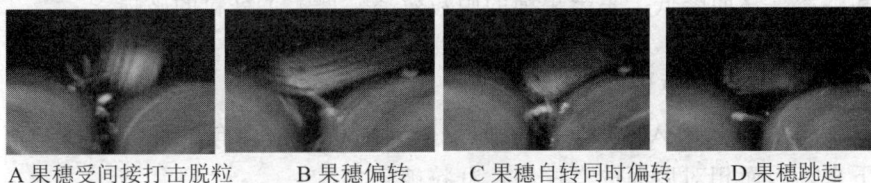

A 果穗受间接打击脱粒　　　B 果穗偏转　　　C 果穗自转同时偏转　　　D 果穗跳起

图 14.1-5　玉米种穗非正常脱粒

　　试验中发现，脱粒过程起始阶段由于玉米种穗的飘动、晃动、偏转而作用强烈，而越到脱粒后段，由于玉米种穗自身位置的摆正而作用越弱。在脱粒室内跳动的减弱，同时抑制了玉米种穗的偏转，这使得玉米种穗自转加快，脱粒加快，虽然在这个过程中也伴随有果穗摆动，但摆动不强烈，对玉米果穗的差速脱粒影响不大（图 14.1-6A）。

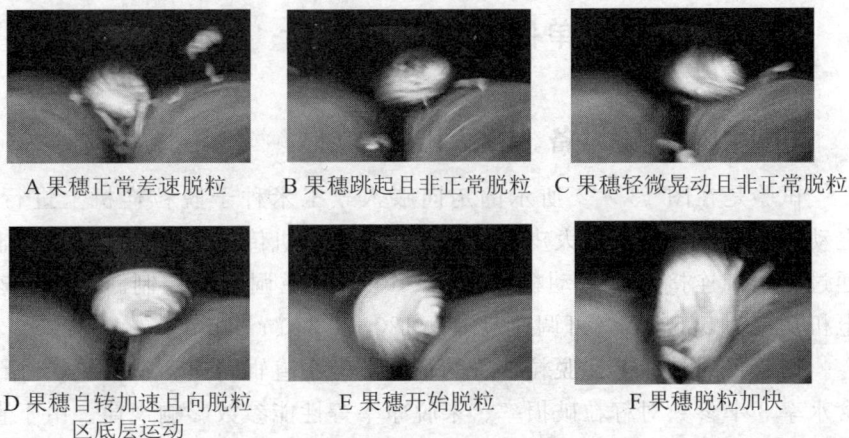

A 果穗正常差速脱粒　　　B 果穗跳起且非正常脱粒　　　C 果穗轻微晃动且非正常脱粒

D 果穗自转加速且向脱粒　　　E 果穗开始脱粒　　　F 果穗脱粒加快
　　区底层运动

图 14.1-6　玉米种穗脱粒加快

　　从图 14.1-4、图 14.1-5 和图 14.1-6 还可以看出，当玉米种穗在正常脱粒的情况下，籽粒在脱粒后的运动基本上可以近似为沿直辊与玉米种穗接触点的切线方向飞出，脱下籽粒多；而在玉米种穗非正常脱粒

（玉米种穗有跳动、晃动、偏转）的情况下，籽粒在脱粒后的运动规律呈杂乱状态，没有一定的飞行方向，脱下籽粒少。

3. 结果分析

从整个喂入脱粒过程来看，由于在玉米种穗随机喂入过程中，玉米种穗的轴线与两辊轴线不平行，因而籽粒受到随机打击，随机打击会增大籽粒的破碎。同样在玉米种穗脱粒阶段，由于螺旋辊的转速偏大，使玉米种穗受到过大的切向力而被抛起，开始产生垂直于输送方向的跳跃和翻滚，从而降低了玉米果穗的脱粒效率，增大了籽粒的破损。

14.1.4 结论

1. 在开始喂入阶段，玉米种穗受到随机打击，有少许籽粒被击落下来，因而相对后面的有序脱，籽粒破碎多。

2. 玉米种穗在正常脱粒的情况下，脱下籽粒多，籽粒运动轨迹可近似为沿直辊与玉米种穗接触点的切线方向；而玉米种穗非正常脱粒的情况下，脱下籽粒少，籽粒的运动规律呈杂乱状态，没有一定的飞行方向。

3. 螺旋辊的转速偏大造成玉米种穗的非正常脱粒加大，玉米种穗的非正常脱粒会影响玉米种穗的脱粒质量和脱粒效率。

14.2 脱粒机单因素试验与分析

14.2.1 试验设备、方法和材料

试验是在图 13.4-2 所示的定向喂入式玉米种子脱粒样机上进行。电动机与脱粒装置上的大皮带轮相连，由电动机传递动力给两辊，两辊通过三角带连接，该电动机由 JD1A-40 型电磁调速器控制。电磁调速电机功率为 5.5 kW，可调速范围为 $120\sim1\,200\ \text{r}\cdot\text{min}^{-1}$。

试验目的是在上述脱粒装置的基础上考察直辊转速、喂入量、籽粒含水率 3 个参数对籽粒破损率、未脱净率等性能参数影响规律。由于直辊与螺旋辊通过三角带连接传动，两辊以一定角速度比例旋转，在满足螺旋辊转速条件下，可将其看做一个辅助辊，因而这里不单独考虑螺旋辊对破损率与未脱净率的影响。

破损率按 GB5262-85 测定，取样按照 GB/T 8097-1996 执行。破损率的计算公式：

$$d = \frac{w}{W} \times 100\% \tag{14.2-1}$$

式中：d—样品中损伤籽粒的百分比；w—样品中损伤籽粒的数量；W—样品中全部籽粒总数。

未脱净率按照 GB5982-86 测定，取样按照 GB/T 8097-1996 执行。未脱净率的计算公式：

$$b = \frac{G_1}{G_2} \times 100\% \tag{14.2-2}$$

式中：b—样品中未脱下籽粒的百分比；G_1—样品中未脱下籽粒的质量；G_2—样品中全部籽粒质量。

试验材料由辽宁东亚种业有限公司提供，品种为辽白 371、齐 319、9046，手工采摘。脱粒时玉米种穗采用有序喂入，以保证喂入的均匀性。

14.2.2　单因素试验结果与分析

为考察各试验因素对脱粒特性的影响关系，需要对各试验因素进行单因素试验，即改变一个参数，固定其余参数进行脱粒试验，考察单因素对试验结果的影响。当然，试验因素对试验结果并不一定是孤立影响的，这里仅寻求某种变化规律，为多因素综合试验提供考察依据。

1. 直辊转速对籽粒破损率与未脱净率的影响

直辊转速是脱粒系统的重要参数，它对提高脱粒效率起着非常重要的作用。为找到直辊转速对籽粒破损率与未脱净率的影响规律，用玉米种子品种辽白 371、齐 319、9046 在喂入量为 1.5 kg·s⁻¹、籽粒含水率为 16% 条件下进行了试验，得到了转速与各指标的影响关系，结果如图 14.2-1 和图 14.2-2 所示。

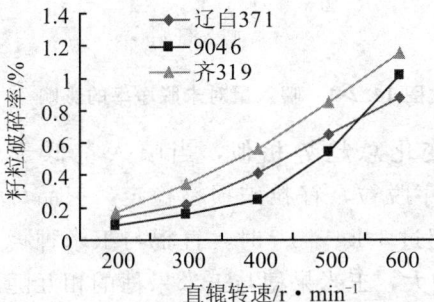

图 14.2-1　直辊转速对破损率的影响　　图 14.2-2　直辊转速对未脱净率的影响

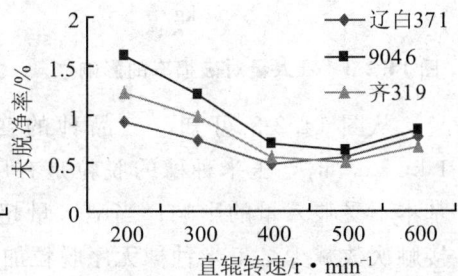

从图 14.2-1 可知，三品种的变化总趋势相似，籽粒破损率都随直辊转速的增加而逐渐增加。分析其原因可知，直辊圆周线速度增加时，对籽粒的打击力增强并与籽粒接触频率加大，籽粒破损率上升，直辊转速越大，籽粒破损率也越大。当直辊转速超过 400 r·min⁻¹ 时，三品种籽粒破损率上升趋势加快，其中 9046 籽粒破损率增加速度大于其他两个品种，说明 9046 的破碎敏感性大于其他两个品种。

一般来说，脱下的籽粒数越多，则破损的籽粒也越多。由此可见，有利于脱粒的因素往往也会造成到籽粒的损伤。

从图 14.2-2 可知，三品种的变化总趋势相似，在 200 ～ 400 r·min⁻¹ 范围内，都随着直辊转速的增加，直辊与玉米种穗接触次数增多，破坏籽粒果柄的打击力增强，脱下的籽粒多，三个品种未脱净率逐渐减小；在 400～500 r·min⁻¹ 范围内，未脱净率变化不大；当直辊转速超过 500 r·min⁻¹ 时，由于玉米种穗轴向运动加快，直辊与玉米种穗接触次数相对减少，未脱净率又稍有上升的趋势。由此可得出，在一定范围内转速增加对未脱净率有利。

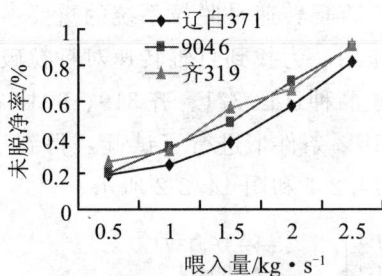

2. 喂入量对籽粒破损率与未脱净率的影响

这里定义喂入量用单位时间里喂入玉米种穗质量来表示。本试验用玉米种子品种辽白 371、齐 319、9046，在籽粒含水率为 16%，直辊转速 400 r·min⁻¹ 条件下进行了试验，试验结果见图 14.2-3 和图 14.2-4 所示。

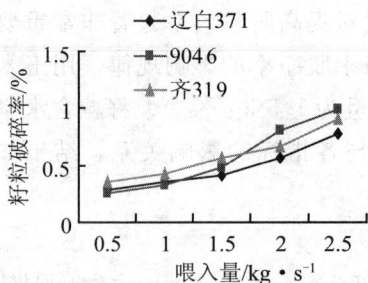

图 14.2-3　喂入量对破损率的影响　　图 14.2-4　喂入量对未脱净率的影响

从图 14.2-3 可知，三品种的变化总趋势相似，当喂入量低于 1 kg·s⁻¹ 时，玉米种穗的脱粒是有序脱粒，籽粒破损率稳定，三品种基本不受喂入量的影响；当喂入量超过 1 kg·s⁻¹ 时，直辊与玉米种穗接触次数减少，玉米种穗无序脱粒加大，玉米果穗与玉米果穗的相互随机作用也增加，三品种籽粒破损率上升趋势加快，其中，9046 增加速度大于其他两个品种，说明 9046 的破碎敏感性大于其他两个品种。

从图 14.2-4 可知，三品种的变化总趋势相似，都随着喂入量的增加，由于直辊与玉米种穗接触频率降低，因而脱下籽粒减少，三品种未脱净率增大。

从上分析可知，喂入量的增加有助于提高脱粒的生产效率，但会使脱粒损伤提高，未脱净率增加。

3. 籽粒含水率对籽粒破损率与未脱净率的影响

本试验用玉米种子品种为辽白 371、齐 319、9046，在喂入量为 1.5 kg·s^{-1}，直辊转速 400 r·min^{-1}，试验结果如图 14.2-5 和图 14.2-6 所示。

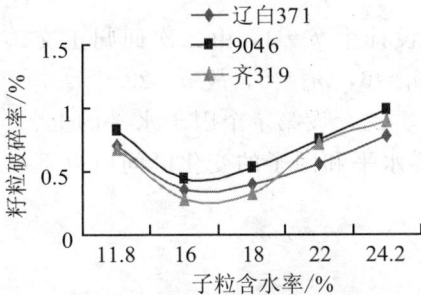

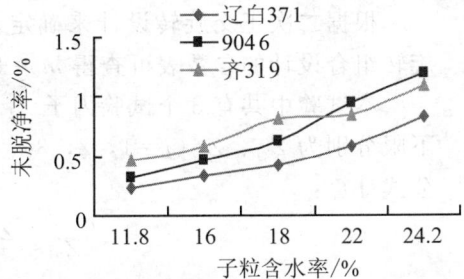

图 14.2-5　籽粒含水率对籽粒破损率的影响　　图 14.2-6　籽粒含水率对未脱净率的影响

从图 14.2-5 可知，三品种的变化总趋势相似，在籽粒含水率 11.8%～16%范围内，由于玉米籽粒含水率过低，籽粒硬脆而易被击碎，因此三品种籽粒破损率随籽粒含水率的升高而下降；在籽粒含水率 16%～18%范围内，三品种籽粒破损率比较稳定，变化不大；在籽粒含水率 18%～24.2%范围内，籽粒含水率较高，玉米种子籽粒饱满，且较软、表皮柔韧性大，籽粒间排列紧密，冲击时易破损，因此三品种籽粒破损率随籽粒含水率升高有上升趋势。

从图 14.2-6 可知，三品种的变化总趋势相似，由于籽粒含水率的增加，籽粒间排列紧密，籽粒果柄不易断裂，造成籽粒不易脱粒，未脱净率增加。

14.3　脱粒机多因素试验与分析

14.3.1　试验方案的确定

单因素试验是在其他参数固定不变的情况下孤立地反映该因素的影

响，因而不能全面地反映多个参数影响的总体规律，特别是交互作用的影响。因此，为了反映所有主要参数对性能指标联合影响的规律，需要进行多因素试验研究。根据单因素试验结果，共选取直辊转速、喂入量和含水率 3 个因素，依据因素选二次回归正交旋转组合设计安排试验。

每个试验因素的取值范围为直辊转速 $200 \sim 600$ r·$\min^{-1}$、籽粒含水率 $11.8\% \sim 24.2\%$ 与喂入量 $0.5 \sim 2.5$ kg·s^{-1}。试验指标选取玉米籽粒破损率和未脱净率为测试指标，在同样条件下玉米籽粒破损率越低越好、玉米果穗未脱净率越低越好。试验所用玉米种穗品种为辽白371，手工采摘，上部平均直径 45 mm、下部平均直径 25 mm、平均长度 190 mm。

根据二次正交旋转设计来确定。本设计中 $p=3$，由二次回归正交旋转组合设计的参数表可查得 $m_c=8$，$m_r=6$，$m_o=9$，故 $n=23$。

本试验中共有 3 个试验因子 Z_1、Z_2、Z_3，设第 j 个因子水平的上、下限分别为 Z_{2j}、$Z_{1j}(j=1, 2, 3)$，则零水平和因子的变化区间由以下公式计算：

$$Z_{0j} = \frac{Z_{2j} + Z_{1j}}{2}$$

$$\Delta_j = \frac{Z_{2j} - Z_{1j}}{2\gamma} \tag{14.3-1}$$

试验因素的线性变换公式为：

$$x_j = \frac{Z_j - Z_{0j}}{\Delta_j} \tag{14.3-2}$$

因素水平编码见表 14.3-1。

表 14.3-1　因素水平编码

编码值 x_j	因素（$\gamma=1.682$；$m_o=9$）		
	籽粒含水率 $Z_1/\%$	喂入量 $Z_2/(\text{kg·s}^{-1})$	直辊转速 $Z_3/(\text{r·min}^{-1})$
上星号臂（$+\gamma$）	24.2	2.5	600
上水平（$+1$）	21.7	2.1	519
零水平（0）	18	1.5	400
下水平（-1）	14.3	0.9	281
下星号臂（$-\gamma$）	11.8	0.5	200
Δ_j	3.7	0.6	119
	$x_1 = \dfrac{Z_1 - 18}{3.7}$,	$x_2 = \dfrac{Z_2 - 1.5}{0.6}$,	$x_3 = \dfrac{Z_3 - 400}{119}$

　　根据三元二次回归正交旋转组合设计方案，需要进行 23 次试验，试验方案见表 14.3-2。

表 14.3-2　三因素二次回归正交旋转设计方案

No	x_0	x_1	x_2	x_3	$x_1 x_2$	$x_1 x_3$	$x_2 x_3$	x_1^2	x_2^2	x_3^2
1	1	1	1	1	1	1	1	0.406	0.406	0.406
2	1	1	1	−1	1	−1	−1	0.406	0.406	0.406
3	1	1	−1	1	−1	1	−1	0.406	0.406	0.406
4	1	1	−1	−1	−1	−1	1	0.406	0.406	0.406
5	1	−1	1	1	−1	−1	1	0.406	0.406	0.406
6	1	−1	1	−1	−1	1	−1	0.406	0.406	0.406
7	1	−1	−1	1	1	−1	−1	0.406	0.406	0.406
8	1	−1	−1	−1	1	1	1	0.406	0.406	0.406
9	1	1.682	0	0	0	0	0	2.234	−0.594	−0.594
10	1	−1.682	0	0	0	0	0	2.234	−0.594	−0.594
11	1	0	1.682	0	0	0	0	−0.594	2.234	−0.594
12	1	0	−1.682	0	0	0	0	−0.594	2.234	−0.594
13	1	0	0	1.682	0	0	0	−0.594	−0.594	2.234
14	1	0	0	−1.682	0	0	0	−0.594	−0.594	2.234
15	1	0	0	0	0	0	0	−0.594	−0.594	−0.594
16	1	0	0	0	0	0	0	−0.594	−0.594	−0.594
17	1	0	0	0	0	0	0	−0.594	−0.594	−0.594
18	1	0	0	0	0	0	0	−0.594	−0.594	−0.594
19	1	0	0	0	0	0	0	−0.594	−0.594	−0.594
20	1	0	0	0	0	0	0	−0.594	−0.594	−0.594
21	1	0	0	0	0	0	0	−0.594	−0.594	−0.594
22	1	0	0	0	0	0	0	−0.594	−0.594	−0.594
23	1	0	0	0	0	0	0	−0.594	−0.594	−0.594

14.3.2 试验因素对试验指标影响的回归分析

1. 各试验因素对籽粒破损率影响的回归分析

(1)数学模型的建立

表 14.3-3　二次回归正交旋转组合设计实验表

序号	籽粒含水率 $x_1/\%$	喂入量 $x_2/(\text{kg} \cdot \text{s}^{-1})$	直辊转速 $x_3/(\text{r} \cdot \text{min}^{-1})$	籽粒破损率 $y_1/\%$	未脱净率 $y_2/\%$
1	21.7	2.1	519	0.81	0.93
2	21.7	2.1	281	0.42	0.79
3	21.7	0.9	519	0.83	0.42
4	21.7	0.9	281	0.43	0.40
5	14.3	2.1	519	0.85	0.44
6	14.3	2.1	281	0.59	0.48
7	14.3	0.9	519	0.71	0.38
8	14.3	0.9	281	0.35	0.41
9	24.2	1.5	400	0.97	0.91
10	11.8	1.5	400	0.86	0.27
11	18	2.5	400	0.72	0.70
12	18	0.5	400	0.3	0.32
13	18	1.5	600	0.85	0.25
14	18	1.5	200	0.28	0.79
15	18	1.5	400	0.30	0.35
16	18	1.5	400	0.32	0.37
17	18	1.5	400	0.27	0.37
18	18	1.5	400	0.34	0.34
19	18	1.5	400	0.37	0.31
20	18	1.5	400	0.37	0.36
21	18	1.5	400	0.4	0.13
22	18	1.5	400	0.25	0.29
23	18	1.5	400	0.3	0.2

对试验结果进行统计分析，求得各试验因素与籽粒破损率之间关系

的回归方程如下：

$$y_1 = 0.325\ 996 + 0.021\ 454x_1 + 0.129\ 098x_2 + 0.291\ 575x_3 +$$
$$0.553\ 564x_1^2 - 0.143\ 131x_2x_1 + 0.148\ 180x_2^2 +$$
$$0.059\ 846x_3x_1 - 0.038\ 515x_3x_2 + 0.203\ 774x_3^2$$

$$(14.3\text{-}3)$$

回归方程的方差分析结果见表 14.3-4。

查 F 表，$F_{0.05}(5, 8) = 3.69$，$F_{Lf} < F_{0.05}(5, 8)$ 不显著，说明方程拟合得好。进一步用统计量 $F_{回}$ 对方程进行检验，已知 $F_{0.05}(9, 13) = 2.71$，$F_{回} > F_{0.05}(9, 13)$，说明回归方程显著。

表 14.3-4　方差分析表

变异来源	平方和	自由度	均方	比值 F
回归	1.254 36	9	0.139 373	$F_{回} = 30.44$
剩余	0.059 527	13	0.004 579	
失拟	0.039 705	5	0.007 941	$F_{Lf} = 3.20$
误差	0.019 822	8	0.002 478	
总和	1.313 887	22		

表 14.3-5　籽粒破损率方程回归系数及显著水平

T 检验项目	回归系数	T 值	显著水平
b_0	0.325 996	7.01	<.000 1
b_1	0.021 454	−9.49	<.000 1
b_2	0.129 098	0.64	0.534 7
b_3	0.291 575	−2.18	0.048 4
b_{11}	0.553 564	11.55	<.000 1
b_{12}	−0.143 131	−2.14	0.051 7
b_{22}	0.148 180	3.10	0.008 5
b_{13}	0.059 846	0.89	0.390 6
b_{23}	−0.038 515	−0.57	0.575 3
b_{33}	0.203 774	4.25	0.001 0

经 T 检验，在 $\alpha = 0.05$ 显著水平下剔除 b_1、b_{13}、b_{23}，其他回归系数都在不同程度上显著，将不显著项剔除，得编码空间的回归方程为：

$$y_1 = 0.325\ 996 + 0.021\ 454x_1 + 0.291\ 575x_3 + 0.553\ 564x_1^2 -$$
$$0.143\ 131x_2x_1 + 0.148\ 180x_2^2 + 0.203\ 774x_3^2 \qquad (14.3\text{-}4)$$

（2）因素重要性分析

采用庄恒扬（1990）的因素重要性分析方法对数据进行处理，得试验三因素的回归平方和分别为 $SS_1＝0.637\ 358$、$SS_2＝0.147\ 802$、$SS_3＝0.498\ 464$，表明因素的重要性顺序 $x_1＞x_3＞x_2$，即三个因素对籽粒破损率影响的主次顺序为：籽粒含水率＞直辊转速＞喂入量。

（3）双因素对试验指标的影响效应分析

①籽粒含水率 x_1 和喂入量 x_2 对籽粒破损率的影响效应分析

在式（14.3-4）中，取 $x_3＝0$，得编码空间内籽粒含水率 x_1 和喂入量 x_2 与籽粒破损率 y_1 之间的关系为：

$$y_{12}＝0.325\ 996＋0.021\ 454x_1＋0.553\ 564x_1^2－0.143\ 131x_2x_1＋0.148\ 180x_2^2$$

$$(14.3-5)$$

图 14.3-1 为编码空间内籽粒含水率 x_1 和喂入量 x_2 与籽粒破损率 y_1 之间的关系曲面图。

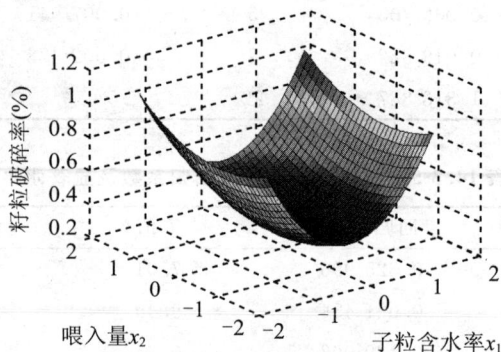

图 14.3-1　籽粒含水率和喂入量对籽粒破损率的影响

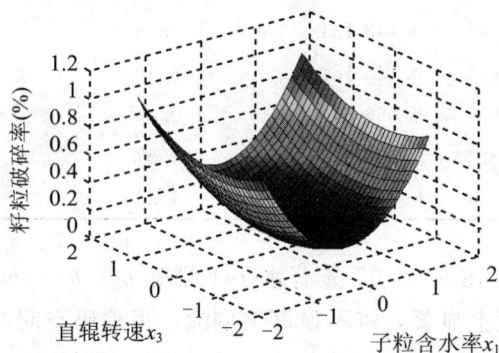

图 14.3-2　籽粒含水率和直辊转速对籽粒破损率的影响

从图 14.3-1 中可以看出，随籽粒含水率的增加，籽粒破损率先有下降的趋势，接着在一定范围内变化趋缓，而后又急剧上升，这与单因素的分析一致。当籽粒含水率固定在某一水平时，随喂入量的增加，籽粒破损率基本上呈缓慢上升趋势。籽粒含水率和喂入量对籽粒破损率的交互影响也很显著，当籽粒含水率在 -1.682 水平与 1.682 水平（实际值为 18% 与 24.2%），喂入量在 1.682 水平（实际值为 $2.5\ \mathrm{kg \cdot s^{-1}}$）时，籽粒破损率取得最大值。

②籽粒含水率 x_1 和直辊转速 x_3 对籽粒破损率的影响效应分析

在式(14.3-4)中，取 $x_2 = 0$，得编码空间内籽粒含水率 x_1 和直辊转速 x_3 与籽粒破损率 y_1 之间的关系为：

$$y_{13} = 0.32 + 0.021x_1 + 0.292x_3 + 0.554x_1^2 + 0.204x_3^2 \quad (14.3\text{-}6)$$

图 14.3-2 为编码空间内籽粒含水率 x_1 和直辊转速 x_3 与籽粒破损率 y_1 之间关系曲面图。

从图 14.3-2 中可以看出，籽粒含水率和直辊转速对籽粒破损率的交互影响显著，当籽粒含水率在 -1.682 与 1.682（实际值为 11.8% 与 24.2%），直辊转速在 1.682（实际值为 $600\ \mathrm{r \cdot min^{-1}}$）时，籽粒破损率取得最大值。当直辊转速固定在某一水平时，随籽粒含水率的增加，籽粒破损率先有下降的趋势，接着在一定范围内变化趋缓，而后又急剧上升，这与单因素的分析一致。当籽粒含水率固定在某一水平时，随直辊转速的增加，籽粒破损率有增加的趋势，直辊转速越大，籽粒破损率也越大，表明直辊转速与籽粒破损率呈正相关，这与单因素分析的结果相符合。直辊转速越小，对降低玉米种子损伤有利，但会影响脱粒效果与生产效率，在实际生产中要根据生产率确定直辊转速。

③喂入量 x_2 和直辊转速 x_3 对籽粒破损率的影响效应分析

在式(14.3-4)中，取 $x_1 = 0$，得编码空间内喂入量 x_2 和直辊转速 x_3 与籽粒破损率 y_1 之间的关系为：

$$y_{23} = 0.326 + 0.292x_3 + 0.148x_2^2 + 0.204x_3^2 \quad (14.3\text{-}7)$$

图 14.3-3 为编码空间内喂入量 x_2 和直辊转速 x_3 与籽粒破损率 y_1 之间的关系曲面图。

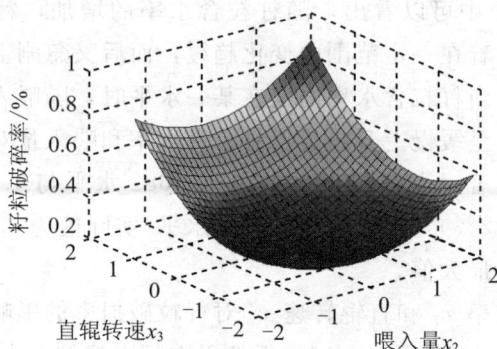

图 14.3-3　喂入量和直辊转速对籽粒破损率的影响

从图 14.3-3 中可以看出，当直辊转速固定在某一水平时，随喂入量的增加，籽粒破损率基本上呈缓慢上升趋势；当喂入量固定在某一水平时，随直辊转速的增加，籽粒破损率有增加的趋势，直辊转速越大，籽粒破损率也越大，表明直辊转速与籽粒破损率呈正相关，这与单因素分析的结果相符合。喂入量和直辊转速对籽粒破损率的交互影响显著，当喂入量在 1.682(实际值为 2.5 kg·s^{-1})，直辊转速在 1.682(实际值为 600 r·min^{-1})时，籽粒破损率取得最大值。

(4)参数优化

①目标函数

以参数 x_1，x_2，x_3 为变量，籽粒破损率 y_1 取最小值为优化目标，建立目标函数为：

$$f = \min(y_1) = 0.326 + 0.021x_1 + 0.129x_2 + \\ 0.292x_3 + 0.554x_1^2 - 0.143x_2x_1 + 0.148x_2^2 + \\ 0.060x_3x_1 - 0.039x_3x_2 + 0.204x_3^2 \tag{14.3-8}$$

②约束条件

根据在编码空间内各参数取值的范围，得 x_j 取值约束条件为：

$$g_1(x) = -x_1 - 1.682 \leqslant 0 \tag{14.3-9}$$

$$g_2(x) = x_1 - 1.682 \leqslant 0 \tag{14.3-10}$$

$$g_3(x) = -x_2 - 1.682 \leqslant 0 \tag{14.3-11}$$

$$g_4(x) = x_2 - 1.682 \leqslant 0 \tag{14.3-12}$$

$$g_5(x) = -x_3 - 1.682 \leqslant 0 \tag{14.3-13}$$

$$g_6(x) = x_3 - 1.682 \leqslant 0 \tag{14.3-14}$$

把式(14.3-9)到式(14.3-14)写成矩阵不等式 $\boldsymbol{A} \cdot x \leqslant b$ 的形式，

其中

$$A = \begin{bmatrix} -1 & 0 & 0 \\ 1 & 0 & 0 \\ 0 & -1 & 0 \\ 0 & 1 & 0 \\ 0 & 0 & -1 \\ 0 & 0 & 1 \end{bmatrix}, \quad b = [1.682; 1.682; 1.682; 1.682; 1.682; 1.682]$$

(14.3-15)

③优化计算

利用 MATLAB 优化工具箱中的 fmincon 函数求解此优化问题。

首先，编写目标函数的 M 文件，返回 x 处的函数值 f：

$$\text{function } f = \text{myfun}(x)$$

$$f = 0.325\ 996 + 0.021\ 454x_1 + 0.129\ 098x_2 + 0.291\ 575x_3 +$$
$$0.553\ 564x_1^2 - 0.143\ 131x_2x_1 + 0.148\ 180x_2^2 +$$
$$0.059\ 846x_3x_1 - 0.038\ 515x_3x_2 + 0.203\ 774x_3^2$$

(14.3-16)

给定 x 的初始值：

$$x_0 = [0,\ 0,\ 0]^T$$
$$[x,\ fval] = \text{fmincon}(@\text{myfun},\ x_0,\ A,\ b)$$

其计算结果为：

$$x = [-0.4865 \quad -0.1333 \quad 0.0336]$$
$$fval = 0.432$$

从以上优化计算结果可以看出，当 $x_1 = -0.486\ 5$、$x_2 = -0.133\ 3$、$x_3 = 0.033\ 6$ 时，目标函数达到最小值 $f = 0.432$。

根据二次回归正交旋转组合设计因子与编码变换公式：

$$\Delta_j = \frac{Z_{2j} - Z_{1j}}{2\gamma},\quad x_j = \frac{Z_j - Z_{0j}}{\Delta_j}$$

将 $x_1 = -0.486\ 5$、$x_2 = -0.133\ 3$、$x_3 = 0.033\ 6$ 代入，得到因子空间的参数值为：

$$z = [16.2 \quad 1.42 \quad 404]$$

即当含水率 $z_1 = 16.2\%$，喂入量 $z_2 = 1.42\ \text{kg} \cdot \text{s}^{-1}$，直辊转速 $z_3 = 404\ \text{r} \cdot \text{min}^{-1}$ 时，试验指标籽粒破损率取得最优值 0.481%。

依据优化参数，进行验证试验，得到试验结果为：籽粒破损率 0.497%，优化值与验证值接近，证明优化方法所得结论可信。

2. 试验因素对未脱净率影响的回归分析

(1)数学模型的建立

对试验结果进行统计分析,求得各试验因素与未脱净率之间关系的回归方程如下:

$$y_2 = 0.302\ 847 + 0.234\ 130x_1 + 0.204\ 508x_2 + 0.100\ 668x_3 +$$
$$0.272\ 882x_1^2 + 0.268\ 806x_2x_1 + 0.192\ 727x_2^2 +$$
$$0.080\ 968x_3x_1 + 0.038\ 515x_3x_2 + 0.202\ 967x_3^2 \qquad (14.3\text{-}17)$$

回归方程的方差分析结果见表 14.3-6。

查 F 表,$F_{0.05}(5,8) = 3.69$,$F_{Lf} < F_{0.05}(5,8)$ 不显著,说明方程拟合得好。进一步用统计量 $F_{回}$ 对方程进行检验,已知 $F_{0.05}(9,13) = 2.71$,$F_{回} > F_{0.05}(9,13)$,说明回归方程显著。

表 14.3-6　方差分析表

变异来源	平方和	自由度	均方	比值 F
回归	0.903 792	9	0.100 421 3	$F_{回} = 7.08$
剩余	0.184 356	13	0.014 181	
失拟	0.127 8	5	0.025 56	$F_{Lf} = 3.62$
误差	0.056 556	8	0.007 069	
总和	1.088 148	22		

表 14.3-7　未脱净率方程回归系数及显著水平

T 检验项目	回归系数	T 值	显著水平
b_0	0.302 847	3.91	0.001 8
b_1	0.234 130	-3.33	0.005 4
b_2	0.204 508	-2.52	0.025 7
b_3	$-0.100\ 668$	-2.33	0.036 3
b_{11}	0.272 882	3.23	0.006 5
b_{12}	0.268 806	2.29	0.039 7
b_{22}	0.192 727	2.29	0.039 4
b_{13}	0.080 968	0.68	0.506 7
b_{23}	0.038 515	0.33	0.749 2
b_{33}	0.202 967	2.40	0.031 9

经 T 检验,在 $\alpha = 0.05$ 显著水平下剔除 b_{13}、b_{23},其他回归系数都在不同程度上显著,将不显著项剔除,得编码空间的回归方程为:

$$y_2 = 0.303 + 0.234x_1 + 0.205x_2 + 0.101x_3 + 0.273x_1^2 +$$
$$0.269x_2x_1 + 0.193x_2^2 + 0.203x_3^2 \qquad (14.3\text{-}18)$$

（2）因素重要性分析

采用庄恒扬(1990)的因素重要性分析方法，对数据进行处理，得试验三因素的回归平方和分别为 $SS_1=0.494\ 892$、$SS_2=0.354\ 063$、$SS_3=0.138\ 966$，表明因素的重要性顺序 $x_1 > x_2 > x_3$，即三个因素对未脱净率影响的主次顺序为：籽粒含水率＞喂入量＞直辊转速。

（3）双因素对试验指标的影响效应分析

①籽粒含水率 x_1 和喂入量 x_2 对未脱净率的影响效应分析

在式(14.3-18)中，取 $x_3=0$，得编码空间内籽粒含水率 x_1 和喂入量 x_2 与未脱净率 y_2 之间的关系为：

$$y_{12}=0.303+0.234x_1+0.205x_2+0.273x_1^2+ \quad (14.3\text{-}19)$$
$$0.269x_2x_1+0.193x_2^2$$

图 14.3-4 为编码空间内籽粒含水率 x_1 和喂入量 x_2 与未脱净率 y_2 之间的关系曲面图。

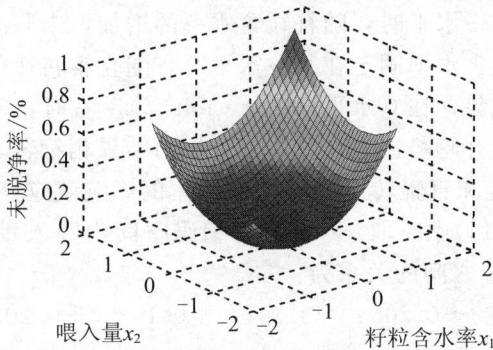

图 14.3-4　籽粒含水率和喂入量对未脱净率的影响

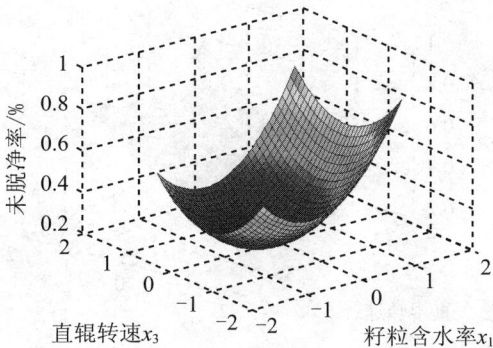

图 14.3-5　籽粒含水率和直辊转速对未脱净率的影响

从图 14.3-4 中可以看出，籽粒含水率和喂入量对未脱净率的交互影响显著，当籽粒含水率在 1.682（实际值为 24.2%），喂入量在 1.682（实际值为 2.5 kg·s⁻¹）时，可以取得最大值。当喂入量固定在某一水平时，随籽粒含水率的增加，未脱净率基本上呈上升趋势。当籽粒含水率固定在某一水平时，随喂入量的增加，未脱净率基本上呈上升趋势。

②籽粒含水率 x_1 和直辊转速 x_3 对未脱净率的影响效应分析

在式（14.3-14）中，取 $x_2 = 0$，得编码空间内籽粒含水率 x_1 和直辊转速 x_3 与未脱净率 y_2 之间的关系为：

$$y_{13} = 0.303 + 0.234x_1 - 0.101x_3 + 0.273x_1^2 + 0.203x_3^2 \qquad (14.3\text{-}20)$$

图 14.3-5 为编码空间内籽粒含水率 x_1 和直辊转速 x_3 与未脱净率 y_2 之间的关系曲面图。

从图 14.3-5 中可以看出，籽粒含水率和直辊转速对未脱净率的交互影响显著，当籽粒含水率在 1.682（实际值为 24.2%），直辊转速在 -1.682（实际值为 200 r·min⁻¹）时，未脱净率可以取得最大值。当直辊转速固定在某一水平时，随籽粒含水率的增加，未脱净率基本上呈上升趋势。当籽粒含水率固定在某一水平时，随直辊转速的增加，未脱净率先有下降的趋势，在 0 水平（400 r·min⁻¹）左右时，未脱净率有最小值，而后又有上升趋势。这与单因素分析的结果相符合。

③喂入量 x_2 和直辊转速 x_3 对未脱净率的影响效应分析

在式（14.3-14）中，取 $x_1 = 0$，得编码空间内喂入量 x_2 和直辊转速 x_3 与未脱净率 y_2 之间的关系为：

$$y_{23} = 0.303 + 0.205x_2 - 0.101x_3 + 0.193x_2^2 + 0.203x_3^2 \qquad (14.3\text{-}21)$$

图 14.3-6 为编码空间内喂入量 x_2 和直辊转速 x_3 与未脱净率 y_2 之间的关系曲面图。

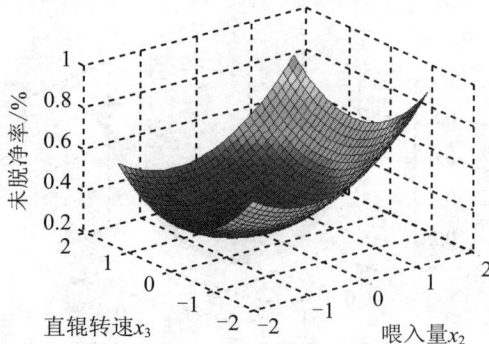

图 14.3-6　喂入量和直辊转速对未脱净率的影响

从图 14.3-6 中可以看出，当直辊转速固定在某一水平时，随喂入量的增加，未脱净率基本上呈上升趋势；当喂入量固定在某一水平时，随直辊转速的增加，未脱净率先有缓慢下降的趋势，0 水平 $(1.5 \text{ kg} \cdot \text{s}^{-1})$ 左右时，未脱净率较小，而后又缓慢上升，这与单因素分析的结果相符合。喂入量和直辊转速对未脱净率的交互影响显著，当喂入量在 1.682（实际值为 $2.5 \text{ kg} \cdot \text{s}^{-1}$），直辊转速在 -1.682（实际值为 $200 \text{ r} \cdot \text{min}^{-1}$）时，未脱净率可以取得最大值。

（4）参数优化

①目标函数

以参数 x_1，x_2，x_3 为变量，未脱净率 y_2 取的最小值为优化目标，建立目标函数为

$$
\begin{aligned}
f = \min \ (y_2) & 0.303 + 0.234x_1 + 0.205x_2 - \\
& 0.101x_3 + 0.273x_1^2 + 0.269x_2x_1 + 0.193x_2^2 + \\
& 0.081x_3x_1 + 0.039x_3x_2 + 0.203x_3^2
\end{aligned}
\tag{14.3-22}
$$

②约束条件

根据在编码空间内各参数取值的范围，得 x_j 取值约束条件为：

$$g_1(x) = -x_1 - 1.682 \leqslant 0 \tag{14.3-23}$$
$$g_2(x) = x_1 - 1.682 \leqslant 0 \tag{14.3-24}$$
$$g_3(x) = -x_2 - 1.682 \leqslant 0 \tag{14.3-25}$$
$$g_4(x) = x_2 - 1.682 \leqslant 0 \tag{14.3-26}$$
$$g_5(x) = -x_3 - 1.682 \leqslant 0 \tag{14.3-27}$$
$$g_6(x) = x_3 - 1.682 \leqslant 0 \tag{14.3-28}$$

把式（14.3-23）到式（14.3-28）写成矩阵不等式 $\boldsymbol{A} * x \leqslant b$ 的形式，其中

$$
\boldsymbol{A} = \begin{bmatrix} -1 & 0 & 0 \\ 1 & 0 & 0 \\ 0 & -1 & 0 \\ 0 & 1 & 0 \\ 0 & 0 & -1 \\ 0 & 0 & 1 \end{bmatrix}, \ b = [1.682; 1.682; 1.682; 1.682; 1.682; 1.682]
$$

③优化计算

利用 MATLAB 优化工具箱中的 fmincon 函数求解此优化问题。

首先，编写目标函数的 M 文件，返回 x 处的函数值 f：

$$\text{function } f = \text{myfun}(x)$$

$$f = 0.303 + 0.234x_1 + 0.205x_2 - 0.101x_3 +$$
$$0.273x_1^2 + 0.269x_2 x_1 + 0.193x_2^2 + 0.081x_3 x_1 +$$
$$0.039x_3 x_2 + 0.203x_3^2$$

给定 x 的初始值：

$$x_0 = [0, 0, 0]^{\mathrm{T}}$$
$$[x, fval] = \text{fmincon}(@\text{myfun}, x_0, \boldsymbol{A}, b)$$

其计算结果为：

$$x = [-0.594\ 6 \quad -0.25 \quad 0.126]$$
$$fval = 0.244\ 7$$

从以上优化计算结果可以看出，当 $x_1 = -0.594\ 6$，$x_2 = -0.25$，$x_3 = 0.126$ 时，目标函数达到最小值 $f = 0.244\ 7$

根据二次回归正交旋转组合设计因子与编码变换公式：

$$\Delta_j = \frac{Z_{2j} - Z_{1j}}{2\gamma}, \quad x_j = \frac{Z_j - Z_{0j}}{\Delta_j}$$

将 $x_1 = -0.594\ 6$，$x_2 = -0.25$，$x_3 = 0.126$ 代入，得到因子空间的参数值为：

$$z = [15.8 \quad 1.35 \quad 415]$$

即当含水率 $z_1 = 15.8\%$，喂入量 $z_2 = 1.35\ \mathrm{kg \cdot s^{-1}}$，直辊转速 $z_3 = 415\ \mathrm{r \cdot min^{-1}}$ 时，试验指标未脱净率取得最优值 0.244%。

依据优化参数，进行验证试验，得到试验结果为：未脱净率 0.267%，优化值与验证值接近，证明优化方法所得结论可信。

14.4　主要性能参数的计算及试验分析

14.4.1　主要性能参数的计算

1. 破损率

$$d = \frac{w}{W} \times 100\% \tag{14.4-1}$$

式中：d—样品中损伤籽粒的百分比；w—样品中损伤籽粒的数量；W—样品中全部籽粒总数。

2. 未脱净率

$$b = \frac{G_1}{G} \times 100\% \tag{14.4-2}$$

式中：b—样品中未脱下籽粒的百分比；G_1—样品中未脱下籽粒的重量；G—样品中全部籽粒重量。

3. 夹带损失率

$$Y = \frac{e_1}{e} \times 100\% \qquad (14.4\text{-}3)$$

式中：Y—样品中夹带籽粒的百分比；e_1—取样总籽粒重量；e—玉米芯等脱出物中的夹带籽粒重量。

4. 含杂率

$$p = \frac{Q_1}{Q} \times 100\% \qquad (14.4\text{-}4)$$

式中：p—样品中杂物的百分比；Q_1—样品中杂物的重量；Q—样品总重量。

5. 籽粒发芽率

$$\eta = \frac{N_1}{N} \times 100\% \qquad (14.4\text{-}5)$$

式中：η—样品中发芽籽粒的百分比；N_1—样品中发芽籽粒的数量；N—样品中全部籽粒总数。

6. 电机功率

选择电机功率的主要依据是玉米种子脱粒机脱粒部分与清选部分的功率消耗，计算公式为：

$$N = A(\omega_1 + \omega_2) + B(\omega_1^3 + \omega_2^3) + m(v_1^2 + v_2^2)/102(1-f) \qquad (14.4\text{-}6)$$

式中：A—系数，与轴承种类，润滑效果和传动方式有关，取 $A = 0.2 \times 10^{-3}$；B—系数，与两辊转动时喂入口的开口面积有关，取 $B = 0.4 \times 10^{-6}$；ω_1—直辊角速度（400 rad·s^{-1}）；ω_2—螺旋辊角速度（266 rad·s^{-1}）；m—喂入量（1.5kg·s^{-1}）；v_1—直辊圆周速度（m·s^{-1}）；v_2—螺旋辊圆周速度（m·s^{-1}）；f—系数，取 $f = 0.8$。

考虑到电机的功率必须有一定的储备才能使两辊在负荷变化时保持转速稳定，以及籽粒回收机构也要消耗一定的功率，故选取电机功率比计算值要大一些。本机电机功率应取 $N \geqslant 3$ kW。

14.4.2　性能试验

本次试验是依据设计要求，并参照 JB/T9778.1-1999《全喂入脱粒机技术条件》，GB4404.1-1996《粮食作物种子禾谷类标准》进行的。主要进行了整机性能测试。

1. 试验设计及测试结果

整机性能主要测定了单位时间生产率、夹带损失率、未脱净率、含杂率、破损率、出苗率等，测试玉米种子品种选用辽白 371 与 598，两种玉米种子生物学参数特征见表 14.4-1。测试时，直辊转速取 $400\ r\cdot min^{-1}$、籽粒含水率 15.9%、喂入量 $1.35\ kg\cdot s^{-1}$，整机性能测试结果见表 14.4-2。

表 14.4-1 玉米种穗的参数特征

品种	类型	平均穗长/mm	上部平均直径/mm	下部平均直径/mm
辽白 371	马齿形	190	45	25
598	硬粒形	135	35	18

表 14.4-2 整机性能测试结果

品 种	测试指标					
	破损率/%	未脱净率/%	含杂率/%	夹带损失率/%	出苗率/%	单位时间生产率/(kg·h⁻¹)
辽白 371	0.39	0.37	0.08	0.21	99.9	3 900
598	0.42	0.62	0.12	0.17	99.7	3 700

2. 结果分析

(1)辽白 371 与 598 的破损率均低于 JB/T9778.1-1999《全喂入脱粒机技术条件》所规定的标准，两品种间破损率差距不明显，说明研制的种子脱粒机对不同类型、不同品种玉米种子的破损率影响不大，能满足不同类型、不同品种玉米种子脱粒过程中对破损率的要求。

(2)辽白 371 与 598 的未脱净率均低于 JB/T9778.1-1999《全喂入脱粒机技术条件》所规定的标准，说明该种子脱粒机能满足不同类型不同品种玉米种子脱粒过程中对未脱净率的要求。但两品种间未脱净率有一定的差距，硬粒型玉米种子 598 的未脱净率偏大，分析原因可知，硬粒型玉米种子籽粒形状不规则、尺寸小、籽粒间排列紧密、粒穗连接力大，相比于马齿型玉米来说，这些性质决定了硬粒型玉米种子难脱粒。脱粒后的玉米芯如图 14.4-1 所示。

(3)含杂率是样品中杂物的百分比，试验数据显示辽白 371 的含杂率为 0.08%，598 的含杂率为 0.12%，说明样机对不同类型不同品种玉米种子脱粒中籽粒的含杂率影响不明显，品种间含杂率比较稳定，即试验样机完全达到了 GB4404.1-1996《粮食作物种子禾谷类标准》规定标准的要求。脱粒后的玉米种子籽粒如图 14.4-2 所示。

图 14.4-1　玉米芯照片

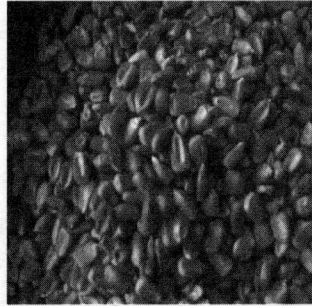

图 14.4-2　玉米种子籽粒照片

（4）夹带损失主要指排芯口排出的玉米芯中夹带籽粒与筛子排杂口排出的杂物中夹带籽粒。试验数据显示辽白 371 的夹带损失率为0.21%，598 的夹带损失率为 0.17%，说明样机对不同类型不同品种玉米种子脱粒中籽粒的夹带损失率影响不明显，品种间含杂率比较稳定，即试验样机完全达到了 JB/9778.1-1999《全喂入脱粒机技术条件》规定标准的要求。

（5）出苗率是指样品中出苗籽粒的百分比。由于损伤籽粒仍具有一定的发芽率，但其根系生长发育受阻，出苗率会下降，因此，采用沙床测定法测其出苗率，每个沙床处理 100 粒，重复 3 次，出苗达 3 cm 时，调查出苗率。试验数据显示辽白 371 的出苗率为 99.9%，598 的出苗率为 99.7%，数值都很高，均在最优的范围内，符合 GB4404.1-1996《粮食作物种子禾谷类标准》的要求。

（6）两品种的单位时间生产率分别是 3 900 kg·h^{-1}、3 700 kg·h^{-1}，由于硬粒型玉米种子 598 难脱粒，脱粒时需要调小排芯压板的开口截面，以增加脱粒时间，因而 598 的单位时间生产率比马齿型玉米辽白 371 低。

第15章
复脱式双滚筒玉米种子脱粒机试验研究

脱粒是玉米、特别是玉米种子加工中最重要的环节，采用先进脱粒原理研制的脱粒装置是提高脱粒质量的关键。本章在前几章研究基础上研制了另一种新型的玉米种子脱粒装置，即复脱式双滚筒玉米种子脱粒机。

15.1 脱粒机总体方案确定

15.1.1 设计原则

结合上述玉米种子脱粒及其损伤机理与力学性质研究，参照玉米种子脱粒机设计标准等，确定双滚筒玉米种子脱粒机设计原则如下：

（1）玉米种穗能够连续、定向、有序喂入，即脱粒部件按玉米果穗一端顺序进行脱粒，达到玉米种子脱粒的最佳形式——定向喂入、有序脱粒；

（2）采用玉米种子脱粒最佳施力方式，即作用于玉米籽粒的纵向弯曲力为主要脱粒的作用力，以降低脱粒过程中玉米种子籽粒发生破损、脱粒难度和功耗；

（3）采取复式、分段脱粒方式代替原有的单一的脱粒方式，适当控制各滚筒转速；

（4）机器结构紧凑，便于安装和维修，同时控制经济成本。

15.1.2　设计要求

1. 对脱粒效果的要求

(1)玉米种子籽粒不能发生破碎、削损、破皮、开裂等外部损伤;

(2)玉米种子籽粒内部不能存在裂纹、龟裂等内部隐性损伤;

(3)玉米种子籽粒基部果柄尽量留下,并且黑色层不外露;

(4)玉米种子籽粒的破损率小于 0.5%,清洁度大于 99%,脱净率大于 99%;

(5)玉米芯破碎少,尽量完整,以满足利用玉米芯作其他用途的要求。

2. 对脱粒装置技术的要求

(1)有较高的通用性,适合不同种类玉米种子的脱粒;

(2)适应性好,可适应不同品种、成熟度、湿度的玉米种子脱粒;

(3)生产率高、功率消耗小,结构简单、使用与维修方便,易于操作,工作稳定性好,重量轻,成本低;

(4)确保玉米种穗能有规律地连续喂入进行脱粒。

15.1.3　脱粒原理选定

为满足上述脱粒要求,先要对各种脱粒原理进行对比分析,从而找到最优设计方案。

现有的玉米脱粒机按脱粒原理主要分打击式、碾压式、挤搓式和搓擦式等,其工作原理、优缺点对比分析见表 15.1-1。

表 15.1-1　玉米种子脱粒机原理对比

类型	工作原理	优缺点
打击式	由工作部件(如钉齿)打击玉米果穗,使玉米籽粒产生振动和惯性力而破坏它与穗轴之间的连接,在钉齿滚筒的转动下,齿侧面间和钉齿顶部与凹板弧面间产生搓擦,实现脱粒。	脱粒效率高,操作方便,使用维护方便。但对玉米籽粒伤害大,断芯多,破损率高,清洁度差,损失大,喂入量大,滚筒易堵塞。

类型	工作原理	优缺点
挤搓式	板齿式脱粒方式模仿人工用手搓玉米的动作。在脱粒区内，由于板齿与滚筒轴之间有一定的夹角，玉米果穗既向前运动，又向上、向下运动，在运动过程中与两侧和底部的栅格进行揉搓，从而实现脱粒。	脱粒性能好，对不同类型的适应性强，脱净率高，破损率低，但脱粒效率较低。
碾压式	脱粒元件对玉米果穗挤压完成脱粒，在碾压过程中会使籽粒和穗柄之间产生横向相对位移，该相对位移形成了剪切破坏其连接力从而脱粒。	对含水率在20%以下的籽粒伤害不大，但效率不高，喂入量过大时，滚筒易堵塞、籽粒易擦伤。
搓擦式	利用玉米果穗与脱粒元件之间的摩擦，以及玉米种穗之间的相互摩擦而进行脱粒。	工作可靠，脱净率高，短玉米芯少，清洁度高，破损率低，性能可靠，但脱粒效率相对不高。

从表15.1-1可知，搓擦式玉米脱粒机除脱粒效率较低外，其余脱粒性能较好，特别脱粒损伤率较低；而打击式玉米脱粒机脱粒损伤相对较严重但生产效率高。因此，本研究试图将上述两种脱粒原理结合起来，优势互补，预期综合脱粒效果将会更好。本章介绍的复脱式双滚筒玉米种子脱粒机即属于这样的玉米种子脱粒机。

15.2　总体结构与关键部件设计

15.2.1　总体结构

复脱式双滚筒玉米种子脱粒机如图15.2-1所示，其主要由螺旋滚筒即主滚筒、钉齿滚筒即副滚筒、锥形机盖、导向叶片、进料斗、机壳溜板、振动筛、机架、吸风口、出风口和电机等构成。

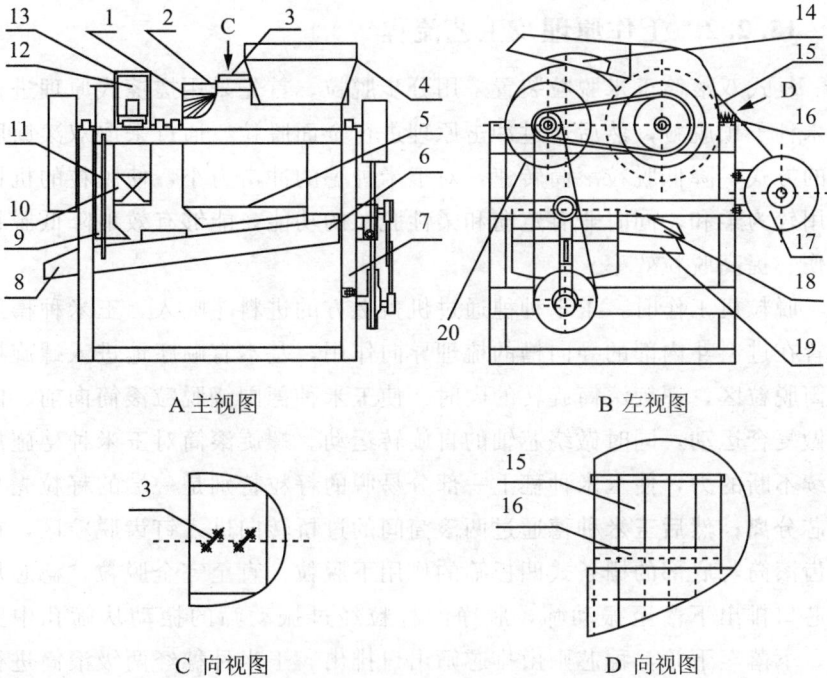

A 主视图　　　　　　　　　　B 左视图

C 向视图　　　　　　　　　　D 向视图

图 15.2-1　复脱式双滚筒玉米种子脱粒机总体结构

1. 螺旋滚筒；2. 锥形机盖；3. 导向叶片；4. 进料斗；5. 机壳溜板；6. 振动筛；7. 机架；8. 籽粒出口；9. 吸风口；10. 出风口；11. 吊杆；12. 风机叶片；13. 风机盖；14. 导向板；15. 活动盖片；16. 压缩弹簧；17. 电机；18. 排芯口；19. 排杂口；20. 钉齿滚筒

依据本机的设计要求，研制的玉米脱粒机样机见图 15.2-2。

图 15.2-2　复脱式双滚筒玉米种子脱粒机样机

15.2.2 工作原理及工艺流程

复式双滚筒玉米脱粒装置采用分步脱粒，首先采用搓擦式原理进行玉米种子预脱粒，然后通过冲击原理进行全面脱粒。通过采取双滚筒脱粒的方式，降低脱粒滚筒转速，对玉米种穗的冲击力小，使脱粒的机械作用较为柔和，同时兼有定向和柔性脱粒的功能，能够有效地降低脱粒损伤、提高脱粒效率。

脱粒机工作时，玉米种穗通过机盖上方的进料斗喂入，玉米种穗经设置在进料斗内部的导向槽的梳理导向作用，基本有顺序地进入螺旋杆滚筒脱粒区；螺旋滚筒旋转的同时，使玉米种穗围绕脱粒滚筒向前、向下做复合运动，同时做绕芯轴的自旋转运动。螺旋滚筒对玉米种穗施加连续不断的力，使玉米种穗上一部分易脱的籽粒特别是一端的籽粒先与穗芯分离；然后玉米种穗通过两滚筒间的过桥转向进入钉齿脱粒区，在钉齿滚筒与底部的栅条式凹板筛的作用下脱粒，直至完全脱粒。穗芯从排芯口排出下落至振动筛，脱净的籽粒经过振动筛的振动从筛孔中穿过，下落至下筛，穗芯则由排芯筛出口排出。玉米种穗经两级滚筒进行两次脱粒，第一次脱粒以搓擦原理为主，滚筒转速不高；第二次脱粒因玉米果穗部分籽粒已经脱下且有部分籽粒虽未脱下但已松动或处于无支承状态，所以较轻的冲击力即可完成脱粒。

其工艺流程如图 15.2-3 所示。

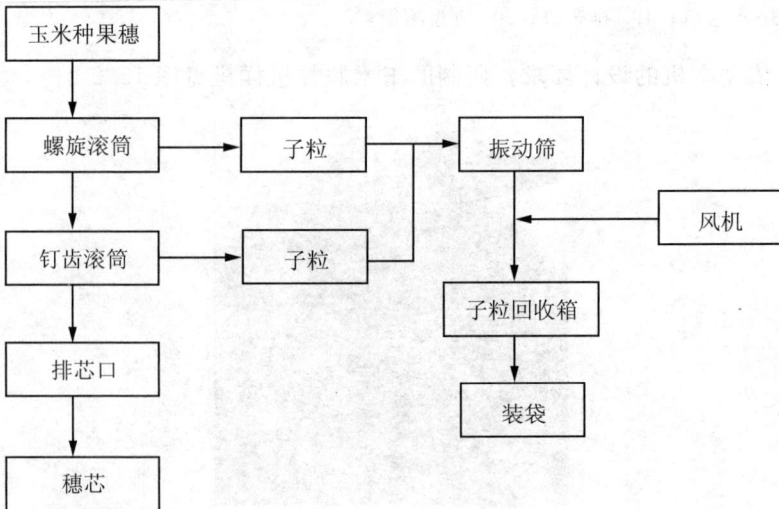

图 15.2-3 工艺流程图

15.2.3　关键部件结构与参数设计

1. 传动系统

复脱式双滚筒玉米种子脱粒机传动系统如图 15.2-4 所示。动力传输过程中有两条传输路线，其中一条是由电机皮带轮直接传输给风机皮带轮，带动风机转动；另一条传输路线是由电机皮带轮首先传输给主滚筒即螺旋筒输入皮带轮，带动主滚筒轴转动，再经主滚筒输出皮带轮传输给副滚筒即钉齿滚筒皮带轮，最后再由副滚筒皮带轮传输给振动筛偏心轮，带动振动筛运动。

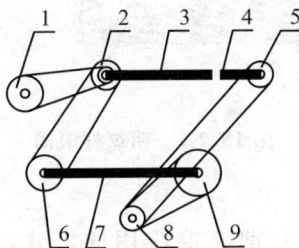

图 15.2-4　传动系统示意图

1. 振动筛偏心轮；2. 副滚筒皮带轮；3. 副滚筒轴；4. 风机轴；
5. 风机皮带轮；6. 主滚筒输出皮带轮；7. 主滚筒轴；8. 电机皮带
轮；9. 主滚筒输入皮带轮

2. 脱粒滚筒

脱粒滚筒是该玉米脱粒机的关键部件。本机采用双脱粒滚筒结构，即主滚筒——螺旋滚筒和副滚筒——钉齿滚筒。本研究在对脱粒装置探索性试验研究基础上，进行了滚筒结构与参数设计，具体规格及相关参数如下：

（1）螺旋滚筒设计

本机选用卧式滚筒脱粒装置。玉米果穗在喂入瞬间与高速旋转的脱粒滚筒接触，若滚筒齿顶圆直径的线转速过大，则对玉米果穗的瞬间冲击力较大，会造成严重的损伤及破碎。同时，在喂入量与滚筒转速一定的情况下，滚筒直径越大则玉米种穗脱净率、籽粒损伤率也越高，但玉米在脱粒区的轴向运行过慢，在脱粒区域内时间过长，不仅容易打碎玉米果穗芯，影响脱粒效果并增加能源消耗，还需要增加机器高度，影响玉米种穗的顺利喂入。相反，滚筒直径越小，玉米种穗轴向运行速度越快，对玉米种穗的冲击力比较大，玉米种穗的脱净率、籽粒的损伤率也就越高。因此，需要选择合适的滚筒直径，以兼顾脱净率及脱粒质量的要求。

本研究初设脱粒滚筒直径为 200 mm，长 500 mm，其上以轴心为中心均匀分布 22 条螺旋形状的粗纹杆，两杆圆心距为 40 mm，粗纹杆倾斜角为 10°，20°，30°，采用直径为 10 mm 的麻花钢螺旋围绕在滚筒上，如图 15.2-5 所示。

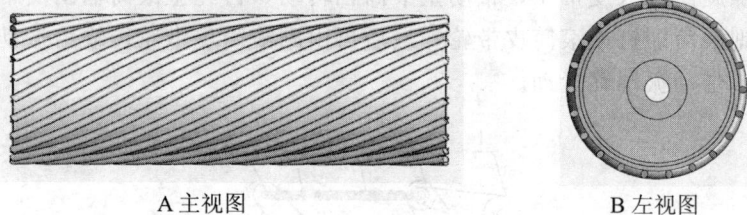

A 主视图   B 左视图

图 15.2-5　粗纹杆滚筒

（2）钉齿滚筒设计

本机钉齿滚筒采用目前普遍应用的形式，滚筒直径 60 mm，长450 mm，其上按螺旋线形式均匀排列四列钉齿，钉齿高 45 mm，钉齿小头直径为 18 mm，大头直径 25 mm，两钉齿圆心距为 100 mm，如图15.2-6 所示。

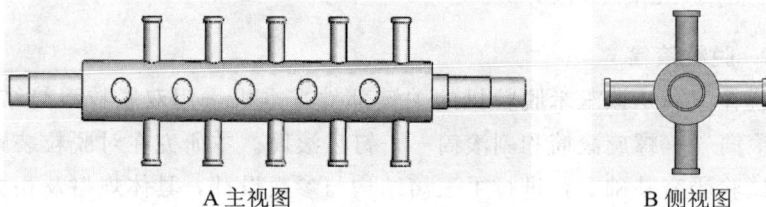

A 主视图   B 侧视图

图 15.2-6　钉齿滚筒

（3）滚筒转速的确定

滚筒转速是影响玉米脱粒质量与效率的重要因素。在直径一定的情况下，滚筒转速越大，脱净率及生产效率也越高，但易造成玉米籽粒的损伤及破碎，影响玉米品质同时增加能源消耗；滚筒转速越小，对籽粒的伤害越小，但生产率下降，因此需要选择合适的滚筒转速，以兼顾生产率与损伤率。

滚筒对籽粒是否能够造成损伤的决定因素为其齿顶圆直径的线速度。经过查阅资料与实际调研得知，脱粒滚筒齿顶线速度 v 小于

4 m・s⁻¹时破损率最低，在 3.2～3.9 m・s⁻¹之间为最佳(何晓鹏等，2003c)。脱粒滚筒齿顶线速度计算公式为：

$$v = \frac{\pi D n}{60} \tag{15.2-1}$$

其中：v ——齿顶线速度，m・s⁻¹；D——滚筒齿顶直径，m；n——滚筒转速，r・min⁻¹。

由式(15.2-1)可得

$$n = \frac{60v}{\pi D} \tag{15.2-2}$$

本设计中，由式(15.2-2)计算可得，粗纹杆滚筒转速 $n_w = 248 \sim 310$ r・min⁻¹，样机制造三个水平分别为 250 r・min⁻¹、275 r・min⁻¹、300 r・min⁻¹；钉齿滚筒转速 $n_w = 548 \sim 655$ r・min⁻¹，样机制造三个水平分别为 550 r・min⁻¹、500 r・min⁻¹、650 r・min⁻¹。

3. 喂入料斗设计

为保证玉米种子果穗顺利从喂入料斗进入脱粒滚筒而不发生堵塞现象，喂入料斗底板有一定的倾斜度。同时，喂入料斗内部设置有导流板，在玉米种穗喂入的过程中梳刷玉米种穗流，使玉米种穗有序地喂入。喂入料斗的入口偏向螺旋定向滚筒向下旋转的一侧，防止飞溅，提高喂入性能。

喂入料斗喂入口规格(长×宽×高)设计为 650 mm×400 mm×150 mm，入料口的规格设计为 260 mm×200 mm；导流板规格设计为 250 mm×100 mm，倒角规格为 50 mm×50 mm。喂入料斗及导流板均采用厚度为 3 mm 的薄铁板制成，如图 15.2-7 所示。

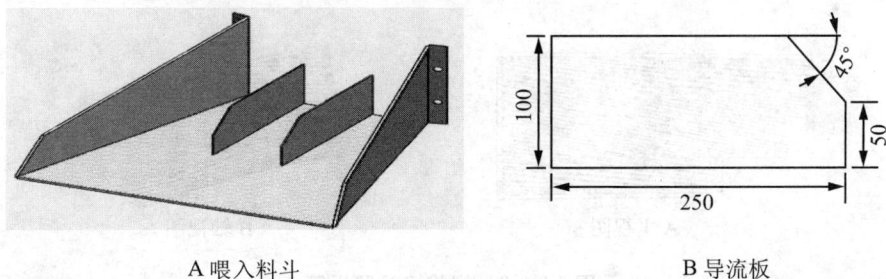

A 喂入料斗　　　　　　　　　　　B 导流板

图 15.2-7　喂入料斗及导流板

4. 凹板筛与凹版间隙

凹板筛直径是影响机器生产率的重要参数。玉米果穗在脱粒过程中，受脱粒滚筒作用与凹板筛进行搓擦而脱粒，并且即时将已经脱下的玉米籽粒分离，因此凹板既起揉搓又起筛板作用。为提高脱粒效率，需提高凹板的分离能力，即增加凹板的有效面积，有两种途径：一为增加凹板筛孔直径，从而增加分离效率，弊端是会增加玉米籽粒中的杂物，增加清选难度；二为增加凹板的包角和长度，本书选用第二种途径来满足脱粒效率。

凹板筛设计过程中，主要考虑的因素有凹板筛与脱粒滚筒间隙、凹板筛形式、直径等。本书中脱粒滚筒设计为两种形式（粗纹杆形式、钉齿形式），因此相对应的凹板筛也不同。具体设计过程如下：

(1)凹板筛与脱粒滚筒间间隙

凹板安装在滚筒下面，它与脱粒滚筒间隙对脱粒工作的影响极大，间隙小，会减小脱粒空间，降低脱粒效率，增加玉米损伤率；间隙大，增加了脱粒空间，虽可提高脱粒效率，但脱净率会降低。因此，需要找到可行的间隙值，能够兼顾脱净率、损伤率与脱粒效率。

根据经验，本机中凹板间间隙取 45 mm。

(2)螺旋滚筒凹板筛设计

为使玉米种子增加玉米种穗的脱粒效率、提高脱粒净度，本书粗纹杆滚筒凹板筛形式为栅格筛，同时采用锥形形式，大端半径为 340 mm、小端半径为 320 mm，长 500 mm，凹板包角为 180°，采用直径为 10 mm 的圆形钢筋倾斜焊接在凹板筛架上。相邻两圆形钢筋之间的缝隙大小直径影响脱粒效果，若缝隙过大，则会增加漏芯率，影响籽粒净度；太小又会增加夹带损失，影响籽粒通过性，两者之间为最佳，经验值确定该值为 10 mm，如图 15.2-8 所示。

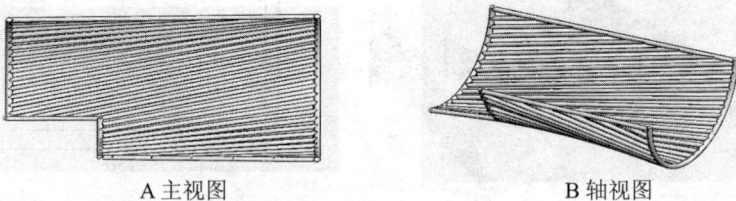

A 主视图　　　　　　　　　　　B 轴视图

图 15.2-8　螺旋滚筒凹板筛

设置在螺旋滚筒底部的凹板筛，其上倾斜设置的栅条与滚筒上螺旋型的钢筋相互配合，玉米种子进入脱粒区域后，在螺旋滚筒的带动下，围绕滚筒轴心做复合运动。脱粒时，玉米受到底部凹板筛的限制作用，卡在两栅条之间，同时受到螺旋型钢筋的纵向力的作用，满足玉米种子机械脱粒最佳施力方式的要求，使玉米种穗在最小力状态下完成脱粒过程。

（3）钉齿滚筒凹板筛设计

设置在钉齿滚筒下方的凹板筛为半圆柱形，直径为 255 mm，长 300 mm，采用直径为 10 mm 的圆形钢柱竖直焊接在筛架上而成，两圆形钢柱之间距离为 10 mm（见图 15.2-9）。

玉米种子在脱粒过程中，从喂入料斗喂入，通过粗纹杆钉齿滚筒的预先脱粒，再由钉齿滚筒的打击作用至完全脱粒。在这个过程中，玉米果穗需要从螺旋滚筒脱粒区域过渡到钉齿滚筒脱粒区域。在两凹板筛连接处，喂入料斗相反的一侧，设有 200 mm×150 mm 的通道，使玉米种子果穗顺利地转向，从粗纹杆滚筒脱粒区域过渡到钉齿滚筒脱粒区域。

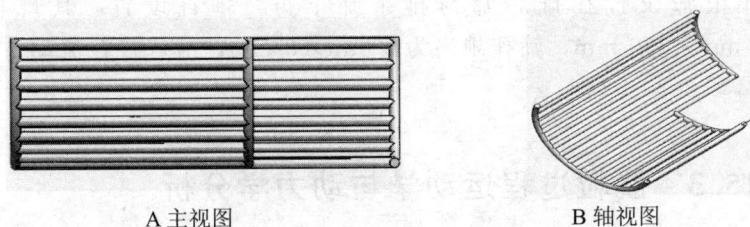

A 主视图　　　　　　　　　　　B 轴视图

图 15.2-9　钉齿滚筒凹板筛

5. 机盖设计

机盖与凹板筛将脱粒滚筒包围起来，组成一个封闭的脱粒区域。玉米种子果穗在其中做复合运动，既向前、又向上或向下运动，在这个运动的过程中，与凹板产生搓擦，从而实现脱粒的目的。因此，机盖的选择至关重要，机盖的中心高度过高，则会影响脱粒效果；高度过低又会降低喂入量。因此，需要选择合适的机盖高度。

本书中，设置在螺旋滚筒上方的机盖为锥形，直径分别为330～350 mm，走向与凹板筛走向一致；设置在钉齿滚筒上方的机盖为半圆柱形，直径为 260 mm。两机盖长均为 500 mm，通过螺栓连接在一起，并且其内部均装有导向板，使玉米种子果穗在运动的过程中能够形成连续的圆周运动和轴向移动，并且能够连续喂入，使脱粒工作顺利进行。本书中，滚筒上盖装有 3 片导向板，导向板与机盖轴线夹角为 30°，导向板高 20 mm，两导向板之间的距离为 60 mm。

本机为双滚筒形式，机盖下方装有两片溜板，与竖直方向呈 30°夹角，两溜板组成 300 mm×200 mm 的出口，垂直安装在振动筛上方。通过凹板筛下落的籽粒经溜板集中下落到振动筛上。以避免振动筛过大，增加能耗。

排芯筛设置在排芯口下方，规格为 200 mm×340 mm，出口设置在筛子侧面，筛孔规格为 15 mm×15 mm。若玉米种穗上有未排净的籽粒，通过振动筛的振动作用使玉米种穗与籽粒分离，籽粒通过筛孔下落到下方的出粮筛。

排杂筛设置在溜板下方，与排芯筛在同一平面上，规格为 400 mm×340 mm，出口设置在筛子侧面，与排芯筛出口一致，筛孔规格为 15 mm×15 mm。排杂筛的作用主要是将脱粒过程中产生的碎芯、杂物等与籽粒分离，籽粒通过筛孔下落到出粮筛上，碎芯、杂物等集中通过设置在一侧的排杂口排出，以提高籽粒的净度。

出粮筛设置在排芯筛与排杂筛下方，垂直设置，其规格为 1 000 mm×340 mm，筛孔规格为 5 mm×5 mm，沿着籽粒流动方向设置出口。

15.3 脱粒过程运动学与动力学分析

15.3.1 玉米果穗喂入过程分析

为保证玉米种穗进入主滚筒脱粒部分，喂料斗底部的导流板对玉米种穗进行定向处理(图 15.3-1)。根据玉米种子果穗物理性质和喂入料斗尺寸，本设计的导流板把喂入口分成三部分，玉米种子果穗喂入脱粒区时能够使玉米种子果穗顺利通过每一部分，同时不会发生阻塞作用。

因玉米种穗在进入喂料斗但未接触导流板时是无序状态，因此，玉米种穗与导流板接触时玉米种穗轴线与导流板夹角 $\theta \in (0, \pi)$，见图 15.3-1。经试验研究发现，因喂料斗倾斜角度，在重力滑动和后续玉米种穗推挤双重作用下玉米种穗会在 $\theta \in (0, 0.5\pi)$ 的一侧进入，并且 θ 越小喂入越流畅。分析认为，玉米种穗在与导流板顶部接触过程中与喂料斗底部相对覆盖的扇形面积为 $s \in (0, 0.5\pi L_s^2)$，其中 L_s 表示玉米

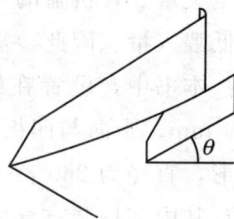

图 15.3-1 玉米种穗
轴线与导流板夹角

种子果穗长度。随着 θ 的减小，扇形面积减小，滑动摩擦阻力越小，因而喂入越流畅。

15.3.2 玉米果穗在脱粒区的受力分析

玉米种子果穗在脱粒区域内的受力情况比较复杂，除了受到自身的重力外，还受到来自螺旋滚筒的摩擦力、推动力、即离心力、滚筒底部凹板的阻力、其他玉米种穗的挤压、推动力等。

为了顺利地估算玉米种子果穗在脱粒过程中的受力情况，对脱粒情况进行简化，假设为单穗脱粒，脱粒时玉米种穗在凹板两圆形钢柱之间，其轴线与脱粒滚筒轴线平行，则此时玉米果穗受到的力有：自身重力 G、凹板对玉米种穗的支撑力 F_1、离心力（即粗纹杆对玉米种穗的推动力）F_2、玉米果穗向前运动时，与圆形钢柱之间产生的向后的摩擦力 F_3，如图 15.3-2 所示，设滚筒径向方向为 x 轴，轴线方向为 y 轴，与 x，y 空间垂直，指向轴心方向为 z 轴，z 轴与竖直方向夹角为 θ。

玉米果穗重力 G 为

$$G=mg \tag{15.3-1}$$

式中：m——玉米果穗的重量，根据第 4 章玉米种穗的生物物理特性研究结果，m 取 0.163 kg。

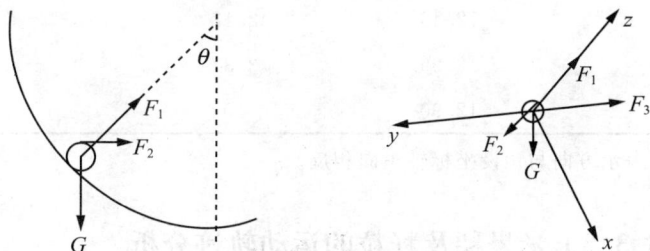

图 15.3-2 单个玉米果穗受力示意图

F_1 与 G 的关系为：当 $\theta=0$ 时，$F_1=G$；当 $\theta=90$ 时，$F_1=0$。

离心力 F_2 可分沿着玉米种穗轴线的推力 F_{21} 和与之方向垂直的脱粒力 F_{22}，使玉米果穗能够不断地向前运动，同时受到力矩的作用，绕自身轴线旋转，旋转过程中与凹板摩擦并脱粒。已知粗纹杆与滚筒轴线的夹角 $\varphi=10°$，则

$$F_2=m\omega r^2=2\pi nmr^2=12.4\text{N}$$
$$F_{21}=F_2\sin\theta\sin\varphi=5.1\sin\theta\text{N}$$
$$F_{22}=F_2\sin\theta\cos\varphi=11.3\sin\theta\text{N} \tag{15.3-2}$$

式中：n—脱粒滚筒转速，取 250 r·m^{-1}；

ω—脱粒滚筒角速度，r·min^{-1}；r—脱粒滚筒齿顶圆半径，取 0.174 m。

圆形钢柱对玉米种穗的摩擦力 F_3 为

$$F_3 = \mu(F_2\cos\theta + G\cos\theta - F_1) = 2.1\cos\theta N \qquad (15.3\text{-}3)$$

式中：μ—摩擦力系数，取 0.15。

则单个玉米种穗在三轴(x, y, z)方向上受到的合力 F'，F''，F'''分别为

$$F' = G\sin\theta + F_{22} = 11.3 + 1.6\sin\theta$$

$$F'' = F_{21} - F_3 = 5.1\sin\theta - 2.1\cos\theta$$

$$F''' = F_1 - F_2\cos\theta - G = F_1 - 12.4_2\cos\theta - 1.6 \qquad (15.3\text{-}4)$$

受到的合力矩为

$$T = T_2 = F_2 r_s = 0.24 \text{ N·m} \qquad (15.3\text{-}5)$$

当 θ 变化时，F'，F''，F'''的值如下 15.3-1 所示。

表 15.3-1　θ 与 F 值变化

θ	F'	F''	F'''
0	11.30	−2.10	−12.40
30	12.10	0.73	−11.14
45	12.43	2.12	−8.57
60	12.69	3.37	−7.40
90	12.90	10	−1.60

注：—表示方向与预设坐标轴正向相反。

15.3.3　玉米果穗及籽粒的运动轨迹分析

由前文可知，玉米果穗在脱粒区域中，受到外力的作用而不断向前运动并围绕脱粒滚筒轴线转动，并且其边缘受到力矩的作用，而围绕自身轴线转动，转动过程中，与底部的凹板摩擦，从而实现脱粒的目的。为具体、直观地分析研究玉米果穗的运动，我们对理想状态下的玉米果穗及其籽粒的运动轨迹进行分析。

如图 15.3-3 所示为籽粒运动分析图，设如图中所示的直角坐标系，坐标原点 O_1、O_2 是玉米种穗的回转中心，在其自身轴线上。z 轴与玉米种子果穗自身的中心轴线重合，方向即玉米种穗的运动方向。平面 $x_1O_1y_1$、$x_2O_2y_2$ 与 z 轴垂直，分别为籽粒运动的初始平面和运动 t 秒后

所在的平面。平面 $x_1 O_1 y_1$ 上，A_1 为籽粒运动的初始点；平面 $x_2 O_2 y_2$ 上，A_2 为籽粒运动 t 秒后的位置。

则任意时刻籽粒 A_2 点的坐标为：

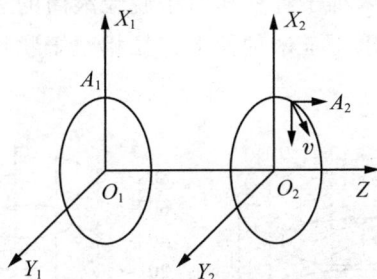

图 15.3-3　籽粒运动分析图

$$\begin{cases} x = r_s \sin \omega_s t \\ y = r_s \cos \omega_s t \\ z = v_{轴} t \end{cases} \tag{15.3-6}$$

式中：r_s—玉米种子果穗的回转半径，mm；ω_s—玉米种子果穗的自转角速度，rad·s^{-1}；$v_{轴}$—玉米种子果穗的轴向移动速度，m·s^{-1}。

则以玉米种子果穗为参照系，其上任意籽粒 A_2 的运动轨迹为圆柱螺旋曲线，如图 15.3-4A 所示。

A_2 点的速度和速度方向角为：

$$\begin{cases} v_x = \dfrac{\mathrm{d}x}{\mathrm{d}t} = r\omega_s \cos \omega_s t \\[2mm] v_y = \dfrac{\mathrm{d}y}{\mathrm{d}t} = r\omega_s \sin \omega_s t \\[2mm] v_z = \dfrac{\mathrm{d}z}{\mathrm{d}t} = v_{轴} \end{cases} \tag{15.3-7}$$

$$\begin{cases} v = \bar{v}_x + \bar{v}_y + \bar{v}_z, \quad |v| = \sqrt{r^2 \omega_s^2 + v_{轴}^2} \\[2mm] \beta = \arctan \dfrac{\bar{v}_y}{v_z + v_x} = \arctan \dfrac{r\omega_s \sin \omega_s t}{\sqrt{v_{轴}^2 + \omega_s^2 r^2 \cos^2 \omega_s t}} \end{cases} \tag{15.3-8}$$

同样在理想化状态下，也可求出 A_1 点的加速度 a 和加速度方向角 φ 分别为：

$$\begin{cases} a_x = \dfrac{\mathrm{d}v_x}{\mathrm{d}t} = -r\omega_s^2 \sin \omega_s t \\[2mm] a_y = \dfrac{\mathrm{d}v_y}{\mathrm{d}t} = r\omega_s^2 \cos \omega_s t \\[2mm] a_z = \dfrac{\mathrm{d}v_z}{\mathrm{d}t} = 0 \end{cases} \tag{15.3-9}$$

$$\begin{cases} a=\bar{a}_x+\bar{a}_y+\bar{a}_z, & |a|=r\omega_s^2 \\ \tan\varphi\,\dfrac{\bar{a}_y}{\bar{a}_z+\bar{a}_x}=\tan\omega_s t\,, & \varphi=\omega_s t \end{cases} \tag{15.3-10}$$

理想状态下，玉米种子籽粒相对于脱粒滚筒的运动轨迹计算方法与上述基本相似，最终求得玉米种穗上籽粒相对于脱粒滚筒的运动轨迹如图 15.3-4B 所示。

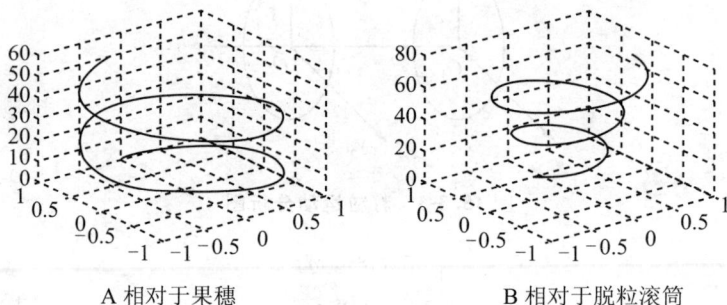

A 相对于果穗　　　　　　　　B 相对于脱粒滚筒

图 15.3-4　玉米种穗上籽粒的运动轨迹

玉米种子果穗在脱粒过程中的受力极其复杂，每个受到打击而脱下的籽粒与间接受到打击脱下的籽粒，其运动轨迹可能不一样，本书所假设的情况为一种理想化的状态。若需要更加深入、全面地了解玉米种子脱粒装置的结构参数和运动参数与玉米运动轨迹的关系，需要根据具体情况进一步研究。

15.4　复脱式双滚筒玉米种子脱粒机试验研究

15.4.1 试验材料和方法

试验材料由辽宁郁青种业有限公司提供，辽宁主栽玉米品种"郁青"。

试验在图 15.2-2 所示的脱粒样机上进行。电动机与脱粒装置上的大皮带轮相连，本文中选用 YL90L2-2 型电机，电压 220 V，功率 3 kW，封闭式结构，卧式安装，同步转速 2890 r·min⁻¹。称重装备是 KYPS 手提电子秤。

试验目的是在上述脱粒装置的基础上考察主滚筒转速、螺旋粗纹杆角度、副滚筒转速 3 个参数对籽粒破损率、未脱净率等性能参数影响规律，并选取最优参数。

按照 GB/T 8097-1996 要求取样，按 GB5262-85 要求测定破损率。破损率的计算公式：

$$d = w/W \times 100\%$$

式中：d—样品中损伤籽粒的百分比；w—样品中损伤籽粒的数量；W—样品中全部籽粒总数。

未脱净率按照 GB5982-86 测定，取样按照 GB/T 8097-1996 执行。未脱净率的计算公式：

$$b = G_1/G \times 100\%$$

式中：b—样品中未脱下籽粒的百分比；G_1—样品中未脱下籽粒的质量；G_2—样品中全部籽粒质量。

15.4.2 多因素正交试验与分析

在试验因素的全部水平组合中，挑选部分有代表性的水平组合进行试验，通过对这部分试验结果的分析了解全面试验的情况，找出最优的水平组合。

正交试验设计的基本特点是：用部分试验来代替全面试验，通过对部分试验结果的分析，了解全面试验的情况。例如一个三因素三水平的试验，三个因素分别为 A、B、C，每个水平分别在因素代码上添加数字小下标：A_1、A_2、A_3、B_1、B_2、B_3、C_1、C_2、C_3。上述各因素的水平之间全部可能组合有 27 种，若全面试验，可以分析各因素的效应及交互作用，也可选出最优水平组合。但全面试验包含的水平组合数较多，工作量大，在有些情况下无法完成。若试验的主要目的是寻求最优水平组合，则可利用正交表来设计安排试验。

如对于上述三因素三水平试验，若不考虑交互作用，可利用正交表 $L_9(3^4)$ 安排，试验方案仅包含 9 个水平组合，就能反映试验方案包含 27 个水平组合的全面试验的情况，找出最佳的生产条件。

在试验安排中，每个因素在研究的范围内选几个水平，就好比在选优区内打上网格，如果网上的每个点都做试验，就是全面试验。如上例中，3 个因素的选优区可以用一个立方体表示（图 15.4-1），3 个因素各取 3 个水平，把立方体划分成 27 个格点，反映在图 15.4-1 上就是立方体内的 27 个网格点。若 27 个网格点都试验，就是全面试验，其试验方案如表 15.4-1 所示。

表 15.4-1　三因素三水平全面试验方案

A	B	C		
		C_1	C_2	C_3
A_1	B_1	$A_1B_1C_1$	$A_1B_1C_2$	$A_1B_1C_3$
	B_2	$A_1B_2C_1$	$A_1B_2C_2$	$A_1B_2C_3$
	B_3	$A_1B_3C_1$	$A_1B_3C_2$	$A_1B_3C_3$
A_2	B_1	$A_2B_1C_1$	$A_2B_1C_2$	$A_2B_1C_3$
	B_2	$A_2B_2C_1$	$A_2B_2C_2$	$A_2B_2C_3$
	B_3	$A_2B_3C_1$	$A_2B_3C_2$	$A_2B_3C_3$
A_3	B_1	$A_3B_1C_1$	$A_3B_1C_2$	$A_3B_1C_3$
	B_2	$A_3B_2C_1$	$A_3B_2C_2$	$A_3B_2C_3$
	B_3	$A_3B_3C_1$	$A_3B_3C_2$	$A_3B_3C_3$

　　正交设计就是从选优区全面试验点(水平组合)中挑选出有代表性的部分试验点(水平组合)来进行试验。图 15.4-1 中标有试验号的九个"(·)"，就是利用正交表 $L_9(3^4)$ 从 27 个试验点中挑选出来的 9 个试验点，见表 15.4-2。

表 15.4-2　三因素三水平优选试验方案

优选试验方案		
(1)$A_1B_1C_1$	(2)$A_2B_1C_2$	(3)$A_3B_1C_3$
(4)$A_1B_2C_2$	(5)$A_2B_2C_3$	(6)$A_3B_2C_1$
(7)$A_1B_3C_3$	(8)$A_2B_3C_1$	(9)$A_3B_3C_2$

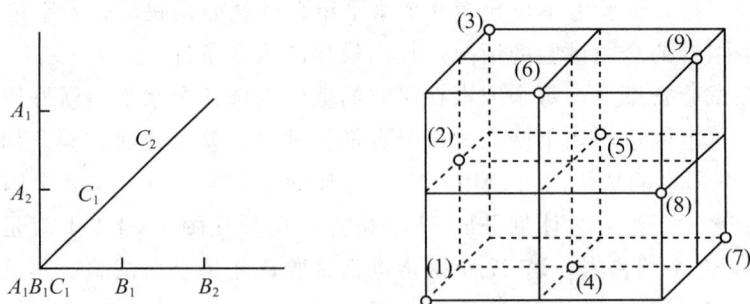

图 15.4-1　三因素三水平试验均衡分布图

1. 试验方案的确定

为了反映所有主要参数对性能指标联合影响的规律，而进行本正交参数优选试验。本试验选取主滚筒转速、副滚筒转速和粗纹杆螺旋角度 3 个因素，依据因素选二次回归正交优选组合设计安排试验。

每个试验因素选取 3 个水平分别为：主滚筒转速 250 $r \cdot min^{-1}$、275 $r \cdot min^{-1}$、300 $r \cdot min^{-1}$、副滚筒转速 550 $r \cdot min^{-1}$、600 $r \cdot min^{-1}$、650 $r \cdot min^{-1}$ 与粗纹杆螺旋角度 10°、20°、30°，见表 15.4-3。选取玉米籽粒破损率和未脱净率为试验指标，在同样条件下玉米籽粒破损率越低越好、玉米果穗未脱净率越低越好。试验所用玉米种穗品种为郁青，手工采摘，其玉米种穗生物物理特性见第 3 章 3.2 节。

表 15.4-3　试验因素与水平

因素 水平	A 主滚筒转速 /r · min^{-1}	B 副滚筒转速 /r · min^{-1}	C 粗纹杆螺旋角度 /°
1	250	550	10
2	275	600	20
3	300	650	30

2. 试验方案与结果

搓擦-冲击玉米种子脱粒机正交参数优选试验方案与结果见表 15.4-4。

表 15.4-4　试验方案与结果

试验号	试验因素				破损率 /%	未脱净率 /%
	A	B	C	D(空)		
1	1	1	1	1	0.56	0.49
2	1	2	2	2	0.35	0.62
3	1	3	3	3	0.23	0.85
4	2	1	2	3	0.41	0.56
5	2	2	3	1	0.31	0.75
6	2	3	1	2	0.58	0.43
7	3	1	3	2	0.62	0.55
8	3	2	1	1	0.78	0.32
9	3	3	2	1	0.65	0.39

3. 试验结果与分析

本次试验的两项试验指标按单指标分析的结果分别见表 15.4-5、表 15.4-6。

表 15.4-5 破损率性能指标试验结果分析

KkR 值	试验因素			
	A	B	C	D
K_{11}	1.14	1.59	1.92	1.521
K_{12}	1.299	1.44	1.41	1.551
K_{13}	2.049	1.461	1.161	1.419
k_{11}	0.380	0.530	0.640	0.507
k_{12}	0.433	0.480	0.470	0.517
k_{13}	0.683	0.487	0.387	0.473
R	0.303	0.050	0.253	0.044
优水平	A_1	B_2	C_3	
主次因素	$A>C>B$			

表 15.4-6 未脱净率性能指标试验结果分析

KkR 值	试验因素			
	A	B	C	D
K_{21}	1.959	1.599	1.239	1.629
K_{22}	1.74	1.689	1.569	1.599
K_{23}	1.26	1.671	2.151	1.731
k_{21}	0.653	0.533	0.413	0.543
k_{22}	0.580	0.563	0.523	0.533
k_{23}	0.420	0.557	0.717	0.577
R	0.233	0.030	0.304	0.044
优水平	A_3	B_1	C_1	
主次因素	$C>A>B$			

搓擦-冲击玉米种子脱粒机正交参数优选试验各指标的最优参数组合分析见表 15.4-7。

表 15.4-7 试验指标分析表

	破损率	未脱净率
较优水平	$A_1 C_3 B_2$	$C_1 A_3 B_1$
主次因素	$A > C > B$	$C > A > B$

损伤率方差分析见表 15.4-8 可知，在 95％ 置信度下 A、C 具有显著性，影响搓擦-冲击玉米种子脱粒机破损率指标的各因素主次排列顺序为 $A > C > B$，较优组合为 $A_1 C_3 B_2$。

表 15.4-8 损伤率方差分析表

方差来源	平方和	自由度	F 值	$F\alpha$	α	显著性
A	0.157	2	52.33	19.00	0.05	*
B	0.004	2	1.333	19.00	0.05	
C	0.100	2	33.33	19.00	0.05	*
误差	0.003	2				

未脱净率方差分析由表 15.4-9 所示，在 95％ 置信度下 C、A 具有显著性，影响搓擦-冲击玉米种子脱粒机破损率指标的各因素主次排列顺序为 $C > A > B$，较优组合为 $C_1 A_3 B_1$。

表 15.4-9 未脱净率方差分析表

方差来源	平方和	自由度	F 值	$F\alpha$	α	显著性
A	0.085	2	28.33	19	0.05	*
B	0.001	2	0.33	19	0.05	
C	0.141	2	47.00	19	0.05	*
误差	0.002	2				

综上所述，从破损率、未脱净率的方差分析中可以得到各试验指标参数的显著性检验结果，见表 15.4-10。

表 15.4-10 试验指标参数的显著性检验结果

试验指标	A	B	C
破损率	*		*
未脱净率	*		*

最优参数组合的确定：

$$y_i = \sum_{j=1}^{r} W_j \frac{y_{ij}}{R_j} = \sum_{j=1}^{r} \lambda_j y_{ij} \qquad (15.4\text{-}1)$$

从两种较优水平组合即破损率($A>C>B$)、未脱净率($C>A>B$)的分析来看，为兼顾平衡各项指标的得失，采用中和加权评分法进行分析，使选出的两种指标都尽可能达到最优组合，考虑到各因素对衡量指标的重要程度以 100 分作为总"权"，其中破损率占 65 分、未脱净率占 35 分，故每组试验综合评分指标可以表示为：

式中：y_i—第 i 号所得的试验值（加权评分指标）；W_j—第 j 个指标的"权"值；y_{ij}—第 i 号试验中的第 j 个指标；R_j—第 j 个指标在该组试验中造成的极差；λ_j—第 j 个指标的计算系数；r—j 的个数，即多指标的个数。

其中，破损率：$R_1 = 0.78 - 0.23 = 0.55$，$\lambda_1 = -65/0.55 = -118.182$；未脱净率：$R_2 = 0.85 - 0.32 = 0.53$，$\lambda_2 = -35/0.53 = -66.0377$。

综合性能指标试验结果及方差分析分别见表 15.4-11、表 15.4-12。

表 15.4-11 综合性能指标试验结果分析

$K\,k\,R$ 值	试验因素			
	A	B	C	D
K_{31}	-88.054	-97.857	-102.932	0.543
K_{32}	-89.514	-93.929	-90.105	0.533
K_{33}	-108.494	-94.276	-93.024	0.577
k_{31}	1.959	1.599	1.239	1.629
k_{32}	1.74	1.689	1.569	1.599
k_{33}	1.26	1.671	2.151	1.731
R	20.44	3.928	12.827	2.260
优水平	A_1	B_2	C_2	
主次因素	$A>C>B$			

表 15.4-12 综合性能指标试验方差分析

方差来源	平方和	自由度	F 值	F_α	α	显著性
A	780.146	2	92.875	19	0.05	$*$
B	28.371	2	3.377	19	0.05	
C	271.213	2	32.287	19	0.05	$*$
误差	8.4	2				

　　所以，影响综合指标的影响因素主次排列顺序为 $A > C > B$，最优组合水平为 $A_1 C_2 B_2$，即主滚筒转速 250 r·min^{-1}、副滚筒转速 600 r·min^{-1}、纹杆螺旋角度 20°。由表 15.4-12 可知，在最优组合水平下装置的破损率 0.35%，未脱净率 0.62%。

参考文献

[1] 白岩，赵思孟. 玉米裂纹及其检测[J]. 粮食储藏. 2006，35(4)：43 45.

[2] 毕辛华，戴心维. 种子学[M]. 北京：中国农业出版社，2002.

[3] 陈坤杰，徐伟梁. 含水率对稻谷机械特性的影响[J]. 农业机械学报，2005，36(11)：171-172，175.

[4] 陈莲，李小化. 玉米破碎率增值问题的探讨[J]. 粮油加工与食品机械，2003(1)：53-54.

[5] 陈立东. 小型揉搓式玉米脱粒机的设计[J]. 农机化研究，2009(1)：154-156.

[6] 陈吕西. 5TY-0.2 型玉米脱粒机[J]. 农机与食品机械，1998，254(2)：28-29.

[7] 陈树人，李勇智. 摘脱割台作物脱粒过程理论分析[J]. 江苏理工大学学报，1998(4)：38-42.

[8] 陈启振，邹伍平. 英德农机化的发展与思考[J]. 广东农机，1999(1)：22-23.

[9] 陈震邦，金圭. 半喂入式脱粒装置的新流程[J]. 农牧与食品机械，1993(2)：11-13.

[10] 成芳. 稻种质量的机器视觉无损检测研究[D]. 杭州：浙江大学，2004.

[11] 程献丽，高连兴，刘明国，等. 花生冲击脱壳的力学特性试验[J]. 沈阳农业大学学报：自然科学版，2009，40(1)：111-113.

[12] 迟彦明. 玉米种子切胚法应用技术[J]. 种子科技，1998(5)：37.

[13] 戴俊英，林钧安，李文耀. 玉米形态与超微结构图谱[J]. 沈阳：辽宁科学技术出版社，1990.

[14] 邓汉文. 大豆汗水量的感官鉴定[J]. 新农业，1988(11)：9.

[15] 邓小红. YT-1.5 型小型玉米脱粒机设计[J]. 湖南农机，2006(3)：27-28.

[16] 丁声俊. 美国玉米资源开发利用的新趋势及对中国的借鉴[J]. 世界农

业，2007(11)：47-51.

[17] 杜克民. 出口玉米种子加工技术[J]. 种子科技，1993(1)：18-20.

[18] 范国昌，王惠新，籍俊杰. 影响玉米摘穗过程中籽粒破碎和籽粒损失率的因素分析[J]. 农业工程学报，2002，18(4)：72-74.

[19] 飞恩科技产品研发中心. MATLAB 7 基础与提高[M]. 北京：电子工业出版社，2005.

[20] 冯和平，毛志怀. 含水率、干燥温度和应力裂纹对玉米力学性能影响的试验研究[J]. 粮油加工与食品机械，2003(4)：48-50.

[21] 丰绪钦. 新型挤搓式玉米脱粒机研制成功[J]. 北京农业，2003(9)：30.

[22] 傅宏，于建群. 自然冷资源库中果蔬冷却过程的有限元分析[J]. 农业工程学报，2000，16(3)：97-99.

[23] 傅志一，华云龙. 稻谷颗粒内部水分迁移过程的有限元分析[J]. 农业工程学报，1999，15(2)：189-193.

[24] 高梦祥，等. 玉米秸秆的力学特性测试研究[J]. 农业机械学报，2003，52(4)：47-49.

[25] GB/T 3543. 4-1995 农作物种子检验规程发芽试验[S]. 中国食品科技网.

[26] GB/T 3543. 7-1995 农作物种子检验规程其他项目检验[S]. 中国食品科技网.

[27] 郭文忠. 美国玉米种子生产及加工技术考察[J]. 种子世界，2003(11)：46-49.

[28] 郭祯祥，赵仁勇. 玉米硬度测定方法研究[J]. 粮食与饲料工业，2002(8)：44-46.

[29] 何树国，车刚，万霖. 5TY-10A 型种子玉米脱粒机的研制与试验研究[J]. 黑龙江八一农垦大学学报，2006，18(3)：55-58.

[30] 何启平，董树亭，等. 玉米果穗微观束系统的发育及其与穗粒库容的关系[J]. 作物学报，2005，31(8)：995-1000.

[31] 何晓鹏. YT-4 型玉米脱粒机[J]. 农业机械，2001(1)：53.

[32] 何晓鹏，蔡学斌，师建芳. 挤搓式玉米脱粒机[J]. 河南农业，2003(10)：33.

[33] 何晓鹏，师建芳. 新型挤搓式玉米脱粒机[J]. 农业科技通讯，2003(8)：39.

[34] 何晓鹏，刘春和，师建芳，等. 挤搓式玉米脱粒机的研制[J]. 农业工程学报，2003，19(2)：105-108.

[35] 何晓鹏. 人工喂入式鲜食甜玉米籽粒切脱机的研制[J]. 农业工程学报，2006，22(4)：99-102.

[36] 侯玮，陈举林，苏波，等. 玉米种果柄脱落对发芽及产量的影响[J]. 内蒙古农业科技，2002(2)：10-11.

[37] 胡鸿烈，送卫堂，曹爱军. 夏玉米直接脱粒收获技术的试验研究[J]. 北京农业大学学报，1995，21(4)：458-451.

[38] 胡仁喜，王庆五，闫石，等. ANSYS 8.2 机械设计高级应用[M]. 北京：机械工业出版社，2005.

[39] 华云龙，张森文. 农业工程中的某些力学问题[J]. 力学与实践，1991，13(2)：22-24.

[40] 黄会明. 栝楼籽粒的物理机械特性研究[D]. 杭州：浙江大学，2006.

[41] 贾灿纯，曹崇文. 干燥过程中玉米颗粒内部应力的有限元分析[J]. 农业机械学报，1996，27(1)：57-62.

[42] 贾灿纯，李业波. 缓苏过程中玉米颗粒内部水分分布的数学模拟[J]. 农业工程学报，1996，12(1)：147-151.

[43] 姜富. 玉米脱粒机的使用技术要点[J]. 吉林农业，1997(6)：8.

[44] 姜恩浩，李明，王靖. 玉米子粒自然脱水速率的研究概述[J]. 辽宁农业科学，2009(6)：42-44.

[45] 季世军，张会臣，刘莎. 玉米籽粒装卸过程中破碎粉化行为研究[J]. 大连海事大学学报，2003，29(3)：39-42.

[46] 季世军，刘莎，张会臣. 玉米籽粒港口运输过程中破碎粉化成因分析[J]. 大连海事大学学报，2004，30(2)：93-95.

[47] 孔祥图. 5TLK-70 型带孔叶片螺旋轴流脱粒机[J]. 农业机械，2000(8)：108-111.

[48] 雷得天，马小愚. 农业物料力学性能测试装置的研究[J]. 农机化研究，1990，3(1)：32-35.

[49] 李渤海，于洁，张贵宏. 螺旋叶片带板齿式轴流脱粒与分离装置试验台的研制[J]. 黑龙江八一农垦大学学报，2006，18(2)：46-48.

[50] 李渤海，衣淑娟，姜楠. 轴流式脱粒分离装置脱出物沿滚筒切向分布规律[J]. 现代化农业，2005(10)：31-32.

[51] 黎海波. 台湾农业机械化发展现状及政策扶持经验[J]. 湖南农机，2005(3)：7-8.

[52] 李保国，肖建军，张岩. 玉米干燥过程中的应力裂纹研究进展[J]. 上海理工大学学报，2001，23(2)：107-110

[53] 李建军. 玉米加工业的发展方向[J]. 技术与市场，2007(3)：4-5.

[54] 李杰，阎楚良，杨方飞. 纵向轴流脱粒装置的理论模型与仿真[J]. 江苏大学学报：自然科学版，2006，27(4)：299-302.

[55] 李军. 谷子脱粒装置的设计与研究[D]. 晋中：山西农业大学，2005.

[56] 李力生，潘世强，张盛文. 我国种子玉米加工业的现状及发展对策[J]. 吉林农业大学学报，2001，23(1)：116-120.

[57] 李漫江，何军，冯欣. 脱粒机械与脱粒装置[J]. 农机化研究，2004(2)：

124-125.

[58] 李明，汤楚宙，谢方平. 毛桃苗力学特性试验研究[J]. 农业工程学报，2005，21(3)：29-33.

[59] 李庆东，胡匡禾，叶进，等. 立轴式脱粒机试验研究[J]. 农业工程学报，1998(4)：249-251.

[60] 李晓峰，接鑫，张永丽，等. 玉米种子内部机械裂纹检测与机理研究[J]. 农业机械学报，2010，41(12)：143-147.

[61] 李小化，陈莲. 斗式提升机提升玉米产生破碎的原因探讨[J]. 粮食与饲料工业，2004(1)：15-16.

[62] 李小昱，王为. 苹果压缩特性的研究[J]. 西北农业大学学报，1998，26(2)：107-110.

[63] 李心平，高连兴. 种子玉米籽粒果柄断裂机理试验研究[J]. 农业工程学报，2007，23(11)：47-51.

[64] 李心平，高连兴. 玉米种子冲击损伤的试验研究[J]. 沈阳农业大学学报，2007，38(1)：89-93

[65] 李心平，高连兴. 玉米种子脱粒特性的试验研究[J]. 农机化研究，2007，142(2)：147-149

[66] 李心平，高连兴，马福丽. 种子玉米力学特性的有限元分析[J]. 农业机械学报，2007，38(10)：64-72.

[67] 李心平. 种子玉米脱粒损伤机理及5TYZ-1型定向喂入脱粒机研究[D]. 沈阳：沈阳农业大学，2007.

[68] 李心平，马福丽，高连兴. 差速式种子玉米脱粒机的设计[J]. 农业机械学报，2008，39(8)：192-195.

[69] 李心平，张伏，高连兴. 种子玉米脱粒装置的结构技术剖析[J]. 农机化研究，2008(6)：24-30.

[70] 李心平，马福丽，高连兴. 玉米种子的跌落式冲击试验[J]. 农业工程学报，2009，25(1)：113-116.

[71] 李耀刚. 5TYQ-100型负压气流清选玉米脱粒机的研制与试验[J]. 中国农机化，2005(3)：78-80.

[72] 李耀明. 水稻梳脱混合物复脱分离、清选特性的研究[D]. 南京：南京农业大学，2004.

[73] 李耀明，丁为民，陈进. 梳脱式联合收获机脱粒输送装置自动控制系统[J]. 农业机械学报，2004，35(5)．86-89.

[74] 李心平，马福丽，高连兴. 玉米种子的机械损伤对其发芽率的影响[J]. 农机化研究，2009，31(3)：34-35，39.

[75] 梁淑敏，杨锦忠. 计算机视觉技术在玉米上应用的研究进展[J]. 中国农学通报，2006，22(12)：471-475.

[76] 连政国, 曹崇文. 离心式玉米破碎敏感性测试仪设计和性能测试[J]. 农业机械学报, 1998, 28(2): 76-79.

[77] 连政国, 张岩, 姜学东. 栅条圆筒筛内物料轴向运动分析[J]. 莱阳农学院学报, 1996, 13(2): 148-152.

[78] 廖庆喜. 免耕播种机锯切防堵装置的高速摄影分析[J]. 农业机械学报, 2005, 36(1): 46-49.

[79] 刘百顺, 王春光, 郭文斌. 甜菜机械特性的研究[J]. 农机化研究, 2007(6): 102-104, 110.

[80] 刘恩玉, 张文亮. 玉米脱粒机常见故障原因及使用注意事项[J]. 山东农机化, 1994(9): 21.

[81] 刘海英. PYT-600A型滚筒式玉米脱粒机的改进[J]. 现代化农业, 2007(5): 4.

[82] 刘纪麟. 玉米育种学[M]. 北京: 中国农业出版社, 2000.

[83] 刘军, 梁丽晶, 梁利军. 5TYS-135型玉米脱粒机的研制[J]. 农业机械, 2008(19): 60.

[84] 刘俊明. 作物栽培学[M]. 沈阳: 辽宁民族出版社, 2001.

[85] 刘治先, 齐世军, 王鲁岩, 等. 借鉴美国经验科学发展我国的玉米产业[J]. 玉米科学, 2005, 13(2): 125-128.

[86] 刘治先. 美国玉米经济的发展战略[J]. 国外农业, 2003(8): 19-20.

[87] 刘中合, 李邦明, 刘贤喜. 基于图像处理的玉米质量检测技术研究[J]. 饲料工业, 2006, 27(9): 22-25.

[88] 刘小民, 桑正中, 王俊发. 逆转旋耕抛土刀片试验研究[J]. 佳木斯工学院学报, 1998, 16(1): 1-5.

[89] 刘雪强, 陈晓光, 吴文福. 玉米干燥过程中颗粒内部应力分析与预测[J]. 吉林大学学报, 2006, 36(增刊): 42-44.

[90] 刘勇. 平面接触问题有限元计算[J]. 武汉水利电力大学学报, 1996, 29(4): 115-118.

[91] 龙生云, 王明立. 从大豆种子的现状看精选种子的重要性[J]. 大豆通报. 2004(01): 11-12.

[92] 吕树臣. 种子玉米生产中如何保证发芽率[J]. 中国种业, 2009(2): 67.

[93] 吕香玲, 兰进好, 张宝石. 玉米果穗脱水速率的研究[J]. 西北农林科技大学学报: 自然科学版, 2006, 34(2): 48-52.

[94] 马洪顺, 张忠君, 曹龙奎. 薇菜类蔬菜生物力学性质试验研究[J]. 农业工程学报, 2004(5): 74-77.

[95] 马继光. 立足国情瞄准国际先进水平发展我国种子加工技术——种子加工技术引进项目的实施与思考[J]. 中国农技推广, 2001(5): 29.

[96] 毛广卿, 刘玉兰, 王玉山, 等. 粮食输送机械与应用[M]. 北京: 科学出

版社，2003.

[97] 毛绍忠. 玉米脱粒机增加清选抛送装置[J]. 农牧与食品机械，1992(2)：30.

[98] 毛欣. 组合式轴流装置谷物流运动模型与仿真研究[D]. 大庆：黑龙江八一农垦大学，2008.

[99] 宁纪锋. 玉米籽粒的尖端和胚部的计算机视觉识别[J]. 农业工程学报，2004，20(5)：117-119.

[100] Paul McFedries. Excel 2003 公式与函数[M]. 北京：电子工业出版社，2004.

[101] 潘继兰. 玉米脱粒机主要参数的调整[J]. 山东农机化，2005(10)：10.

[102] 潘庆和. 5TY-10 玉米脱粒机的性能测试[J]. 现代化农业，1994，181(8)：36-37.

[103] 裴喜春，薛河儒. SAS 及应用[M]. 北京：中国农业出版社，1998.

[104] 齐忠莲. 籽粒玉米脱粒装置的对比试验[J]. 农业技术基础，1979(4)：20-25.

[105] 乔振先. 水稻籽粒材料力学特性研究[J]. 江西农业大学学报，1992，4(1)：1-9.

[106] 秦恒春，马自键，牛金泉. 5TH-30 型活齿式脱粒机[J]. 机械研究与应用，1999，12(4)：48-50.

[107] 邱永兵，吴超机，张玉峰. 5TG-200 脱粒机的研制[J]. 装备制造技术，2006(2)：50-52.

[108] 曲恩，刘喜平. 青玉米脱粒破碎机的设计与实验研究[J]. 机械工程师，2003(12)：69-70.

[109] 曲恩，沈艳芝. 青玉米脱粒破碎机的设计[J]. 轻工机械，2004(2)：74-75.

[110] 权龙哲，马小愚. 基于小波分析的玉米籽粒图像正形研究[J]. 农机化研究，2006(2)：154-156.

[111] 任露泉. 试验优化设计与分析[M]. 北京：高等教育出版社，2003.

[112] 任宪忠，雷溥，马小愚. 小麦籽粒三维摄像装置及理想籽粒摆放位置的研究[J]. 黑龙江八一农垦大学学报，2005，17(3)：43-46.

[113] Saeed Moaveni. 有限元分析-ANSYS 理论与应用[M]. 北京：电子工业出版社，2005.

[114] 尚书旗，董佑福，姜学东. 玉米联合收获机[M]，北京：中国农业出版社，2002.

[115] 邵淑华. 玉米子粒脱水速率与主要性状的相关分析[J]. 现代化农业，2007(10)：8-9.

[116] 申德超，李文瑞. 5TZ-120 型脱粒机的试验研究[J]. 农业工程学报，

1995，11(4)：48-51.

[117] 申德超，侯丽云，金明雪. 双风道清选装置在轴流脱粒机上的应用[J]. 佳木斯工学院学报，1995，12(3)：181-184.

[118] 申雅娟. 中国玉米种子产业的战略地位与发展趋势[J]. 种子世界，2002 (6)：1.

[119] 石凤云. 玉米种子发芽率低的原因及改进措施[J]. 内蒙古农业科技，2005(1)：43.

[120] 史建新，赵海军，辛动军. 基于有限元分析的核桃脱壳技术研究[J]. 农业工程学报，2005，21(3)：185-188.

[121] 师清翔，刘师多. 水稻的控速喂入柔性脱粒试验研究[J]. 农业机械学报，1996，27(1)：41-46.

[122] 宋慧芝，王俊，陈琦峰. 梨动力学特性有限元分析[J]. 农业机械学报，2005，36(6)：61-64.

[123] 宋彦文，常友山. 玉米脱粒机的改进[J]. 农机试验与推广，1995(3)：24.

[124] 苏炳宗. 玉米脱粒过程中籽粒的机械损伤分析[J]. 四川农机，1991(2)：32-34.

[125] 孙本喆，郭新平，曾苏明，等. 我国玉米生产现状及发展对策[J]. 玉米科学，1998(5)：32-33.

[126] 孙国发，等. 浅谈玉米种子质量的现状与措施[J]. 作物杂志，1997(1)：14-15.

[127] 孙进. 谷物脱粒损伤机理的研究现状及分析[J]. 农业装备技术，2005，31(4)：25-26.

[128] 孙淑梓. 4LQ-2.5联合收割机脱粒机构参数最佳水平的探索[J]. 数理统计与管理，1999，18(1)：31-35.

[129] 孙旭亮，高峻岭，张保望，等. 青岛市玉米生产现状、存在问题及发展对策[J]. 农业科技通讯，2009(12)：22-24.

[130] 孙伟振，刘玉芬. 玉米果穗不同部位籽粒的遗传势及其对繁制种产量的影响[J]. 种子科技，2003(3)：160-161.

[131] 谭福新，李君，王忠仁. 滚筒不同转速对大豆发芽率的影响[J]. 种子科技，1993(4)：34.

[132] 唐厚君，赵学笃，黄向东. 切流式谷物脱粒装置凹板的分离性能[J]. 农业机械学报，1989(4)：49-56.

[133] 唐启义，冯明光. 实用统计分析及其计算机处理平台[M]. 北京：中国农业出版社，1997.

[134] 田小海，杨前玉. 不同脱粒与干燥方式对稻米品质的影响[J]. 中国农学通报，2003，19(2)：38-41.

[135] 佟屏亚，周建东. 中国国有种子企业前景分析[G]∥ "加入 WTO 后国有企业改革与发展国际学术研讨会"论文集. 长春：吉林大学中国国有经济研究中心，2002.

[136] 万宝瑞. 中国大豆产业的发展思路[J]. 中国食物与营养，2009(1)：8-9.

[137] 万金保，赵学笃，赵京华. 被脱作物沿凹板运动速度的研究[J]. 农机化研究，1990(1)：27-31.

[138] 万霖，衣淑娟. 纵置单轴流钉齿滚筒功耗性能的试验研究[J]. 农机化研究，2005(5)：108-109.

[139] 万霖，衣淑娟，马永财. 纵置单轴流滚筒脱粒与分离装置功耗性能试验研究[J]. 黑龙江八一农垦大学学报，2005，17(2)：56-58.

[140] 王爱玲，叶明生，邓秋香. MATLAB R2007 图像处理技术及应用[M]. 第 1 版. 北京：电子工业出版社，2008.

[141] 王冰. 玉米脱粒机试验方法的编制[J]. 农机试验与推广，1997(3)：25.

[142] 王长春，等. 种子加工原理与技术[M]. 北京：科学技术出版社，1997.

[143] 王成芝，葛永久. 轴流滚筒的试验研究[J]. 农业机械学报，1982(1)：55-72.

[144] 王峰山，李景安，曹圉，等. 高水分玉米脱粒机的研究[J]. 农牧与食品机械，1994(1)：23-24.

[145] 王国臣. 脱粒装置类型及工作特点[J]. 农机使用与维修，2003(5)：13.

[146] 王辉. Delphi 6 从入门到精通[M]. 第一版. 北京：电子工业出版社，2002.

[147] 王剑平，王俊，陈善锋. 黄花梨的撞击力学特性研究[J]. 农业工程学报，2002，18(6)：32-35.

[148] 王剑平. 农业物料碰撞特性试验数据采集系统[J]. 农业工程学报，2002，18(3)：150-153.

[149] 王金君，张丽颖. 发展无公害玉米的育种对策[J]. 杂粮作物，2004，24(3)：136-138.

[150] 王金龙. 利用大豆硬实种子保存大豆种质的研究[J]. 大豆科学，1999，18(4)：351-354.

[151] 王俊. 桃子冲击力学特性及其与桃子硬度的数学模型[J]. 农业机械学报，1994，25(4)：58-62.

[152] 王俊，腾斌. 桃下落冲击动力学特性及其与坚实度的相关性[J]. 农业工程学报，2004，20(1)：193-195.

[153] 王立华. 关于种子市场经济结构调整问题[J]. 种子，2002(2)：65-67.

[154] 王灵军，全燕鸣，邓文君. 银杏脱壳的有限元受力分析[J]. 农业工程学报，2003，19(4)：58-61.

[155] 王莉, 胡胜德. 美国玉米深加工经验对我国的启示[J]. 经济纵横, 2009 (3): 77-79.

[156] 王荣, 焦群英. 葡萄的力学性质及有限元模拟[J]. 农业工程学报, 2005, 21(2): 7-10.

[157] 王荣, 魏德强. 葡萄果实在压缩载荷作用下的力学模型[J]. 农业工程学报, 2006, 22(10): 26-30.

[158] 王荣, 焦群英, 高永毅. 番茄力学特性的研究[J]. 农机化研究, 2003 (4): 56-58.

[159] 王荣, 焦群英, 魏德强. 葡萄与番茄宏观力学特性参数的确定[J]. 2004, 20(2): 54-57.

[160] 王廷福. 低破碎玉米脱粒机的设计与分析[D]. 兰州: 甘肃农业大学, 2008.

[161] 王文胜. JD-45 型脱粒机主要参数的确定及总体布局[J]. 山西焦煤科技, 2003(9): 31-33.

[162] 王显仁, 李耀明, 徐立章. 水稻谷粒的机械损伤机理及试验[J]. 农机化研究, 2007(12): 141-143, 147.

[163] 王显仁. 水稻谷粒的力学性能及基于能量平衡的脱粒损伤机理研究[D]. 镇江: 江苏大学, 2007.

[164] 王旭东, 朱立学, 刘江涛, 等. 荔枝物理参数和机械特性的试验研究[J]. 农机化研究, 2007(12): 132-134.

[165] 王艳茹, 王艳萍, 李淑清. 试述种子加工设备[J]. 农机化研究, 2002 (2): 171.

[166] 王志强, 初尔庄, 冯爱莲, 等. 脱粒机械与脱粒装置简介[J]. 农村牧区机械化, 2005(1): 60.

[167] 王永昌. 浅圆仓粮食出碎分析[J]. 粮食与食品工业, 2001(4): 1-2.

[168] 王育桥, 刘俭英. 农业物料力学特性研究的现状及展望[J]. 湖北农机化, 2007(1): 32.

[169] 吴多峰, 许峰, 袁长胜. 板齿式与钉齿式玉米脱粒机的性能比较[J]. 农机化研究, 2006 (10): 78-80.

[170] 吴多峰, 袁长胜. HS-48 型玉米脱粒机[J]. 现代化农业, 2006(9): 40.

[171] 吴国瑞, 李耀明. 割前脱联合收割机的发展及研究展望[J]. 江苏理工大学学报, 1997(5): 37-42.

[172] 吴明, 于恩中, 袁月明. 水稻芽种静力有限元分析及性能的试验研究[J]. 吉林农业大学学报, 2006, 28(8): 108-110.

[173] 吴绍宇, 等. 杂交玉米种子质量现状、原因及对策[J]. 北京农业科学, 1998, 18(4): 14-15.

[174] 吴世清. 小型悬挂式玉米脱粒机[J]. 中国乡镇企业信息, 1994(17):

12.

[175] 夏朝勇，赵祥涛，唐学军. 玉米冲击破碎试验研究[J]. 粮食与食品工业，2008，15(4)：11-13.

[176] 项东亮. 我国大豆竞争力研究-基于社会福利及外部效应视角[D]. 无锡：江南大学，2008.

[177] 肖志良. 纹杆半复式脱粒机产品质量分析[J]. 农牧与食品机械，1992(5)：11-14.

[178] 谢方平，罗锡文，苏爱华. 刚性弓齿与杆齿及柔性齿的脱粒对比试验[J]. 湖南农业大学学报，2005，31(6)：648-650.

[179] 谢方平. 水稻半喂入柔性脱粒机理研究[D]. 广州：华南农业大学，2004.

[180] 谢方平，罗锡文，汤楚宙. 水稻粒穗分离力的研究[J]. 湖南农业大学学报，2004，30(5)：469-471.

[181] 谢丽娟，宗力. 莲子受力有限元分析[J]. 农业机械学报，2006，37(6)：94-97.

[182] 谢丽娟，宗力，李小昱. 莲子机械特性的测试研究[J]. 农业工程学报，2005，21(7)：11-14.

[183] 徐福生，万霖，衣淑娟. 钉齿滚筒轴流脱粒与分离的试验研究[J]. 现代化农业，2005，314(9)：33-34.

[184] 徐立章，李耀明，王显仁. 谷物脱粒损伤的研究进展分析[J]. 农业工程学报，2009，25(1)：303-307.

[185] 徐立章. 梳脱式联合收割机复脱装置的仿真及试验研究[D]. 镇江：江苏大学，2003.

[186] 薛定阳，陈阳泉. 基于 MATLAB/simulink 的系统仿真技术与应用[M]. 北京：清华大学出版社，2002.

[187] 阎冠，张守勤. FTY-10 型种子玉米复式脱粒机[J]. 粮油加工与食品机械，1994(3)：23-24.

[188] 颜景波，陈岩，金振，等. 硬粒大豆发芽试验研究[J]. 大豆通报，2002(4)：5.

[189] 闫洪余，吴文福，尹慧敏，等. 立辊型玉米收获机运动参数对损失率的影响[J]. 吉林大学学报：工学版，2010，40(1)：114-118.

[190] 阎志清，高太宁. 我国脱粒机行业现状及对策[J]. 农业与食品机械，1998(6)：1-2.

[191] 杨大平，刘保花. 带振动筛板脱粒机的研究[J]. 湖南农业大学学报，2003，20(2)：183-164.

[192] 杨晨升，马小愚. 农业物料动态力学特性的试验研究[J]. 农机化研究，2009(4)：123-125.

［193］杨国燕，孔凡辉. Visual C＋＋面向对象程序设计教程［M］. 第 1 版. 哈尔滨：黑龙江大学出版社，2008.

［194］杨晓清，陈忠军，朱丽静. 苹果梨静载机械特性的研究［J］. 食品科学，2007，28(8)：90-93.

［195］杨引福，张淑君. 美国玉米加工业最新发展［J］. 玉米科学，2002，10(4)：47-48.

［196］杨忠红. 我国玉米深加工业现状和发展［J］. 粮食与油脂，2007(6)：39.

［197］杨玉芬，张永丽，张本华，等. 典型种子玉米籽粒的静压破损试验研究［J］. 农机化研究，2008(7)：149-151.

［198］衣淑娟，张凤霞. 综合脱粒与分离装置试验台的设计［J］. 机械设计与制造，2002(5)：40.

［199］衣淑娟. 钉齿式双滚筒轴流脱粒与分离装置的试验研究［J］. 机械设计与制造，2006(5)：88-89.

［200］衣淑娟，王吉桂，徐立新. 轴流脱粒与分离装置试验台的设计［J］. 农机化研究，2003(4)：112-114.

［201］尹文庆，何扬清. 脱粒装置的结构技术剖析［J］. 农机化研究，1999(4)：42-44.

［202］尹文庆. 摘脱装置工作过程与谷物脱粒特性的研究［D］. 南京：南京农业大学，1999.

［203］尹文庆，何瑞银. 小麦脱粒特性的测量与表示［J］. 南京农业大学学报，1999，22(4)：97-100.

［204］于红，翟印礼. 国内外玉米深加工产业发展对比分析［J］. 沈阳农业大学学报：社会科学版，2009，11(1)：30-33.

［205］《玉米遗传育种学》编写组. 玉米遗传育种学［M］. 北京：科学出版社，1979.

［206］余明辉，魏清海，王福海. 5TD-1200 型多功能脱粒机［J］. 现代化农业，1997，210(1)：33.

［207］袁志发，周静芋. 试验设计与分析［M］. 北京：高等教育出版社，2007.

［208］袁月明，栾玉振. 玉米籽粒力学性质的试验研究［J］. 吉林农业大学学报，1996，18(4)：75-78.

［209］袁月明，李云飞，栾玉振. 玉米籽粒的几何特征和抗破裂性的试验研究［J］. 试验技术与试验机，1994，34(5)：30-34.

［210］闾建文，陈永艳. 基于外部特征的玉米品种计算机识别系统［J］. 农业机械学报，2004，35(6)：115-118.

［211］闾建文，孙玉峰. 利用扫描仪获取种子图像的研究［J］. 农机化研究，2003(2)：93-95.

［212］张北生，袁才，苏洪臣. 5TYF-5000 型玉米脱粒清选机及其调整［J］.

现代化农业，1995，196(11)：38-39.

[213] 张成堂，商立今. 脱粒机[M]. 北京：中国农业机械出版社，1985.

[214] 张旦闻，王大力. LD-1 型甜玉米脱粒机的研制[J]. 洛阳大学学报，2000，15(2)：31-33.

[215] 张旦闻，赵冬梅. 甜玉米脱粒机输送机构研制[J]. 包装与食品机械，2000，18(2)：15-17.

[216] 张凤路，崔彦宏，王志敏. 玉米籽粒小穗柄维管束发育状况与籽粒败育关系研究[J]. 河北农业大学学报，1999，22(1)：16-19.

[217] 张来林，朱彦，张爱强，朱庆芳. 玉米破碎的原因与解决措施[J]. 粮油食品科技，2009，17(1)：27-29.

[218] 张杰. 基于声学和图像分析的玉米应力裂纹检测方法研究[D]. 长春：吉林大学，2007.

[219] 张晖，姚惠源，王立. 国外玉米深加工业现状和发展趋势[J]. 粮食与饲料工业，2004(9)：24-26.

[220] 张洪霞，李大勇. 稻米籽粒剪切特性的研究[J]. 黑龙江八一农垦大学学报，2006，18(1)：46-49.

[221] 张洪霞，陶桂香，潘波. 含水率对稻米籽粒挤压特性影响的研究[J]. 农机化研究，2005 (2)：158-159.

[222] 张洪霞，马小愚，雷得天. 大米籽粒压缩特性的试验研究[J]. 黑龙江八一农垦大学学报，2004，16(1)：42-45.

[223] 张红梅，逢晶. 对玉米破碎问题的分析及防止办法的思考[J]. 粮食储藏，2004(4)：55-56.

[224] 张金海，都丽萍. 脱粒部件数学模型的建立与模拟[J]. 农业机械学报，1994，25(1)：56-60.

[225] 张俊雄，荀一，李伟. 基于形态特征的玉米种子表面裂纹检测方法[J]. 光学精密工程，2007，15(6)：951-956.

[226] 张立国，张林，管春云，等. 玉米生理成熟后籽粒脱水速率与品质性状的相关分析[J]. 东北农业大学学报，2007，38(5)：582-585.

[227] 张明学，赵祥涛，辛烁军. 东北玉米颗粒破碎敏感性分析报告[J]. 粮食流通技术，2005 (5)：18-20.

[228] 张认成，桑正中. 轴流脱粒滚筒功耗模型的研究[J]. 农业工程学报，1999(4)：121-125.

[229] 张认成，桑正中. 轴流脱粒空间谷物运动仿真研究[J]. 农业机械学报，2000，31(1)：55-58.

[230] 张认成，桑正中. 轴流脱粒滚筒模糊控制仿真[J]. 农业机械学报，2000，32(2)：45-48.

[231] 张认成，桑正中. 轴流脱粒空间谷物动力学仿真[J]. 农机化研究，2000

（4）：36-40.

[232] 张汝坤. 5TX-500 型稻麦脱粒机的研究设计[J]. 农机化研究，2001(2)：60-61.

[233] 张书堂，商立今. 脱粒机[M]. 北京：中国农业机械出版社，1985.

[234] 张振华，刘志民. 我国大豆供需现状与未来十年预测分析[J]. 大豆科技，2009(4)：16-21.

[235] 张仲欣. 不同湿度作物脱粒的数学模型及最佳参数组合的研究[J]. 洛阳工学院学报，1991(3)：43-48.

[236] 张永丽，高连兴，刘红力，等. 玉米籽粒剪切破碎的试验研究[J]. 农机化研究，2007 (5)：136-138.

[237] 张永丽. 种子玉米损伤机理与 5TYZ-1 型脱粒机总体方案研究[D]. 沈阳：沈阳农业大学，2007.

[238] 赵根发，高媛，王建华. 5TZ-120 型综合脱谷机的试验研究[J]. 农机化研究，1994(3)：35-37.

[239] 赵可夫. 玉米生理[M]. 济南：山东科学技术出版社，1982.

[240] 赵连义，王庆山. 弓齿滚筒脱大豆减少子粒损伤的研究[J]. 现代化农业，1997，(5)：33-35.

[241] 赵书兰. MATLAB 2008 数字图像处理与分析实例教程[M]. 第 1 版. 北京：化学工业出版社，2009.

[242] 赵武云，王广万，刘国春，等. 低破碎种子玉米脱粒机的研制[J]. 机械研究与应用，2010(1)：132-134.

[243] 赵武云，吴劲锋，张锋伟，等. 玉米轴流脱粒机研究现状分析[J]. 机械研究与应用(专题论述)：9-13，2009.

[244] 赵新子，吴巍，司秀丽，等. 玉米种子活力图像识别与处理技术研究[J]. 吉林农业大学学报，2004，26(5)：572-576.

[245] 赵学笃，马中苏. 玉米力学性能的实验研究[J]. 吉林工业大学学报，1996，21(1)：60-65.

[246] 郑惠枚，张丽萍，张晓东. 新型整捆夹持式半喂入水稻脱粒机的研制[J]. 农机化研究，2003(2)：157-158.

[247] 郑渝. 中国种业现状分析与战略研究[D]. 北京：北京大学，2002.

[248] 周霭如，官士鸿，林伟健. Visual Basic 程序设计[M]. 第一版. 北京：电子工业出版社，2003.

[249] 周良墉. 5T-12 型玉米脱粒机[J]. 农业机械，2003(1)：18.

[250] 周雷. 种子玉米活力测定方法的研究. 西北农业学报[J]，1996，5(3)：54-58.

[251] 周红，等. 数字图像处理技术在玉米种子轮廓检测中的应用[J]. 种子，2004，23(9)：90-92.

[252] 周旭，李心平，高连兴，等. 两种脱粒滚筒的玉米籽粒损伤试验研究[J]. 沈阳农业大学学报，2005，36(6)：756-758.

[253] 周学成. 梳摘稻穗轴流脱粒分离性能的研究[J]. 农机与食品机械，1998(3)：4-6.

[254] 朱文学，连政国. 玉米应力裂纹的生成和扩展过程模拟[J]. 农业工程学报，2000，16(1)：113-116.

[255] 朱文学，曹崇文. 自然晾晒玉米显微结构分析[J]. 中国农业大学学报，1996，1(1)：49-54.

[256] 朱文学，曹崇文. 玉米应力裂纹率和破碎敏感性的关系[J]，农业机械学报，1998，29(3)：69-72.

[257] 朱文学，曹崇文，戴天红. 干燥过程对大豆发芽质量及发芽率的影响[J]. 华中理工大学学报，1997，25(1)：72-74.

[258] 朱文学，曹崇文. 玉米应力裂纹的生成和发展过程研究[J]. 农业工程学报，1996，12(2)：177-181.

[259] 朱文学，曹崇文. 玉米应力裂纹的显微分析[J]. 农业工程学报，1998，14(2)：198-202.

[260] 庄恒扬. 成敬生. 作物规范化栽培试验分析几个问题商榷[J]. 农业系统科学与综合研究，1990(4)：42-46.

[261] 邹学生，刘庆. 玉米破碎原因及防止破碎的措施[J]. 粮食流通技术，2001(6)：23-24.

[262] Ajav E A, Adejumo B A. Performance Evaluation of an Okra Thresher[J]. The Cigr Ejournal. 2005，10(6)：4-6.

[263] Ali R Mahmoud，W F Buchele. Distribution of shelled Corn Throughput and Mechanical Damage Cylinder[J]. Transactions of the ASAE，18(3)：448-452.

[264] Ali R Mahmoud，W F Buchele. Corn Ear Orientation Effects on Mechanical Damage and Forces on Concave[J]. Transactions of the ASAE，1975，18(3)：444-447.

[265] Balastreire L A，Herum F L，Stevens K K. Fracture of Corn Endosperm in Bending (part 1. Fracture Parameters). Transactions of the ASAE，1982，22(4)：1057-1062.

[266] Bulent M. Physical Properties of Sweet Corn Seed (Zea mays saccharata Sturt)[J]. Journal of Food Engineering，2006，74(06) 523-528.

[267] Burkhardt T H，Stout B A. Laboratory Investigations of Corn Shelling Utilizing Highvelocity Impact Loading[J]. Transactions of the ASAE，1974，17(3)：11-14.

[268] Balastreire L A，Herum F L，Blaisdell J L. Fracture of Corn Endosperm in Bending：Part Ⅱ：Fracture Analysis by Fractography and Optical Microscopy[J].

Transactions of the ASAE, 1983, 25(4): 1062-1065.

[269] Bino R J, Aartse J W, Vanderburg W J. Non destructive X-ray of Arabidopsis Embryo Mutants[J]. Seed Science Research, 1993(3): 167-170.

[270]Candia A, Saasa A R, Muzei J, et al. Improving the AEATRI-motorized maize Sheller to Meet the Market Demands of Commercial Maize Farmers[J]. Uganda Journal of Agricultural Sciences, 2004, 9(1): 569-573.

[271] Cicero S M. Evaluation of Mechanical Damage in Seeds of Maize (Zea mays L.) by X-ray and Digital Imaging[J]. Seed Science and Technology, 1998 (26): 603-612.

[272] Dauda A, Aviara A N. Effect of Threshing Methods on Maize rain Damage and Viability [J]. AMA, 2001, 32(4): 43-46.

[273] Fandohan P. Impact of Mechanical Shelling and Dehulling Oil Fusarium Infection and Fumonisin Contamination in Maize[J]. Food Additives and Contaminants, 2006, 23(4): 415 421.

[274]Gunasekaran S, Deshpnde S S, Paulsen M R. Sise Characterization of Stress Cracks in Corn Kernels[J]. Transactions of the ASAE, 1985, 28(5): 1668-1672.

[275] Gunasekaran S, Cooper T M, Berlage A G, et al. Image Processing for Stress Cracks in Corn Kernels[J]. Transactions of the ASAE, 1998, 31(1): 257-263.

[276] Gunasekaran S, Paulsen M R, Shove G C. A Laser Optical Methods for Detecting Corn Kernel Defects[J]. Transactions of the ASAE, 1986, 29(1): 294-298.

[277]Gunasekaran S, Cooper T M, Berlage A G, et al. Image Processing for Stress Cracks in Corn Kernels[J]. Transactions of the ASAE, 1987, 30 (1): 266-271.

[278] Gustafson R J, Thompson D R, Sokhansanj S. Temperature and Stress Analysis of Corn Kernel-finite Element Analysis[J]. Transactions of the ASAE, 1979, 22(4): 955-960.

[279] Hamid F A, Stephen J M, Mofazzal H C. Laboratory Studies of a Low-Damage Corn-shelling Machine[J]. Transactions of the ASAE, 1980, 23(2): 278-283.

[280]Huynh V M, powell T. Threshing and Separating Process-Mathematical Model[J]. Transactions of the ASAE, 1982, 22(4): 65-73.

[281] Jamal N, 应力斌, 王剑平. 西瓜的有限元模型及其应用[J]. 农业工程学报, 2005, 21(1): 17-22.

[282] Kang S, Delwiche S R. Moisture Diffusion Modeling of Wheatkernels

during Soaking [J]. American Society of Agricultural Engineers, 1999, 42(5): 1359-1365.

[283] Lenker D H, Adrian P A, Wilkins D E. Development of a mechanical cauliflower selector[J]. Transactions of the ASAE, 1976, 19(2): 202-205.

[284] Litchfield J B, Martin R O. Prediction of Corn Kernel Stress and Breakage Induced by Drying, Tempering and Cooling[J]. Transactions of the ASAE, 1988, 31(2): 585-594.

[285] Liu J, Paulsen M R. Corn Whiteness Measurement and Classification Using Machine Vision[J]. Transactions of the ASAE, 2000, 43(3): 757-763.

[286] Mofazzal H, Chowdhury W, Buchele F. Effects of Operating Parameters of the Rubber Roller Sheller[J]. Transactions of the ASAE, 1975, 20(3): 97-103.

[287]Muthukumarappan K, Gunasekaran S. Moisture Diffusivity of Corn Kernel Components during Adsorption (part 3: Soft and Hard Endosperms) [J]. Transactions of the ASAE, 1994, 37(4): 1275-1280.

[288]Muthukumarappan K, Gunasekaran S. Finite Element Simulation of Corn Moisture Adsorption[J]. Transactions of the ASAE, 1996, 39(8): 2217-2222.

[289] Panigrahi S, Misra M K, Bern C, et al. Background Segmentation and Dimensional Measurement of Corn Germplasm [J]. Transactions of the ASAE, 1995, 38(1): 291-297.

[290] Parde S R. Mechanical Damage to Soybean Seed during Processing[J]. Journal of Stored Products Research, 2002, 38(4): 385-394.

[291]Paulsen M R, Nave W R. Corn Damage from Conventional and Rotary Combines[J]. Transactions of the ASAE, 1980, 20(3): 1110-1116.

[292] Paulsen M R, Hill L D. Breakage Susceptibility of Exported Corn at Origin and Destination[J]. Transactions of the ASAE, 1983, 26(1): 265-269.

[293] Prokhazka B A. Study The Broken Maize Grain on Tangential Thersher [J]. Transactions of the ASAE, 1998, 20(5): 117-119.

[294] Robert S. Joseph. Finite Element Analysis of Compression of Thin, High Modulus, Cylindrical Shells with Low-Modulus Core[J]. AMP Journal of Technology, 1995, 4(6): 16-23.

[295] Ronald W B, Stephen J M. Roller Sheller: Low Damage Corn Shelling Cylinder[J]. Transactions of the ASAE, 1973, 16(2): 64-66.

[296] Singh S S, Finner M F. A Centrifugal Impacter for Damage Susceptibility Evaluation of Shelled Corn[J]. Transactions of the ASAE, 1983, 26(6): 1858-1863.

[297] Silvio M C, Hodair L, Banzatto J. Avaliacão Do Relacionamento Entre Danos Mecânicos e Vigor, Emsementes de Milho, Por Meio da Análise de Imagens

[J]. Revista Brasileira de Sementes, 2003, 25(1): 29-36.

[298] Song H P, Litchfield J B. Measurement of Stress Cracking in Maize Kernels by Magnetic Resonance Imaging[J]. JAER, 1994(57): 109-118.

[299] Wu L B, Yang W, Jia L C. A Three-dimensional Numerical Simulation of Transient Heat and Mass Transferinside a Single Rice Kernel during the Drying Process[J]. Biosystems Engineering, 2004, 87(2): 191-200.

[300]Yang W, Jia C C, Siebenmorgen T J, et al. Relationship of Kernel Moisture Content Gradients and Glass Transition Temperatures to Head Rice Yield[J]. Biosystems Engineering, 2003, 85(4): 467-476.

[301] Zayas I, Converse H, Steele J. Discrimination of Whole from Broken Corn Kernels with Image Analysis[J]. Transactions of the ASAE, 1990, 33(5): 1642-1645.